50'DEN SONRA HAYAT

50'DEN SONRA HAYAT

Son!– ya da Başlangıç

OSMAN FATİH GÜNER

Çeviri Elizabet Kurumlu

TELİF HAKKI

Bir yetişkin olarak birlikte vakit geçirme şansımı çok erken kaybetmiş olduğum babama...

TEŞEKKÜR

Bu otobiyografik anı yazısının hazırlanmasında emeği geçmiş insanlara teşekkür etmek isterim.

Kitabı ilk olarak İngilizce yazdım. İngilizce versiyonun editoryal sürecinde Donald Wise değerlendirmeler sundu. Michael Sanders da gelişimsel metin düzenlemeleri ve redaksiyonlar yaptı. Jennifer Stimson kapak tasarımını, Lisa Balbes ise arka kapak yazısını hazırladılar.

Ayrıca, Kurt Güner, Sibel Güner, ve Michele Larkin taslak yazıyı okuyarak kritik incelemeler yapıp eleştirel yorumları ile katkıda bulundular. Lise Dumont son okumayı ve line-editingi gerçekleştirdi.

Elizabet Kurumlu kitabın Türkçe'ye çevirisini yaptı.

Bu kitabı İngilizce'den Türkçe'ye çevirirken ilk hedefim aslına sadık bir çeviri yapmak idi. Yazarın kendisini ifade etme tarzına, seçmiş olduğu konuşma diline ya da bilimsel jargona özgü sözler, deyimler, bulunduğu yere uygun yerel dil ve kültüre uygun kelimeler, tekrarlar, sözcük seçimi ve yazım stilini *mümkün olduğu ölçüde* koruyarak çevirdim. Ancak İngilizcesinde olduğu sıklıkta *"ve"* (bağlaç) kullanımının azaltılması gibi birkaç noktada inisiyatif kullanarak değişiklikler yaptım. Netlik, anlaşılabilirlik ve stil adına bazen cümle yapıları ile oynadım.

Gerek yazarın çalışma alanlarının bilimsel içeriği gerek özel yaşamındaki seçimleri (briç, vidolu tavla, ultimate frizbi, raketbol, voleybol, wallyball vb...) ve de Amerikan kültür ve yaşam tarzı ile birlikte gelen bazı kavram ya da kelimelerin açıklanması gerektiğinden bazen parantez içinde bazen de dipnot ile orijinal metinde olmayan açıklamalar ekledim. Bu tarz açıklamaları ilgili kavramın ya da sözcüğün ilk kez kullanıldığı noktada verdim ve her kullanım ile birlikte tekrar etmedim. Ancak çok yerde ekstra bilgi şeklindeki parantez içi açıklamalar yazarın kendi açıklamalarını ve tercihini yansıtmaktadır.

Çeviri esnasında yazar ile akışa uygun şekilde iletişim halinde kalabildiğim için kendimi şanslı sayıyorum. Kendisinin değerli açıklamaları ve katkısı için teşekkür ediyorum.

Çeviriye başlamadan önce birlikte karar verdiğimiz prensipler doğrultusunda ilerledim. Sözcük seçiminde ses değişimine uyarak farklılaşmış yabancı dilden alıntı kelimelerin kullanımının uygun olduğuna birlikte karar verdik. "Acceptor" sözcüğünün karşılığı olarak "alıcı" ya da "ak-septör" alternatifleri var örneğin. Özellikle bilimsel bağlamda genel olarak literatürde kullanımı tercih edilen "akseptör" sözcüğü gibi jargona uygun alternatifi kullandım. Böyle olunca da tutarlılık açısından bunu bir stil olarak genele yaymanın doğru olduğuna kanaat getirdik. Bazı durumlarda da tam karşılığı olmayan sözcük ya da kavramlar için zorlama Türkçe sözcükler yerine İngilizce sözcüğü ya da sözcük öbeğini bırakarak açıklamasını yapmayı tercih ettim.

Ayrıca yazardan gelen katkılar ile İngilizce metinde olmayan bazı eklemeler oldu. Dolayısıyla okuyacağınız bu kitap İngilizcesi ile birebir örtüşmemektedir.

Bilimsel açıdan yol gösterici bir kaynak kitap niteliği taşıyan ve aynı zamanda da renkli bir yaşamı tüm samimiyeti ile paylaşan bu eseri keyifle çevirdim, çok şey öğrendim. Sizin de hem bu yaşam tecrübesinden hem de değerli bilimsel içerikten yararlanacağınızdan eminim.

Elizabet Kurumlu

İÇİNDEKİLER

İÇİNDEKİLER

Giriş

Bu otobiyografik anı yazısı—tüm başarı ve fiyaskoları ile—Amerika Birleşik Devletleri'ndeki profesyonel hayatımın beni nasıl yavaş yavaş geliştirerek daha huzurlu ve kendi farkındalığı daha da artmış bir kişiye dönüştürdüğünün hikayesidir.

Yakın zamanda ABD'den Türkiye'ye döndüm ve hâlihazırda burada yaşıyorum. 1956'da Türkiye'de doğmuşum. İlkokul, ortaokul ve lise eğitimimi burada tamamladım. Kimya Lisans Derecemi (BS) ve organik kimya Yüksek Lisans Derecemi (MS) de burada aldım. Doktoramı (PhD) almak üzere 1982'de ABD'ye taşındım, ama sonunda orada kalıverdim. Hem de 2021 yılına kadar tam otuz dokuz sene...

1996'dan 2005'e kadar moleküler modelleme ve kompütasyonel kimya konularında lider firmalardan biri olan Accelrys, Inc.'de çalıştım. Şirkette kimya alanında geliştirilen yazılımların idaresi ve pazarlamasından sorumluydum.

Ellinci doğum günümden birkaç ay önce, Eylül 2005'te Accelrys beni işten çıkardı. Bu iş hayatımda ve hayata bakış açımda dramatik bir değişime yol açtı. Bu otobiyografik anı yazısı aynı zamanda benim bu değişime, yani 50'den Sonraki Hayatıma ayak uydurmayı kabullenme mücadelemi yansıtmaktadır.

* * *

Sorumluluk Reddi Beyanı:

Bu kitap hayatımdaki olayları kendi anılarımda hatırladığım şekli ile aktarmaktadır. Burada bahsi geçen bazı insanların bu olayları farklı hatırlayabileceğinin ve dolayısı ile bu olayların anlatımı ile hemfikir olmayabileceklerinin farkındayım. Kimi şahısların kişisel gizlilik haklarını korumak adına isimleri, betimlemeleri ve bulundukları konumları değiştirilmiştir. Bu kitap herhangi birine zarar verme amacı gütmemektedir; hem yayıncım hem de ben *50'den Sonra Hayat*'ın yayınlanmasından doğabilecek kasıtsız zararlar için şimdiden özür dileriz.

* * *

Biyografi:

Osman F. Güner, PhD, otuz yıldan fazla kimyasal veri madenciliği ve bilgisayar destekli ilaç tasarımı yapmıştır. Rutin bir şekilde farmasötik araştırmalarda kullanılan Güner-Henry Skoru'nun ortak mucididir. Üretken bir bilim insanı olarak farmakofor modelleme konusunda yazılmış ilk kitaba hem yazar hem de editör olarak katkıda bulunmuştur. Aynı zamanda bir baba, danışman ve öğretmendir. Briçte Life Master (Hayat Ustası) derecesindedir.

* * *

1

50'ye Basınca: Son! – ya da Başlangıç

San Diego, Kaliforniya, Eylül 2005

Ofise gitmek üzere evden çıkarken eşime o sabah erkenden eve dönüyor olabileceğimi söylemiştim, çünkü zaten işten çıkarılacağımdan şüpheleniyordum.

Dört kişilik ailem ile birlikte—iki çocuğum, anneleri ve Labrador retriever köpeğimiz—San Diego'da yaşıyordum. Eşim Zeynep ile yirmi üç yıldır evliydik ama uzlaşılamaz farklılıklar yüzünden on iki yıl önce boşanma girişiminde bulunmuştuk. Ancak ayrı yaşamamız sırasında çocukların ne kadar perişan olduğunu görünce tekrar birlikte yaşamaya ve çocuklar büyüyüp bu olayı daha iyi kotarabilecek yaşa gelinceye kadar boşanmayı ertelemeye karar verdik. Artık oğlumuz Kurt onsekiz, kızımız Sibel de onbeş olduğundan belirlemiş olduğumuz bu kilometre taşına yaklaşıyorduk.

Accelrys tarafından üst düzey ürün müdürü olarak 1996'da işe alınmıştım. Takip eden dokuz yılda her bir yükselişte katlanarak gelen sorumluluk ve yetkilerle birlikte direktör, üst düzey direktör ve son olarak da yönetici müdürlüğe terfi ettim. Accelrys'de kimya şirketlerine kompütasyonel kimya bilgisayar yazılımı donanımları sunuyorduk. Özellikle de farmasötik ve biyoteknik şirketlerine bilgisayar destekli ilaç tasarım donanımları (CADD) sağlıyorduk. Bu iş dalında çok şirket ve çok rekabet vardı, ama piyasadaki tüm katılımcıları destekleyecek yeterli para yoktu. Bunun sonucu olarak yavaş yavaş başlayan fakat on seneden fazla süren bir dizi birleşme ve satın almalar vasıtasıyla şirketlerin müteakip konsolidasyonu olarak tezahür eden kaçınılmaz bir silkelenme başladı. Bu silkelenmenin erken evrelerinde birkaç şirketi elde etmiş olan Accelrys piyasadaki büyük oyunculardan birisi konumuna geldi. Kendimi satın almış olduğumuz şirketlerin rekabet içindeki birçok ürününün kaderine karar verir pozisyonda buldum; hangileri aktif bırakılıp desteklenmeye devam edilecekler; hangileri varolan platformlara asimile edilecekler; ve hangileri yavaş yavaş kullanımdan kaldırılacaklar... Böylece mesleğim gitikçe daha da stresli bir hal aldı. Senelerin birleşme ve satın almaları aynı zamanda üst yönetimde birbirini takip eden değişikliklere yol açtı. 2005'e uzanan dokuz yıl boyunca birçok yöneticiye rapor sundum ve sonuncusu hariç hepsiyle de iyi bir ilişkim oldu.

İlk başta, bir önceki hafta İngiltere'deki kimyasal enformatik grubu ile bir haftalık rutin bir iş gezisindeyken işten çıkarılacağımı düşünmüştüm. Kimyasal enformatik özellikle kimyasal yapılar temeline oturtulan kimyasal enformasyon yönetim sistemlerini kapsar. Şirket muhsebesinden tutun da personel veri tabanı ve öğrenci kayıtlarına kadar hemen herşeyin yönetilmesinde kullanılan tipik veri tabanı yönetim sistemlerine (DBMS) benzerler bunlar. Ancak kimyasal enformatik DBMS'leri moleküler bileşiklerin kimyasal yapılarını, yani bir moleküldeki münferit atomların aranjmanını, organizasyon tabanı olarak alırlar. Buna bağlı olarak DMBS'ler kullanıcılarına veri tabanındaki bileşiklerin kimyasal özelliklerini ve yapısal yönlerini araştırma imkânı sunarlar. Bu belirli endüstriler için elzemdir. Nitekim farmasötik şirketler tescilli kimyasallarını "baş taçları" sayarlar. Bu baş taçlarına tabiatlarında olan değeri veren şey kimyasal yapılarıdır. Kimyasal enformatik sistemleri ise şirketlerin bu taçları saklı bir hazineden çıkarırcasına elde etmelerine zemin hazırlar.

Kimyasal enformatik sistemlerinin kullanılabilir hale geldiği onlarca yıl öncesinden başlayarak yeni bileşikler ya da ilaçlar tasarlamak için bir organizasyonun veri tabanında kimyasalları aramak hızla önemli bir araştırma aracı haline geldi. Bu aramaları yapmak için bilim insanları kimyasalların parçacıklarını ayrıntılarıyla belirledikleri ya da başka bir kimyasal yapıya benzerliğini baz aldıkları sorgulama programları kullandılar. Daha sonraları, bu sistemlerin yetenekleri iki boyutludan (kimya kitaplarındaki çizgisel çizimler gibi) üç boyutluya (bir kimya öğretmeninin masasındaki hareket ettirilebilir top ve sopa modelleri gibi) evrildi. Üç boyutlu (3D) bilgi yönetim sistemleri kullanılabilir olunca bilim insanları soyut özelliklerin (asidik gruplar ya da lipofil [yağsever] gruplar gibi) uzlamsal aranjmanlarını içeren 3D sorgulamaları ile şirket veri tabanını arayabilir oldu. "Farmakofor modeller" diye adlandırılan bu 3D sorgulamalar vazgeçilmez bir araştırma aracı oldular. Günümüzde, son zamanlarda tasarlanmış ya da keşfedilmiş ilaçların neredeyse tamamı bu tarz CADD araçları kullanılarak ortaya çıkarıldı.

Cambridge ofisine yapmış olduğum ziyaretim esnasında patronumdan seyahatimin devamını iptal ederek mümkün olan en kısa sürede San Diego ofisine dönmemi rica eden (daha doğrusu emredercesine talep eden) sesli bir mesaj aldım. Başka hiçbir açıklama vermemişti. 2005 Eylül'ünün başlarıydı. Bu durumda katılacağım konferansta yerime sunum yapması için gezimin ikinci ayağı olan Dublin'e gitmek üzere birisini bulmak durumundaydım. Ürün müdürlerimden birisinin yerimi almak üzere seve seve hazır bulunmasına minnettar olmuştum.

San Diego'ya dönüş uçağımı erkene aldım. Cambridge'deki son gecemde iş arkadaşlarımı en sevdiğim Türk lokantası olan Efes Restaurant'a davet ettim. İş dolayısıyla Cambridge'de bulunduğum zamanlar için bu akşam yemeği ziyafeti bir gelenek haline gelmişti. Beş altı tane soğuk ve sıcak mezeyi paylaşarak başlayıp ana yemeklerimizi de yedikten sonra mükemmel tatlılarla son noktayı koyarak ziyafetin hep birlikte tadını çıkarırdık. Yemek esnasında işten konuşurduk hep doğal olarak. Bu yemek de Accelrys'teki kimyasal enformatiğin geleceği hakkında spekülasyonlar yaparak geçti. Şirketin sendelemekte olan işlerini yoluna koymak üzere gelmiş olan yeni yönetim ile birlikte faaliyetlerin sadece küçük bir parçasını oluşturan kimyasal enformatik gözden düşmüştü.

Hatalı olan dahili muhasebe sisteminin Kimya Bölümü'nün satışlarını olduğundan daha kötü gösterdiğini fark etmiştik. Örneğin; hem biyoloji hem kimya ürünlerini içeren büyük bir satış yapıldığında, muhasebenin hangi ürünün müşteriyi çözümlerimizi satın alma kararına ikna ettiğini bulup çıkarması gerekiyordu. Toplam miktarı artırmak için (satış elemanı bunun üzerinden komisyon kazanıyordu) müşteri temsilcilerinin ek ürünleri dahledip bir paket halinde satışa sunma eğiliminden dolayı işlem komplike bir hal alıyordu. Çok sonraları öğrendim ki bazı müşteri temsilcileri sırf biyoloji bölümü direktörü ile "sağlam kanka" oldukları için pakete eklenmiş biyoloji ürünlerini orijinal satışa atfediyormuş. Ben hiçbir müşteri temsilcisi ile "kanka" değildim. E bu durumda da kimya ürünleri satışın yapılmasının temel sebebi olmasına rağmen ekip olarak biz toplam satıştan değil de sadece kendi ürünlerimiz için puan alıyorduk. Biliyorduk ki üst düzey yönetim işin kimya bölümünün katkısını, yemek yediğimiz o gece henüz farkında olmadığımız birleştirici "kanka" etkisi olmadan bile olduğundan çok daha az olarak algılıyordu.

* * *

Eğer o günlerde bana olabilecek en kötü şey ne olurdu diye sorsaydınız "işimi kaybetmek" derdim. Tek kişinin çalıştığı; Güney Kaliforniya gibi pahalı bir yerde ipotekli ev kredisi ödemesi yapan ve bir tanesi üniversiteye başlamak üzere, diğeri de liseyi bitirmekte olan iki çocuklu bir aileydik. Ödenmesi gereken çok fazla fatura olduğundan tek gelir kaynağımızı kaybetmek ürkütücü geliyordu. San Francisco Körfezi'nde yaşadığımız dönemde eşim Zeynep çalışıyordu. Ancak San Diego'ya taşındığımızda evde kalıp çocuklarla ilgilenmeye karar vermişti. O zaman yapmış olduğu özveriyi takdir etmiştim. Böylece çocuklar sağlıklı ve destekleyici bir ortamda büyümüş oldular. Ama şimdi artık çocuklar büyümüş olduklarından bu zor zamanlarda bir ek gelir iyi olurdu. Son birkaç aydır Zeynep'i şirketin içinde bulunduğu durumlardan dolayı orada fazla kalamayacağım ve işimi kaybetmem durumunda problemsiz bir geçiş yapabilmek adına ciddi olarak en azından yarı-zamanlı bir iş araması gerektiği yönünde uyarıyordum. Bu uyarıları göz ardı etti.

Zeynep ile ilişkimiz on iki yıl önceki ilk ayrılma girişimimize yol açan disfonksiyondan beri daha da kötüye gitmişti. Hem işte hem de evde stres olunca gidecek hiçbir yerim ve konuşacak hiç kimsem yokmuş gibi hissetmiştim. Sıkıntılardan kurtulma veya destek konusunda tamamen umutsuz olarak koca bir sorumluluk yükü altında yalnız kalmıştım.

* * *

Cambridge'deki o son yemekte, bir çeşit oyun oynuyorduk. Kimyasal enformatik işinin geleceği üzerine senaryolar geliştirmek adına beyin fırtınası yapıyorduk. Bu senaryoların hepsi de ayrı bir birim haline getirme ya da satış kanalı ile ana şirketten bir çeşit ayrılma öngörüyordu. Kimyasal enformatik sistemlerinin geliştirilmesinden sorumlu olan Mishi benim Cambridge'teki karşılığımdı. Aramızdaki mükemmel ilişki ürün planlama, yönetme ve geliştirme için etkili bir iş akışı demekti. Geliştirdiğimiz süreçler kompleks bir işin başarılı bir ekip yönetimi için Accelrys'te bir mihenk taşı oluşturdu.

Aramızdaki iyi ilişkiyi göz önünde tutarak Mishi, farklı bir yönetim altında çok daha sağlıklı olacağını düşündüklerinden, kimya işini ayrı bir birim haline getirmek için kendisinin, geliştirme ekibindeki bazı kişilerin ve hatta Cambridge ofisinde benim grubumdaki ürün müdürlerimin birkaçının kendi paralarını koymaktan mutluluk duyacaklarını benimle paylaştı. Accelrys'teki yeni yönetimin aksine bu işin yüksek değerini takdir ediyorlardı. Şahsen en beğendiğim seçenek dışarıdan satın alacak birisi idi ki zaten aklımda öyle bir firma vardı: Symyx Technologies. O zamanlar Symyx'in başında daha önceleri uzun seneler çalışmış olduğum ve çok sevilen işverenim Molecular Design Limited'in (MDL) Genel Müdürü (CEO'su) Steven Goldby vardı. Ona saygı duyuyordum. Symyx enformatik ve otomasyon ürünleri konusunda uzmanlaşmıştı. Bizim yaşam bilimleri için kimyasal enformatik çözümlerimizin Symyx'in malzeme bilimi için kimyasal enformatik çözümlerini tamamlıyor oluşunu takdir edeceklerini öngörüyordum. Ancak böyle ticari işlemler için yetkimiz yoktu ve yeni yönetimin bu tarz önerileri göz ardı edeceğine inanıyorduk. Bu antrenman nafile idi! Sadece dostlar arasında kalacak bir eğlenceden ibaretti...

* * *

Bu, Avrupa'da iş seyahatindeyken genel merkeze alelacele geri çağrıldığım ilk sefer değildi. Beş altı yıl önce bir seri özel konferans görüşmesinin ardından neler olabileceği hakkında bir çeşit ön uyarı vermek adına da böyle bir geri çağrılma almıştım. Accelrys'in Cambridge, İngiltere'de bir yıl önce satın almış olduğu tam da bahsi geçen kimyasal enformatik işinin ürün sorumluluğunu alıyor olacaktım. San Diego'da gözetiyor olduğum kimya işine kimyasal enformatik işinin eklenmesi ile şirketteki kimya ürünlerinin tamamından sorumlu olacak ve üst düzey direktör pozisyonundan yönetici müdür seviyesine terfi ettirilecektim. Gurur içinde, eteklerim zil çalıyordu. Harika bir terfi olacak gibi görünüyordu.

O zaman Accelrys'te böyle bir pozisyon yoktu. Yönetim bu yönetici müdür pozisyonunu özellikle benim için yaratmıştı. Şirketteki en yüksek düzey direktör olmuş olmam gururumu okşadı. Ancak ikinci beklenmedik geri çağrılmamla karşı karşıya kalınca bu terfi hakkında daha derin düşündüm ve kendi cam tavanıma ulaşmış olabileceğimi fark ettim. Beni genel müdür yardımcısı pozisyonuna terfi ettireceklermiş gibi görünmüyordu. Beyin takımının yakın çevresinde değildim; kendi halimde takılıyordum. Üstelik bu benim tercihimdi. Herkesi dolaylı yollardan güç ve fayda peşinde koşar gördüğüm yapmacık bir ortamda bulunmak istemiyordum. Bir bilim insanı olarak beni kariyer basamaklarının üst noktalarına taşıyan şeyin performansım olmasını bekliyordum. Odak noktam her zaman şirket politikaları değil, işimizin bilim kısmıydı. Dolayısı ile yönetimdekilerle kaynaşıp sosyalleşmedim. Mangal partilerine ya da golf gezilerine katılmadım. İş gezilerinde birlikte takılmadım. Bu benim tabiatıma aykırı idi ve -mış gibi yapmak için de hiçbir sebep görmüyordum. Bu tam anlamıyla politik davranmak demekti benim kitabımda.

İlk başlarda yönetici müdür teklifini kabul etmek konusunda çekimserdim. Zaten bunalmış bir durumdayken, bu pozisyonun benim için daha da fazla iş yükü ve sorumluluk altında ezilmek demek olacağını düşünüyordum. Endişelerimin birçoğunun irdelendiği saatlerce süren toplantılardan sonra, hâlâ bir miktar çekince taşıyarak da olsa terfiyi kabul ettim. Bu en son geri çağrılmadan yaklaşık beş sene önce olmuştu.

Ancak bu sefer geri çağrılmamdan önce ne özel toplantılar yapılmış ne de herhangi bir tüyo verilmişti. Dolayısıyla tatsız haberler bekliyordum. En azından bir terfinin söz konusu olmadığı aşikardı. Son birkaç aydır yeni yönetim ile gitgide artarak görüş ayrılıklarına ve anlaşmazlıklara düşmüştüm. Pazardaki silkelenmeler devam etti. Şirket çuvallıyordu. Fakat yeni yaratılmış yönetim kadrosu kendilerini şirketleri tekrar düzlüğe çıkarma uzmanları olarak gören şahıslardan oluşuyordu. Benim algım odak noktalarının şirketin uzun vadeli başarısı için problemlerini çözmekten ziyade şirketi satışa hazırlamak olduğu yönündeydi.

Öyle görünüyordu ki lider pozisyonundakilerin ilk odak noktası rakamları iyi göstermekti. Yürürlüğe koymak üzere bir yapılacak işler listesi hazırlamışlardı. Erken safhadaki operasyonları için bu gayet iyi işleyebilirdi, ancak bizim farklı iş modelimize pek uyarlanabilir değildi. Örneğin; insan şirketin nasıl işlediği, neyin çalışıp çalışmadığı ve kritik pozisyonlardaki personelin belirlenmesi konularını dikkatlice analiz etmelerini beklerdi. Bunların hiçbiri gerçekleşmediği gibi yeni yönetim daha şimdiden kritik pozisyonlardaki çalışanlarını kaybettiğinin farkında bile değildi. Eğer gerçekten şirketi düzlüğe çıkarmak gibi bir niyetleri olsaydı, bu insanları saptayıp gerekli güvenceleri vererek onları gemide tutmaya çalışırlardı. Şahsi kanaatim ilgi alanlarının daha çok hızlı bir satış yapıp komisyonlarını almak ve hayatlarına devam etmek olduğu yönündeydi. Daha önceki firmalarda kullandıkları taktikleri şablon olarak kullanıp Accelrys'de uygulamaya koyacaklardı. Tabii ki ilk göz önüne aldıkları şeylerden birisi şirketteki çalışan sayısını azaltmaktı. O zamana kadar sevdiğim ve güvendiğim insanların çoğu zaten şirketten ayrılmış ve başka yerlerdeki fırsatları değerlendirmişlerdi. İş stresine rağmen devam eden benim jenerasyonumdaki ender kişilerden biriydim ben. Gitgide daha fazla sorumluluk kabul ettikçe verimliliğimi de o oranda artırmam gerekiyordu. Artmış halinde bile iş yükümü tamamlamayı başardıkça daha da fazlası üstüme yıkılıyordu. Zaten çok uzun olan günlerim artık başarıyı yakalamak için yeterli değildi. Gecenin ortasında kan ter içinde uyanıp zihnimde "Buradan çıkmalıyım! Buradan çıkmalıyım!" diye bağırdığımı hatırlıyorum.

Neden şirketten ayrılmayı düşünmemiştim? Çünkü işlerin daha iyiye gideceği konusunda kendimi kandırıyordum. Ve de bir gün şirketin baş bilim yetkilisi (Chief Scientific Officer - CSO) olmanın peşindeydim. Yaklaşık on yıl önce Accelrys'te işe başladığımda, PhD sahibi çalışan oranının yüksek olması ile nam salmıştı şirket. Artık yoktu öyle bir şey! İlk başlarda, saygın bilim tabanlı diğer şirketlerde olduğu gibi Accelrys'in cezbettiği elemanlar da çoğunlukla—çatışma, arkasından çekiştirme, yalakalık yapma ve şirket içi rekabetin değil—ele ele verme ve kolektif çalışmanın norm ve meslektaş dayanışmasının genel uygulama olduğu en üst seviye bilimsel akademik çevrelerden geliyordu. Geriye bakıldığında, şirket kültürünün bilimden teknolojiye, teknolojiden pazarlamaya ve pazarlamadan satışa doğru yön değiştirdiği aşikardı. Lakin ben yön değişimini görememiştim. İnkâr halinde yaşıyordum.

O kader belirleyici sabah vakti, kafamda bu düşünceler dolaşırken patronum ile—farz edelim ki ismi Brian olsun—buluşmak üzere ofise doğru arabayı sürmeye başladım. Brian uzun boylu, esmer ve etkileyici derecede yapılıydı. Belli ki spor salonunda çok vakit geçiriyordu. Bir de üstüne kalın bıyıklarını eklediğimizde, bir ileri teknoloji şirketi genel müdür yardımcısından çok tipik bir Kaliforniyalı sörfçüye benziyordu.

Brian ile toplantım 7:30'da olacaktı. Yani sabahın ilk işi idi. Doğru-dan ofisine gittim. Büyük L şeklindeki köşe ofisi iki tarafında olağanüstü manzaralar sunan herkesin arzu ettiği cam dış duvarlara sahipti. Yaklaşık bir yıl önce bu yeni binaya taşınırken İnsan Kaynakları (İK) yeterince ofis sağlayamama sıkıntısına düşmüştü. Başlangıçta bana Brian'ın ekib-inin en üst düzey üyesi olarak onun ofisinin hemen yanındaki geniş, diktörgen ofisi tahsis etmişlerdi. Buranın da çok iyi manzarası vardı ve büyük bir beyaz yazı tahtası ile dört sandalyeli bir masanın kolayca sığa-bileceği ayrı bir toplantı alanı olabilecek büyüklükteydi. Tek problem hemen Brian'ın ofisinin dibinde olmasıydı.

Daha önce ipuçlarını verdiğim üzere Brian'ı fazla sevmiyordum. Onun yakınlarında bulunmak istemiyordum çünkü sık sık karşılaşıp sosyalleşmek durumunda kalacaktık. Bu yüzden kazan-kazan bir çözüm ürettim: ben koridorun sonundaki daha küçük bir ofise taşınacaktım ve baştan benim için düşünülmüş olan büyük ofisi de ikiye bölerek iki ürün müdürüme verecektik. Şirket fazladan bir ofise sahip olacak; ürün müdürlerimden iki tanesi dışarı bakan camları olan ofislere kavuşacak; ben de Brian'dan uzakta olacaktım. Ama aslında tam da bu mesafe onunla bozulmakta olan ilişkimi daha da kötüye götürmüş olabilir.

O günkü toplantı kısa ve konuya odaklı idi: işten çıkartılıyordum. Evraklarımı almak üzere İK'ya gitmeli ve başka bir gün geri gelip şahsi eşyalarımı toplamak için bir randevu oluşturmalıydım. Binayı derhal terk etmeliydim.

* * *

Brian işimizin bilim ve teknolojisi hakkında en ufak bir fikre sahip değildi. Onun odak noktası şirket politikalarıydı. Ne ürünlerin arkasındaki bilimi anlamak için ne de ekibindeki insanları tanımak ve ne yaptıklarını kavramak için vakit ayırmadı. Kısacası her zaman altındakileri değil üstündekileri besledi.

Örneğin; birkaç ay önce grup olarak bir bölümünü bizim hazırladığımız önemli bir kitabın yayınlanmasını kutluyorduk. Brian geliverdi. Kitaba katkıda bulunmak üzere davet edilmiş olmamızdan etkilenmiş görünüyordu. "Nasıl oldu da?" diye sordu. Kitabın editörünün, editörlüğünü benim yapmış olduğum farmakofor modellemesi hakkındaki bir kitaba katkıda bulunmuş bir arkadaşım olduğunu ve kendisinin bu iyiliğine karşılık vermemizi rica ettiğini izah ettim. Brian şaşırmıştı. "Senin bir kitabın mı var?" diye sordu. Belli ki dosyalarımıza bakma zahmetine bile girmemişti.

Bir önceki patronumu düşününce bu durumu garipsemiştim. Brian'ın tam tersine onun görevine gelir gelmez ilk yaptığı işlerden birisi kendisine direkt rapor verecek kişilerle birebir toplantılar düzenleyip onların neye ihtiyaçları olduğunu tespit etmek ve kariyerlerinde yardımcı olmak için neler yapabileceğini araştırmak olmuştu. Benim ile toplantıya başlamadan önce söylediği ilk şey, "Bu kadar başarıyı bir ömüre nasıl sığdırdın?" olmuştu. Belliydi ki herşeyden önce dosyalarımızı dikkatle incelemekle başlamıştı yeni işine.

Brian ise kendi açısından direkt raporlama yapanlardan bir saygı eksikliği algılıyordu. Bir gün, mesela, senelerdir bana raporlama yapan ama o zamanlar artık doğrudan Brian'a raporlamaya başlamış olan bir ürün müdürü Brian şehir dışındayken tavsiye almak için bana geldi. Başka bir fırsat için Accelrys'den ayrılmaya karar vermişti. Brian Japonya'daydı. Ürün müdürü de birkaç gün içerisinde orada onunla buluşuyor olacaktı ama bunu istemiyordu. Japonya'ya gitmesini, işinin bu son parçasını yapmasını ve planları hakkında Brian ile konuşmak için vakit ayırmasını önerdim. Tavsiyeme uymadı. Bunun yerine programlanmış Japonya seyahatini iptal etti ve İK'ya istifasını verdi. Brian Japonya'dan döndüğünde bana öfkelendi çünkü kendi raporlamacısı onun yerine benimle konuşmuştu. Onun altında çalışan bazı kişilerin benim danışmanlığıma başvuruyor olmaları gerçeği Brian'a tehdit unsuru olarak görünüyor gibiydi. Çalışan sayısını azaltmak için talimat aldığında bu benden kurtulmak için elverişli bir fırsat olmuş olabilir.

Brian ile toplantımı takiben İK'ya göründüğümde İK müdürü evraklarımı hazırlamıştı bile. Muhtemelen olağanüstü bir performans sicili ile dokuz yılın üzerinde bir süredir şirkette çalıştığımdan ve genelde İK'nın gemide tutmaya çalıştığı tipte bir insan olduğumdan olsa gerek suçlu bir yüz ifadesi vardı. Evraklar apaçıktı. Gönüllü istifalarda geçerli olmayan mütevazi bir paket sunuyordu. Ama dikkat edilmesi gereken bir husus vardı: bu paketi alabilmem için işimin sonlandırılması ile ilgili her türlü hukuki süreçten feragat ettiğimi kabullendiğim bir evrakı imzalamam gerekiyordu.

Kısa eve dönüş yolundan sonra aklımda bu tercihle arabadan dışarı adımımı attım. Şirketteki performans sicilim o kadar fevkaladeydi ki haksız işten çıkarma sebebi ile kanuni işlemler başlatabilir olmalıydım. İşimi geri almak için savaşabilirdim. Ama ne bu kadar stresli hale gelmiş bir göreve ne de mutlu bir yer olmaktan çıkmış bir iş ve şirkete geri dönme fikrinden hoşlanmadım.

On sene kadar önce MDL'de geçirdiğim son günlerimi hatırladım. Accelrys'e gitmek üzere MDL'i bıraktığımda veda yemekleri, övgüler, geçmiş performansım hakkında takdirler ve gönülden uğurlamaların keyfini yaşadım. MDL'deki son patronum ayrılışımdan önce bilgi alışverişi toplantıları için bana birkaç gününü ayırdı. Piyasanın gidişatı, yeni muhtemel müşteriler, rakipler ve bilimsel gelişmeler hakkında benim bilgilerimi ve perspektifimi öğrenmek istedi. Hatta bilgi alışverişini henüz tamamlayamamış olduğundan dolayı Accelrys'teki başlama tarihimi iki gün ertelememi istedi. Bir yıl sonra bir konuşma esnasında Accelrys'te İK genel müdür yardımcısı, "Buradaki başlama tarihinden bir gün önce MDL'deki patronundan 'Osman Güner' konu başlığı ile gelen e-postayı görünce öyle telaşlandım ki açmadan evvel CEO'yu aradım." demişti. MDL'in rekabete dayalı sebepler öne sürerek işe alınmama engel olacağını düşünmüş. Sonunda CEO ile birlikte mesajı okuduklarında MDL'in sadece bilgi alışverişini tamamlayabilmek için iki gün daha istediğini görünce yüreklerine su serpilmiş.

Bu sefer hiçbir bilgi alışverişi olmadı. Accelrys'te geçen neredeyse on yıldan sonra sadece bu kadar çok şirketin ve rekabetin olduğu piyasa hakkında tecrübem değil, aynı zamanda rakipleri nasıl yenebileceğimiz konusunda da detaylı ve amaca uygun çok daha fazla bilgi birikimim vardı. Brian bunların hiçbirini bilmek istemedi. Tek istediği mümkün olan en kısa sürede yolundan çekilmemdi. Ne veda yemekleri ne de senelerin hizmeti için övgüler vardı. Hiçbir şey yoktu! İşte Accelrys beni böyle gönderdi; neredeyse bir suçlu gibi!

Hepsi o kadardı! Bütün o süreyi iş yerine çocuklarımla geçirebilmiş olabilirdim diye düşündüm. Hayatımın on yılını bu yere verdikten, büyümesine yardım ettikten, yeni yetenekleri kazandırdıktan ve birikmiş tüm sektörel uzmanlığımı adadıktan sonra, bitmiştim.

Bu dramatik değişim hakkındaki duygularım beni şaşırttı. Kızgın hissetmiyordum. Sinirden köpürmüyordum. Şirkete haksız işten çıkarılmaya dayalı dava açmak istemiyordum. Bilakis utanmış, mahcup hissediyordum. Kendimi başarısız buluyordum. O noktaya kadar bir başarı timsali olarak saygı görmüştüm. Şimdi işten çıkarıldığıma göre profesyonel dünyadaki bütün dostlarım ve iş ortaklarım ne düşüneceklerdi?

İşten çıkarılmaya itiraz etmeme kararı aldım. Verdikleri paketi alacak, böylece de gelecekte hangi işi yaparsam mutlu olabileceğimi tartıp anlayabilmek için zaman kazanacaktım. Bu noktadan sonra artık sadece keyif aldığım işi yapacaktım. Özellikle kendi ilaç tasarımımı yapmak ile ilgileniyordum. Onca bilim insanına bunca senedir teknolojiyi nasıl kullanacakları konusunda rehberlik ettikten sonra artık tüm o zamanlarda anlatıp öğütlediklerimi kendim yapmak istiyordum. Bu da ya meşguliyet sahasında CADD olan bir farmasötik ya da biyoteknoloji şirketinde çalışmak ya da onlar için dışarıdan anlaşmalı olarak araştırma sağlamak anlamına geliyordu.

* * *

Ertesi sabah traş olmak için aynaya baktığımda yorgun, mutsuz bir yüz gördüm. Neredeyse elli yaşındaydım. İki harika çocuğum, borcunun çoğunu ödemiş olduğum ama bana aitmiş gibi hissetmediğim güzel bir evim, kullanmaktan büyük zevk aldığım üstü açılabilir bir Mustang'ım ve disfonksiyonel bir evliliğim vardı. Kurt basketbola meraklıydı ve çok güçlü bir basketbol programı olan Gonzaga Üniversitesi'ne yeni başlamıştı. Sibel lisede üçüncü sınıf öğrencisi ve konuşma ve münazara takımının eş-başkanıydı. Üniversite seçeneklerini henüz değerlendirmeye başlıyordu ama zaten Doğu Yakası'nda olacağına karar vermişti. Onu eyalet dışı ücretin yarısı kadar olan eyalet içi öğretim ücreti ödeyebileceğimiz Kaliforniya'da bir okul seçmeye ikna edememiştik. Ona kanatlarını geliştirmek için yardım etmiştik ve şimdi artık uçup gitmek istiyordu.

Çocuklarımın ikisi de parlak çocuklardı ama benzerlikleri bundan ibaretti. Kurt zihninde evlenmeyi, kök salmayı, bir aile oluşturmayı canlandırırken Sibel dünyayı dolaşmayı ve farklı kültürleri deneyimlemeyi istiyordu.

Bana gelince... Ellinci doğum günümden sadece birkaç ay önce işsiz kalmıştım. Yetişkin hayatım boyunca ilk defa!

Notlar:

- Accelrys benim ayrılışımdan yaklaşık bir yıl sonra Brian'ı gönderdi.
- 2007 – Symyx MDL'i satın aldı.
- 2010 – Accelrys Symyx ile birleşti.
- 2014 – Bu birleşmiş şirketi bugün hâlâ var olan Dassault Systèmes satın aldı.

2

50'den Önce; Meslek Hayatına Giriş

Ankara, Türkiye, 1956-1979

Türkiye'de büyümekte olan bir çocuk iken, yaklaşık yedi yaş civarında, bir bilim fuarına katıldığımı hatırlıyorum. Sergilenmekte olan iri bir dizüstü bilgisayar büyüklüğündeki (günümüzde artık ilkel bir hesap makinesi sayılan) bir makine sadece dört çeşit hesaplama yapıyordu: toplama, çıkarma, çarpma ve bölme. Gayet nazikçe "2" işaretli tuşa bastım. Sonra sırasıyla "+"ya, yeniden "2"ye, ve nefesimi tutarak yavaşça "="e bastım. Görüntülenen "4" hayatımda görmüş olduğum en muhteşem şeydi. Kendi kendime, "Umarım büyüdüğümde bu makinelerden bir tane alacak kadar zengin olurum!" diye düşündüm.

Okumayı nasıl öğrendiğimi hatırlamıyorum. Hiç kimse bana öğretmemişti. Sanıyorum sesler ile alfabenin harfleri arasında bağ kurdum. Türkçe fonetik bir dil olduğundan harfler her zaman aynı ses olarak okunur. İngilizce'de durum bundan farklıdır. Örneğin, "oo" harflerinin karşılığı olan ses "book" kelimesinde (*okunuşu buk*) "u" iken "door" kelimesinde (*okunuşu dor*) "o" olur. Sıkça rastlanan yol işaretlerinin ses kalıplarını ayırtedebilir hale gelmiş olmalıyım. İlkokula başlayıp ilk kitaplarımı aldığımda yavaş da olsa okuyor ve okuduğumu anlıyordum.

Bunun da gayet normal bir şey olduğunu düşünüyordum. Diğer öğrencilerden hiçbirinin okuyamıyor olması beni çok şaşırtmıştı.

Ankara'da geleneksel orta halli bir ailede büyüdüm. Babam Türk Tarih Kurumu genel müdürü olarak çalışıyordu. Evi çekip çeviren kişi annemdi. Bir de ablam vardı. Çocukluğum için özellikle mutluydu diyemem. Annemle babam çok tartışırdı, ve onların bu bağrışma maçlarını uzaktaki odamdan duyup berbat hissederdim. Ama birkaç dakika sonra, ben odamda hâlâ titrerken, sanki hiçbir şey olmamış gibi kaldıkları yerden hayatlarına devam ederlerdi. Bu onların, yüksek sesli ağız dalaşlarının çocuklarının üzerindeki etkisinin farkında olmadan, birbirleriyle iletişim kurmak için kullandıkları modus operandisi idi.

Otoriter anne babam her zaman bizden söyleneni yapmamızı beklerdi. Özgüvenim de bunun ceremesini çekiyordu. Ekmeğimizi kazanan babam mesafesini korurken evi çekip çeviren annem bizi gözetiyordu. Annem yemek pişirir, bizim için masada her zaman besleyici yemekler ve kışın da sıcak tutacak giysilerimiz olmasını sağlardı. Babam mesafeli duruşuna rağmen bize saygıyla yaklaşırdı. Arada sırada onunla bir nebze de olsa yetişkin tarzı konuşmalar yapmaktan zevk alırdım. Ablam Mine benden dört yaş büyüktü. Dolayısıyla birlikte oynamazdık. İkimizin de kendi arkadaşlarımız vardı.

Babam Peynir Ekmek adlı bir kitap yazdı. İngiltere'de üniversiteye gitme ve oraya yerleşme girişimi ve II. Dünya Savaşı sonrası Büyük Buhran döneminde orada geçirdiği kısa zaman aralığında verdiği yaşam savaşı hakkında anılarına dayalı bir romandı. Yurtdışında üniversiteye gitme ve belki de göç etme fikirlerimin ilk tohumlarını bu kitap ekmiş olabilir. Kitap beğeni topladı. Babam savaşın enkazı altından kendini kurtarıp gün ışığına çıkan genç yeni yazar olarak tasvir ediliyordu. Ancak tek seferlik bir kerametti; başka bir roman yazmayı hiç düşünmedi.

O buhran dönemi içerisinde yayıncı kitabın satışından doğan telif hakkı ücretini ödemekte zorlanıyordu. Para yerine babama ödemeyi yayınlamış oldukları tüm ciltsiz kitaplardan birer kopya vererek yapmayı önerdi. İşte böylece büyürken klasiklerin Türkçe çevirileri de dahil yüzlerce kitaba erişimim oldu. Bu harikaydı! Okumayı çok seviyordum. Tüm o kitaplar bende küresel gelenek ve göreneklere olan ve hayat boyu süren bir ilginin ateşini yakarak dünyanın dört bir tarafından değişik kültürleri deneyimleme imkânı verdi.

Babam risk almayı pek sevmezdi. Mütevazı bir başlangıçtan geldiği için yoksulluğun sonuçlarının şiddetle farkındaydı ve iki çocuk yetiştiriyorken şansını denemeyi göze almazdı. Bir hakim arkadaşı oğlunun Akdeniz kıyısında bir tatil ve tatil köyü beldesi olan Marmaris'te inşa ediyor olduğu binadan bir daire satın almayı dikkate almasını istedi. Uzun seneler sürecek aylık ödeme taahhüdünden dolayı babam ilgilenmedi. Ama annem iki daire alması için zorladı: binanın içerisindeki çıkmaz koridorun sonundaki köşe daire ve hemen yanındaki daha küçük daire. Anlaşmaya varıp işi bitirmeden önce babam hakim arkadaşı ile telefonda konuşurken annem tesadüfen kulak misafiri oldu. Belli ki işin faturası babam için çok yüksekti ve vazgeçmeyi düşünüyordu. Yatırım yapmak üzere birçok muhtemel müşteri olduğundan hakim son bir uyarı yapıyordu. Annem derhal babamı kolundan tuttuğu gibi aceleyle hakimin ofisine gitti. İkinci daireyi alamamıştı ama en sondaki köşe daireyi sağlama bağlamıştı.

Deniz kıyısındaki dairemiz Marmaris Körfezi'ne 180 derece hakim övünülecek bir manzaraya sahipti. Solda (doğuda) Marmaris'in yaklaşık üç kilometrelik mesafedeki şehir merkezinden başlayan yürüme yolunun sahilin önünden yılan gibi kıvrılarak bizim binaya ulaştığını ve sağa doğru yani batı yönünde, yaklaşık altı buçuk kilometre mesafedeki İçmeler denen bölgeye devam edişini görebilirdiniz. Deniz kıyısı Kaliforniya'daki Malibu sahillerine benziyordu ama açık okyanus yerine kocaman bir göl gibi görünen bir körfeze açılıyordu. Ayrıca binaları kumsaldan ayıran bir yürüme yolu vardı farklı olarak. Yaz döneminde turistlerin tamamen tam kapasiteye ulaştırdığı deniz kıyısı otelleri ve tatil köylerinin önlerindeki plajlar şezlong ve şemsiyelerle ağzına kadar doluyordu. Gürültülü, kalabalık ve sıcak olurdu yazlar. Ama öte yandan sonbaharda, sezon sonunda, oteller kapanır ve şezlong ve şemsiyeler yok olarak Marmaris'in doğal güzelliği ortaya çıkardı. (Ve de kuşlar geri dönerdi.) Dağların adeta bir dantel ağı gibi birbirine geçen yamaçları körfezin açık ucunu kapalıymış gibi gösterdiğinden bizim daireden Marmaris Körfezi bir göl gibi görünürdü. Annemin müdahelesi geri kalan bütün yazlarımı geçirmiş olduğum Marmaris'teki bu güzel deniz kıyısı apartman dairesini bizim için garanti altına almıştı.

Babamın tutkularından biri filateli idi: pul koleksiyonerliği. Avrupa'da sergi açmıştı. Ankara Filateli Derneği başkanıydı ve Avrupa Filateli Dernekleri Federasyonu'nda lider pozisyonlarda bulunmuştu. Sık sık zamanının tamamını pullarıyla geçirebilmek için dört gözle emekliliğini beklediğini söylerdi. Ayrıca pullar hakkında iki kurgusal olmayan kitap yazdı. Babamla vakit geçirebildiğim için orada olmaktan büyük haz duyduğum Ankara Filateli Derneği'nin haftalık toplantılarına arada sırada beni de götürürdü. Bir süre sonra tanınan bir sima oldum. Filateli çevrelerinin gelecekteki olası liderlerinden biri olarak görüyorlardı beni.

Türkiyedeki bir izcilik faaliyeti esnasında. Ön sırada soldan birinci benim.

O günlerde hevesli, coşku dolu bir izciydim. Dolayısıyla babam beni tematik bir pul koleksiyonu yapmaya teşvik edince konu olarak izcilikte karar kıldım. İzcilerle ilgili çok sayıda pul vardı ve haklarındaki yazılı bilgileri bütünleştirecek şekilde onları düzenlemekten keyif aldım. Örneğin; üzerinde düğüm olan bir pul bulduğumda o pulu gerçek bir düğümün yanında sergiledim. Babam bu koleksiyonumu Avrupa'daki sergilerden birisine götürdü. Koleksiyonum orada onur belgesine layık görülünce filateli dünyasındaki kariyerim de başlamış oldu.

Babam Türkiye'yi modernize eden ulu kahraman Kemal Atatürk'ün hayatı hakkında yeni bir pul koleksiyonu hazırlamamı istedi. Bu koleksiyonun izciliğin getirdiğinden de fazla ödül alacağını düşünüyordu. Ben de uygun buldum ilk başlarda. Ancak çalışma başlayınca babam sık sık işime karışıp değişiklikler önerir oldu. Nitekim en sonunda da resmen kontrolü eline aldı. Bitirdiğimizde projeyi ben yapmışım gibi hissetmedim. Babamın tahmin ettiği gibi pek çok ödül kazandı koleksiyon. Ama düşündüm ki eğer bu hobiye devam edecekseydim her zaman babamın gölgesinde olacaktım, ve bunu istemedim. Böylece filateliyi bıraktım.

Ergenlik döneminde bir dergi vardı ki başından sonuna kadar okurdum. Adı "Bilim ve Teknik" idi. Erken yaşlarda bilim insanı olmayı amaç edindim. Ama ne çeşit bir bilim insanı olacağımı henüz bilmiyordum. Lise sonda çözdüm bunu. Okulumda matematik, kimya, fizik ve biyoloji zorunlu derslerdi. Son senemizde daha ileri fen derslerini seçebiliyorduk. Ben de organik kimyayı aldım. Organik kimya, tüm yaşam formlarının temel unsuru olan, içeriğinde karbon bulunduran bileşiklerin kimyasını inceler. Organik kimyasal yapıların görsel olarak tanımlanması beni özellikle cezbediyordu. Bir kod gibiydi ve o zamanlar basit kod kırma bana büyüleyici geliyordu. Yeni bir alfabe bile yaratmıştım. Öyle ki arkadaşlarımın birkaçı ile bunu kullanarak birbirimizle kodlanmış mektup değiş tokuşu yapıyor ve bunları çözerken eğleniyorduk. Organik kimya öğretmenim Vitali Meşulam bana öyle bir esin kaynağı oldu ki organik kimyaya aşık oldum ve artık şimdi geleceğimi biliyordum: bir kimyacı olacaktım.

Lisede en iyi öğrencilerden biri değildim. Sadece durumu kurtarmaya yetecek kadar çalışıp ortalamanın biraz üstünde bir yere razı oluyordum.

Onun yerine hobilerime odaklanmayı tercih ediyordum. Boş vakitlerimin çoğunu izcilik alıyordu. Aynı zamanda lise eskrim takımındaydım ve okul bandosunda tenor korno çalıyordum. Lise yıllarında bandoyu bırakınca müziği özlediğimin farkına vardım ve uzun yıllar boyunca özelimde çaldığım bir trompet satın aldım. Ulusal üniversite giriş sınavına hazırlanmak için, okula karşı takındığım bu relaks yaklaşımı lise son sınıfta çarpıcı bir ölçüde değiştirdim.

O günlerde Türkiye'de bir üniversiteye girmek son derece rekabete dayalıydı. Her sene mezun olan son sınıf öğrencilerinin sadece en tepedeki yüzde beşi ile onu arasındakilerine yer vardı. Ardından gelen yıllarda Türkiye'de birçok özel üniversitenin filizlenmesinden önceydi bu. Düşük ihtimalden kaygı duyarak son sınıfın tamamında akşamları üniversite sınavlarına hazırlık sınıfına gittim. Hiçbir şeyi şansa bırakmak istemedim.

Gözüm zirvedeki üniversitelerden birindeydi; Orta Doğu Teknik Üniversitesi (ODTÜ). Türkiye'deki bütün üniversitelerin başvuru süreci tüm ülke çapında ortak bir sınav içeriyordu (aynı ABD'deki Akademik Yeterlik Testi SAT gibi). Kabul bir takım sınav sonuçlarının kombinasyonuna ve öğrencinin bir alandaki tercihinin belirtilmiş sıralamasına bağlıydı. ODTÜ'ye başvurduğumda burası için ayrı bir giriş sınavına girmek gerekiyordu. Bu da iki ayrı sınava girmek demekti; bir ODTÜ için bir de diğer Türk üniversiteleri için. ODTÜ'deki derslerin İngilizce öğretiliyor olması beni hiç de endişelendirmemişti.

İngilizce'yi ilkokulda öğrenmeye başlamıştım. Lisede zorunlu ikinci yabancı dilim olarak Almanca'yı seçtim. İngilizce konusunda rahat hissediyordum. Ağır aksanımın farkına ancak çok sonraları, ABD'ye seyahat ettiğimde vardım. Almancam ise hiçbir zaman temel konuşma seviyesinin üzerine çıkmadı ve yıllar içerisinde bildiğim azıcık şeyi de unuttum.

ODTÜ sınavı ülke çapında olan sınavdan önceydi. Sınavın iyi geçtiğini düşünüyordum. Kabul edilecekler listesi belli bir tarihte gazetede yayınlanacaktı. Bir sabah, babam sevinçten havalara uçmuş bir şekilde elindeki gazeteyi sallayarak beni erkenden uyandırdı. Sonuç hakkında o kadar endişeliydi ki gazetenin gelişinden önce kalkmıştı. İsmim kimya bölümü listesinde en üstten dördüncü sıradaydı. Hem üniversite hem de bölüm olarak en üstteki tercihime girebildiğimden artık ülkesel sınava girmeme gerek kalmamıştı. ODTÜ öğrencisi olacaktım. Bu benim için önemliydi. Mutluydum.

Kabul edilmek çetin bir mücadele gerektirse de Türkiye'de üniversite eğitimi neredeyse bedava gibiydi. Öğretim ücreti düşüktü ama İngilizce olan eğitimimiz için gerekli ders kitapları ithal edildiğinden kitaplar önemli bir masraf kalemiydi.

ODTÜ Ankara'nın batısında şehir sınırlarının hemen dışında kalıyordu. Diğer büyük üniversite kampüsleri gibi akademik binaları, laboratuvarları, yatakhaneleri, ufak postanesi ve atıştırmalıkların satıldığı birçok kafeterya ve küçük bir marketi de içeren bir sürü yeriyle küçük bir şehir gibiydi. Grup çalışması ve sosyal kulüp toplantıları için ayrılmış odaların olduğu büyük bir kütüphanesi vardı. Şehir ve kampüs arasında ve kampüs dahilinde düzenli olarak sefer yapan bir otobüs sistemine sahipti. Atletik etkinlikler için ayrılmış bir spor salonu, bir stadyum ve diğer tesisler formda kalmak için bolca olanak sunardı. Eskrim takımına katılmıştım. Böylece üniversite imkânlarını kullanarak lisedeki eskrim antrenmanlarıma hemen hemen hiç ara vermeden devam etmiş oldum. Tam zamanlı öğrenciler derslere girerek, yemeklerini yiyerek, egzersiz yaparak, ders çalışarak, sosyalleşerek ve dinlenerek zamanlarının tamamını kampüste geçirebilirlerdi. Bayılıyordum bu ortama.

Kampüste yaşamak şahsi olarak gelişmem için bana zaman kazandırdı. Haftada iki kere stadyumdaki pistte birkaç kilometre koşuyor, sonrasında da spor salonunda ağırlık kaldırıyordum. Haftada bir eskrim egzersizi yapıyordum. Satranç ODTÜ'deki beyinsel hobim oldu ki daha sonraları yarışmalı tavla ve briç müsabakaları ve öğretmenliğini içerecek olan beyin jimnastiği gerektiren tutkularımın ilkiydi.

ODTÜ'de sosyal aktivite ve kulüpler için ayrılmış yaklaşık bir düzine kadar barakada bir araya gelen büyük bir satranç oyuncuları grubu vardı. Satranç kulübüne ev sahipliği yapan büyük baraka bir mıknatıs gibi beni kendine çekti. Orada satranç oynadım, oyun hakkında kitaplar okudum ve kendimi geliştirmeye başladım. Gayet hareketli olan üniversite kulübü bölüm takımları arasında oyunlar da dahil olmak üzere turnuvalar düzenlerdi. Takım turnuvaları çok eğlenceliydi. Biz de kimya takımı olarak bu turnuvalara katılırdık. Turnuvalarda değişik bölümlerin takımlarının oyuncularına karşı trash-talking[1] yapardık. Okulu bitirdiğimde satrançta (ve usturuplu trash-talking'de) saygın bir yer edinmiştim.

*　*　*

Utangaçtım. Sosyal ortamlarda tedirgin oluyordum. Bir sürü tanıdığım olmasına rağmen çok az gerçek dostum vardı. Bunların arasında en iyi arkadaşım Hülya vardı. Çok zeki, kısa kahverengi saçlı ve yaklaşık bir altmış beş (165 santimetre) boylarındaydı. ODTÜ'deki ilk yılımızda birçok ortak dersimiz vardı. Birlikte ders çalışır ve üniversiteye yeni başlamış öğrencilerin karşılaştığı zorluklar konularında birbirimize yardım ederdik.

Kısa bir süre sonra başkaları ile tanıştık ve birlikte ders çalışıp birlikte takılan birbiri ile bağdaşabilir öğrencilerden oluşan bir grup oluşturduk. O yıllarda ODTÜ siyaset dolu bir yerdi. Farklı farklı politik fraksiyonlar ilk yıl öğrencilerini kendi gruplarına katmak için uğraşırlardı. Bunu atlatmak için bizim grup birbirine kenetlenmişti. Bu grupların öğrencilerin iyi niyetlerini suistimal ettiklerini ve kendilerinin de aynı şekilde yabancı güçler tarafından sömürüldüklerini düşüyorduk. İyi, vatansever insanlardı ama birbiri ile rekabet halindeki Türk politik güçlerinin onları kullandıklarını hissediyorduk. Sol tandanslı bir tayfa olarak hiçbir fraksiyon grubuna katılmadan kendi politik gündemimizi destekliyorduk. Böyle şeyler yerine eğitimimize odaklandık biz.

Bir sene içerisinde sağ kanat fraksiyonlar üniversiteden çıkarılınca kargaşa da hafifledi. Politik bulanıklığın bir arada tuttuğu ve sağlamlaştırdığı tayfamız artık şimdi sosyal ortamlara daha fazla vakit ayırıyordu. Bazen hâlâ tek başına kalmayı tercih etsem de bir grubun parçası olmak iyi hissettiriyordu: bir şeye aittim. Arkadaşlıklarımız ilerledikçe tatillerde beraber seyahat etmeye ve arada bir bizim Marmaris'teki dairemiz de dahil olmak üzere, birbirimizin evlerine gitmeye başladık. O güzel arkadaşlık yılları çıtayı yükseltti ve ABD'ye gittiğimde çok az insan bunu başarabildi.

Grubumuz popüler oldu. Daha fazla insan bize katılmak istedikçe kimi kabul edeceğimiz konusunda seçici olmaya başlamıştık. Birini; cana yakın, sevimli, içtenlikle iyi yürekli olan Kemal'i çok sevdim. Bir yetmiş sekiz (178 santimetre) boyuyla atletik bir yapıya sahipti ve cana yakın biriydi. Ayrıca Hülya'ya karşı özel bir ilgisi var gibi görünüyordu ve en önemlisi de benim onunla olan yakınlığımı tehdit olarak algılamıyordu. Bir gün Hülya ile ben, Kemal'i amatör ligde futbol oynarken seyretmeye gittik. Başka bir oyuncu ile çarpışıp düşene kadar sağ bek olarak iyi oynuyordu. Kemal'in düşmesi üzerine Hülya dehşete kapılmış görünüyordu. Belli ki aralarındaki ilgi karşılıklıydı.

Bu arada izcilik aktivitelerim tam gaz devam ediyordu. Grubumuz Öncü İzciler (Pioneer Scouts) diye bilinen deneysel bir grubun parçasıydı. Lise sonrası ve üniversite ortamında da sürdürülebilir ileri düzey izcilik olarak devam edebilmek için, Türk izci liderlerimiz bir sonraki adım olarak, ABD'deki Kartal İzci (Eagle Scout) kavramına benzer şekilde, bu programı yaratıp rafine ederek incelikler kattılar. Öncü İzci olabilmek için bir genel kültür sınavını geçip Türkiye'nin fakir bir kırsal alanında bir öğretmenlik ya da bina inşa projesini tamamlamış olmanız şartı vardı. Ayrıca, başka bir izci ile eş olarak sık bir ormanda yaklaşık altmış kilometrelik bir yürüyüş ve gece kampından sağ salim çıkmanız gerekiyordu. Gözetimlerinde olan program Dünya İzcilik Teşkilatı'nın (World Scout Bureau) ilgisini çekmişti. Liderlerimizden birisi popüler ve arkadaş canlısı olan Yavuz Saral idi. Ne yazık ki sonunda hayatını kaybetmesine sebep olan lösemi hastalığına yakalanmıştı. Her ne kadar bekleniyor olsa da ölümü çoğumuzu şoka sokmuştu. Öncü İzci akımının temel direğiydi ve ebediyete intikalinin ardından geçen bir iki yıl içerisinde bu program yavaş yavaş yitip gitti.

Yavuz'un cenazesinden sonraki bir toplantıda karşılaşmıştım Zeynep ile. Kahverengi saçları ve kahverengi gözleri ile dimdik ve gururlu duruyordu. İncecik ve sadece bir altmış (160 santimetre) boylarındaydı. Olsa olsa birkaç kelime konuştuk ama merakımı cezbetmişti. Dönüş yolunda izci arkadaşlardan bazıları ile arabadayken bir tanesinin Zeynep'ten hoşlandığını fark ettim. Bu durumda geriye çekilmeye karar verdim. Aylar sonra arkadaşımla iletişim kurduğumda ilgisinin söndüğünü öğrendim. Ona Zeynep ile buluşup onu daha iyi tanımak istediğimi söyledim. Tam da denk geldi; izcilikle ilgili bir ortamda bir araya geldik. Ankara'daki bir lisenin izcibaşı yardımcısına ihtiyacı vardı ve arkadaşlarım Zeynep'e pozisyon ilgisini çeker mi diye sordular. Çekermiş ve süreci konuşmak üzere biraraya geldiğimizde farkına vardım ki aramızdaki çekim karşılıklıymış.

Zeynep henüz kızından vazgeçmeye hazır olmayan üç yıldızlı emekli bir generalin tek kızıydı. Evlerinde küçük çaplı bir tanışma toplantısında ilk defa bir araya geldiğimizde odada bir yerden bir yere giderek insanlarla tokalaşıp kendimi tanıttım. Sıra ona geldiğinde yüzüme bile bakmadan varla yok arası elimi sıktı. Kafasını kaldırıp yüzüme bakarak göz teması kurana kadar elini bırakmadım. Benim bir seksenüçlük (183 santimetre) boyumdan kısaydı kendisi ama gözleri deliciydi ve insanın içine işliyordu. Derhal o anda anladım ki kalbini kazanmak için çok çalışmam gerekecekti. Aristokratik bir duruşu olan Zeynep'in zarif annesi ise benim ondan hoşlandığım gibi benden hoşlanmış görünüyordu.

Üniversitedeki ikinci yılımızda, 1975'in ilkbahar sömestirinde kampüsteki siyasi tansiyon yükseldi. Öğrenci dernekleri ve üniversite yönetimi arasındaki bir anlaşmazlık öğrencilerin dersleri boykot etmesi ile sonuçlandı. Anlaşmazlığın sebepleri hakkındaki detayları hatırlamıyorum ama boykota destek vermeye karar verdik. Sınıflar açık olduğu halde hiç kimse derse girmedi. Öğrenci dayanışması zaptedilemez güçteydi. Bu beklenmedik ara olunca geçici bir işe başlamaya karar verdim. İzci arkadaşlarımdan birisi bir inşaat firmasında çalışıyordu ve ben de ne gerekiyorsa onu yaparak ona katıldım. Ücret rezildi ama beni sokaklardan uzak tuttu ve cebime az da olsa biraz para girdi.

Bir sonraki sömestirde anlaşmazlık bitmişti, ve üniversite yeniden açıldı. Kaçırdığımız tüm derslerden hepimiz F aldık (ki bu sürekli olarak transkriptlerimizde kaldı) ve bu dersleri tekrar almak zorunda kaldık. İnşaat şirketinde çalışmaya devam etmeye karar verdim. Dersler için kampüse giden otobüsü yakalıyor ve eğer dersler arasında bir boş zaman aralığı kalırsa tekrar otobüse biniyor ve şehre ve işe geri gidiyordum. Günler yoğun ve zorlu geçiyordu. Adrenalinden beslenerek bazı günler yolculuğu iki kere yapıyordum. Arkadaşlarıma ayak uydurmak için zaman bulamayacak kadar meşguldüm. C ortalama ile ucu ucuna geçecek şekilde sömestiri bitirmeyi başardım. Ancak bunun sürdürülemez olduğunu idrak ettim. Bir sonraki sömestir başlangıcından bir gün önce işimden ayrıldım.

Kampüse tam zamanlı dönünce sabah dersimden sonraki dört saatlik ara süresince ne yapacağımı bilmiyordum. Yarım sene boyunca her bir dakika acele içinde koşturduktan sonra ders programımdaki bu delik bende bir boşluk duygusu yarattı.

Bir bankın üzerinde düşünüp taşınırken Hülya ve Kemal'in yaklaştığını gördüm. Öğle yemeğine davet ettiler beni. Grup hakkındaki dedikoduları yakalamak için iyi bir fırsattı. Kabul ettim. Yukarıya, beyaz örtülü masalarla donatılmış süslü püslü, "sosyete" diye anılan yemekhane kısmına götürdüler beni. Bu ciddi bir konuşma olacağına işaret ediyordu. Davranışlarına bakarak ciddi bir ilişki içinde olduklarından şüphelendim. Mesela; Kemal ödedi yemeğin parasını. Halbuki genellikle Hülya kendi parasını öderdi (kafeteryada hesabı oturmadan peşin öderdik). Üstelik birbiriyle eş boncuklu bilezikler vardı ikisinde de. Yemek esnasında arkadaşlarımızın ara tatil boyunca neler yaptıklarını paylaşıp arayı kapattık. Birbirleriyle olan ilişkileri hariç herşey konusunda konuştuk. Büyük haberlerini benimle paylaşmak konusunda gergin görünüyorlardı. Yemeğin sonuna doğru artık daha fazla bekleyemedim ve ne zamandan beri beraber olduklarını sordum. Rahatlamışlardı çünkü haberi nasıl karşılayacağımı kestirememişlerdi.

O günlerde Ankara'da hemen herkes apartman dairelerinde yaşıyordu. Müstakil evlerde ikamet etmek enderdi. Türkiye'nin muhafazakar kültüründen dolayı insanlar çıkıyor olsalar bile birlikte yaşamazlardı. Tipik bir buluşma ya birahaneye ya kafeye ya akşam yemeğine ya da birinin evinde bir partiye gitmekten ibaretti. Bir çift nişanlanınca işler daha resmîye binerdi. Yine de nişanlı çiftler bile genel olarak evlenene kadar geceyi birlikte aynı yatakta geçirmezlerdi. Tabii ki kapalı kapılar ardında olanları kimse bilemez!

Öğle yemeğinde sadece Hülya ve Kemal'in birlikte olduklarını değil aynı zamanda grubumuzun daha ciddiye doğru giden bu yeni ilişkiyi onaylamadığını ve üzerlerine gittiklerini de öğrendim. Sonrasında grup dağıldı. Hülya ve Kemal eğer ben ortalıkta olsaydım bunun olmamış olacağını ve arkadaşlarımızın farklılıkları arasında birleştirici köprü görevi yapabileceğimi düşündüklerini söylediler.

Bir gün Hülya ve Kemal ile bir arkadaşımızın doğum günü partisine gitmek üzere araba kullanıyordum. İlişkilerinin erken safhasıydı. Hülya'nın babası Kemal'e gayet sıkı bir şekilde gece yarısından önce dönmelerini tembih etmişti. Partiden sonra geri dönerken bir kafede birşeyler içmek ve atıştırmak için durmayı önerdim. Kemal eve dönmemiz gerektiğini hatırlatarak itiraz etti zira sokağa çıkma yasağının başladığı saati kaçırıp babasının gazabını çekmek istemiyordu. Sorumluluğu benim alacağımı söyleyip ekledim, "Sen kısa pantalonla dolaşırken, Hülya ile ben en iyi arkadaştık! Babası o zamanlar hiç sokağa çıkma yasağı saati koyma ihtiyacı hissetmemişti." Bu yorum apaçık abartıydı ama aşağılanmayı hissetti.

Seneler sonra onları İstanbul'da yaşadıkları yerde ziyaret ettiğimde artık evliydiler. Hülya ile bir görüş ayrılığı konusunda anlaşmaya çalışıyorduk. Kemal'in fikrini sorduk. Bize dönüp, "Benim fikrimi mi soruyorsunuz?" diyerek devam etti, "Siz ikiniz evrende bilinmesi gereken her bir şeyi bilirken ortalıkta kısa pantalonla dolaşan ben değil miydim?"

* * *

Yeniden tam zamanlı kampüste kalmaya başlayınca, çatlamış grubumuz haricinde, hayatım normale döndü. Ben hâlâ herkesle dostça görüşüyordum ama grubumuz bir daha asla bir bütün olmadı. Bu arada ileri seviye dersler daha da talepkârdı. Üniversitenin ilk balayı seneleri geçtiğinden eğitimimize odaklanmamız gerekiyordu. Bir ara profesörlerimden birisi güncel genel not ortalamamla lisans üstü eğitim birimine giriş yapamayacağımı söyledi. Bunun üzerine son sömestir döneminde herşeyimi ortaya koyarak tüm derslerden A aldım ve yüksek lisans programı için zorunlu koşul olan genel not ortalamasını tutturmayı başardım. Kişinin doktora (PhD) programına doğrudan başvurabildiği ABD'nin aksine Türkiye'de Yüksek Lisans Derecesi (MS) doktora programı için bir ön koşuldur.

Üniversitedeki son iki senemizde Zeynep ile ilişkim daha ciddiye doğru gidiyordu. İzcilik projelerinde çalışmaya, pikniklere gitmeye ve beraber takılmaya devam ettik. Zeynep kıvrak zekalıydı. Arada bir ciddi konuşmalarımızın ortasında komik bir yorum yapıp beni gülmekten öldürürdü. Birbirimizden hoşlanıyorduk. Ve artık Zeynep'in babası elimi sıkıca kavrayıp tokalaşırken gözlerimin içine bakıyordu.

Okuldaki üçüncü senemizin sonlarına doğru, 1978'in ilkbaharında, nişanlandık. Zeynep'in ailesi nişan törenimize ev sahipliği yaptı. İstanbul'dan gelen aileme sıcak davrandılar ve neredeyse mükemmel bir evsahipliği yaptılar. Zeynep ve ailesi şimdi artık beni nişanlısı olarak bazı aile dostlarına tanıştırıyorlardı. En sonunda beni kabullendiklerini hissettim.

Bu arada potansiyel ilişki problemine işaret eden şeyler gördüm. Zeynep günlük tutuyordu. Bana belli bir olay hakkında neler yazdığını gösterdiğinde onun olay hakkındaki algısının benimkinden farklı olduğu gözümden kaçmadı. O zaman bunu sadece görüş ayrılığı olarak düşünüp görmezden geldim.

* * *

Mezuniyeti takip eden yaz aylarında, grubumuzun kalan üyeleri ile tatilimizin bir kısmını Marmaris'te, aile dairemizde geçirdik. Artık askerî bir inşaat şirketinde stajyer olan Zeynep bize katılamadı. Başka bir üniversitede inşaat mühendisliğinden mezun olmak üzereydi. Kemal hep grup ile birlikte oradaydı. Hülya ise sonradan, çetenin kalanının hepsi ayrılmaya başladığında geldi. Orada kalan son kişiler üçümüzdük. Hülya ve Kemal ertesi gün ayrılacaklardı ve ben temizlik yapmak için fazladan bir gün kalacaktım.

Ama ortama gerilim hakimdi. Hülya'yı perişan bir halde balkondaki geniş koltukta otururken gördüm. Trabzanın üzerinden denize, plaja bakıyordu boş boş. Kemal orada aşağıdaydı. O da perişan görünüyordu.

"Hülya," dedim, endişeli bir şekilde. "Neler oluyor Kemal ile aranızda? Neden konuşmuyorsunuz?"

"İnatçılık yapıyor!" dedi, sesinde kızgınlıkla. "Neden İstanbul'a yerleşip orada bir kariyer yapmam gerektiğini anlamıyor."

Hülya'nın annesi ve babası on yıl önce boşanmışlardı; babası Ankara'da, annesi ise İstanbul'da yaşıyordu. Hülya iş fırsatlarının bol olduğu İstanbul'da, annesinin yakınlarında yaşamaya karar vermişti. Alternatifi Kemal'in ailesinin yaşadığı ve hepimizin ODTÜ'ye gitmiş olduğumuz Ankara idi. Kemal'in bu kararı onaylamadığı belli oluyordu. "Bu kararı almadan önce erkek arkadaşının fikrini aldın mı?" diye sordum. Almamıştı. Kendi kariyerine öylesine odaklanmıştı ki Kemal'in ihtiyaçlarını hiç düşünmemişti. Öylece kendi kararına uyacağını varsaymıştı. Tabii ben de herhangi iyi bir dostun yapacağını yaptım: "akıl" ihsan eyledim. "Bunu bana yapsaydın seni terkederdim. Ama Kemal hâlâ burada!" dedim. Ayrıca "hayatlarının geri kalanını birlikte geçirmeye karar veren insanların bu tarz kritik kararları birlikte almaları gerektiğini" telkin ettim. Önce bozuldu. Onun en iyi arkadaşı olarak kendisinin yanında olmam gerekirken nasıl Kemal'in tarafını tutardım? Ama düşünceli bir hâli vardı ve bir taraftan durumu değerlendirdiğini görebiliyordum.

Sonra yürüyüş yolunda hâlâ somurtup duran Kemal'in yanına gittim. Hülya'nın kariyerinin kendisi için ne kadar kritik olduğunu ve İstanbul'un çok daha iyi fırsatlar sunduğunu söyleyerek, üstüne fazla gitmemesini telkin ettim. Tabii ki benim onun tarafını tutacağımı söyleyerek Kemal de bana sert bir çıkış yaptı.

O gece akşam yemeğimize ürkütücü bir sessizlik hâkim oldu. İkisi de konuşmuyordu. Diğerinin tarafını tuttum diye benden de nefret ediyor gibiydiler. Her ne kadar bana bozuk olsalar da bir taraftan da iyi olmuştu; birbirlerinin perspektiflerini değerlendirmek imkânı bulmuşlardı. Gecenin ilerleyen bir vaktinde odamda uyumaya çalışırken balkonda fısıltı halinde konuştuklarını duydum. Konuşuyorlardı! Görev tamamlanmıştı! Ertesi sabah onları yolcu ettim.

Çok sonraları, anlaşmazlıklarının gerçek sebebini öğrendim. İlişki ciddiye biniyormuş ve Hülya kariyerini tam oturtmadan evlenmekten korkuyormuş. ODTÜ'de Biyoloji Bölümü'nde bir işe kapağı atmış olmasına rağmen bu önemli ilişki kararını aceleyle almamak için İstanbul'a kaçmaya karar vermiş. Uçuşu hakkındaki bilgiyi Kemal'e beni Marmaris'te ziyaret ettiklerinde bildirmiş. O zamanlar kendisi de hayatını evliliğe adamak konusunda tereddütlü olmasına rağmen Kemal Hülya'nın başına buyruk hareketine bozulmuş.

Kısa bir ayrılıktan sonra, onu aşırı derecede özlediğinin farkına vararak Hülya'yı ve ailesini ne yapıp edip ikna etmek ve kalplerini kazanmak için Kemal İstanbul'a gitti. Hülya'nın ailesinin her bir ferdini cezbetti ve tek tek hepsinin sevgisini kazandı. Sonunda ikisi de farkına vardılar ki birbirlerinden ayrı yaşayamazlardı ve Marmaris'teki karşılıklı meydan okumalarından dokuz ay kadar sonra evlenmeye karar verdiler.

Her ne kadar İstanbul'a yerleşmeye karar vermiş olsalar da üniversiteden tüm arkadaşlarının katılabilmesi için bir Ankara düğününde karar kıldılar. Kuzenim Rengin tam da aynı gün İstanbul'da evlendiğinden ne yazık ki ben düğünlerini kaçırdım. Hülya ve Kemal'in kırk seneyi aşan bir süreden sonra, bugün hâlâ mutlu bir evliliği var. Ne zaman İstanbul'a gitsem kendi akrabalarım yerine onlarda kalırım.

ABD'de yaşayıp çalıştığım dönemde birkaç kere beni ziyarete geldiler. Ben de buna karşılık Türkiye'de birkaç kez onları ziyaret ettim. Yaklaşık her dört ya da beş yılda bir dünyanın bir köşesinde buluştuk ve her seferinde de sanki aradan hiç zaman geçmemiş gibi beş sene önce bıraktığımız yerden sohbetlerimize devam ettik.

* * *

Zeynep'in karşı komşusu Ankara Konservatuvarı'nda öğretmendi. Senfoni Salonu'nda iyi bir yerden iki kişilik ayrılmış yeri olan bir arkadaşlarının bir seneliğine Kanada'da olacağını söyledi. Türkiye'nin en iyi orkestralarından biri olan Cumhurbaşkanlığı Senfoni Orkestrası'nın değerli sezonluk biletlerinin boşa gitmesini istemediklerinden, o sene boyunca onların yerine gitmekle ilgilenir miyiz diye sordular. Hem Zeynep hem ben klasik müziği severiz. E bu durumda da hemen bu fırsata atladık. O sezon her Cumartesi Senfoni Salonu'nda inanılmaz koltuklardan—beşinci sıra, orta— konserlerin keyfini çıkardık. Programda Mendelson'un keman konçertosu gibi özellikle çok sevdiğimiz bir parça varsa Cumartesi dinletisinden önce hafta içi provalara da giderdik. En sevdiğimiz aktivitelerin tadını birlikte çıkardığımız mutlu günlerdi onlar.

* * *

Üniversitenin üçüncü ve son senelerinde seçmeli dersler alabiliyorduk. Birçok insan fotoğraf ve yemek pişirme gibi göreceli olarak daha kolay olan dersleri seçerdi. Benim aldığım seçmeli dersler mikrobiyoloji, radyasyon biyolojisi ve biyokimya idi. Mezuniyetimde kimya ya da biyolojide Yüksek Lisans Derecesi almama yetecek kadar ders kredim olmuştu.

Kimyada Lisans Derecemi (BS) aldıktan sonra bir sonraki hamlemi tartmak için bir sömestir izin aldım. Bir master programına katılacağımı biliyordum ama bu biyoloji mi kimya mı olacaktı? Mezuniyeti takip eden sömestir tatilinde Profesör Okan Tarhan fon almış olan bir projesinde birkaç ay çalışmak üzere beni işe aldı. O vakitler kendisi ODTÜ'de aynı zamanda rektör yardımcısı olduğundan laboratuvarının olduğu kimya binası yerine idari binadaydı. Projem doğal ürün sentezi içeriyordu ve sık sık laboratuvar defterimi ve spektroskopik analiz çıktılarını toplayıp, geri bildirim ve yönlendirme almak için, yorucu bir yürüyüşten sonra yaklaşık dört yüz metrelik mesafedeki idari binaya varıyor, yorgun argın en üst katına çıkıyordum.

Bu çalışmanın verdiği cesaretle organik kimya dalında master yapmaya karar verdim. Profesör Tarhan'ın projesi bilmeden master programım için iyi bir ısınma çalışması olmuştu.

Notlar:

[1] Karşı takım oyuncularına karşı alaycı, fakat genellikle nüktedan konuşmalar yaparak onları tahrik edici laf atmak

3

ODTÜ'de Yüksek Lisans Derecesi (MS)

Ankara, Türkiye, 1979-1981

Orta Doğu Teknik Üniversitesi'ndeki (ODTÜ) yüksek lisans derecesi (MS) çalışmam ile yeni bir Kimya Bölümü Yardımcı Profesörü olan Lemi Türker'in ilk yüksek lisans öğrencisi oldum. (Yüksek lisans programlarının çoğunda adaylara tezlerini yönlendirecek ve kendilerine mentorluk yapacak bir profesör atanır.) Dr. Türker kısa boyluydu. Metal çerçeveli gözlükleri zekasını daha da vurguluyordu. Doktorasını tanınmış bir bilim insanı olan Dr. Alan Katritzky gözetiminde İngiltere'deki East Anglia Üniversitesi'nde yapmıştı.

Dr. Türker'in çok yönlü ilgi alanları vardı; örneğin, daha sonraları öğrendim ki bir arkadaşına iyilik olsun diye Devlet Tiyatroları'na özel efektler danışmanlığı yapıyormuş (anlık sis efekti yaratmak için sahneye sıvı nitrojen dökmek gibi). Aynı zamanda bir sanatçıydı kendisi. Bir seferinde bir dosyayı teslim etmek için evine gittiğimde duvarlarının kendi çizimi hiyeroglif sanatı ile kaplı olduğunu gördüm. Çok boyutlu merakı ve yetenekleri bilim ve sanat arasında bir köprü kuruyordu.

Master çalışmamı kendisinin doktora çalışması üzerine inşa ettim. Bu çalışmanın 1,3-dipolar siklo-katılma (halkalı-katılma) reaksiyonları ile sınırlandırılmış odağı bana değerli organik kimya teknikleri öğretti. Siklo-katılma reaksiyonları kimyacı olmayanların bile aşina olabileceği klasik altıgen şekline benzeyen bir siklo yapı oluşturmak için iki kimyasal parçacığı birleştirir. Başlangıçtaki parçacıklar yani "reaktantlar" kendilerine sabitlenmiş "sübstitüent" denilen kimyasal komponentlere sahipse reaksiyon birçok "izomer" yani aynı atomlu ama atomlarının aranjmanı farklı moleküller ya da üç boyutlu şekli farklı moleküller üretir.

Sübstitüentler ("regioizomerleri" oluşturarak) sonuçta ortaya çıkan halkada değişik yerlere sabitlenebilirler veya ("stereoizomerleri" oluşturarak) siklo yapı düzleminin altında ya da üstünde kendilerini konumlandırabilirler. 1,3-dipolar siklo-katılma reaksiyonları karbonun yanında nitrojen (azot) ve oksijen gibi ("hetero atomlar" olarak adlandırılan) atomlar da içerir. Bu durumda sonuç halka yapıları siklo yapı halkasının içinde karbon harici atomları olan böyle "heterosiklik" bileşiklerdir.[2] Heterosiklik bileşiklere doğal kimyasallarda sıkça rastlanır. Tüm bunların sonucu olarak da bu reaksiyonlar laboratuvarda sentez yoluyla doğal bileşikleri taklit eden bileşik oluşturmada yararlıdır.

Süpervizörüm laboratuvar prosedürleri konusunda kılı kırk yaran biriydi. Sentez yoluyla organik kimyasalları oluşturmak için çifte resonanslı nükleer manyetik resonans (NMR) görüntüleme, preparatif ince tabakalı kromatografi (TLC) gibi ileri seviye ezoterik prosedürler ve farklı farklı birçok "teknik oyun" kullanıyorduk.

Nükleer manyetik resonans kimyasalların kimliğini saptamak için bilgi sağlar. Sentez yoluyla yeni bir kimyasal oluşturmak istiyorsanız kimyasalın yapısınının validasyonuna yardımcı olan en önemli spektroskopik tekniklerden birisi NMR'dır. Işığın ve diğer elektromanyetik radyasyonların yansımasını ölçen bu teknik hastalar tarafından farklı bir isimle bilinir. İnsanların "nükleer" kelimesinden duydukları korkuyu savuşturmak adına tıpta manyetik rezonans görüntüleme (MRI, MR ya da EMAR) olarak adlandırılır. Yani, eğer bir hastanede herhangi bir

MRI işlemine tâbi olduysadınız, siz aslında, manyetik dalgalar kullanarak kimyasal bir bileşik parçaları yerine vücuduzun parçalarına yakından bakan bir NMR cihazının (gülü tarife ne hacet...) içindeydiniz.

NMR'da çifte resonanslı eksperimentasyon bir bileşikteki komşu karbon atomlarına çarpıp seken dalgalardan yayılan sinyalleri sadeleştirmek için kullanılan ileri bir tekniktir. Komşu karbon atomlarına sabitlenmiş hidrojen atomlarının sayısı sinyalin karmaşıklığını dikte eder. Dolayısıyla, ortaya çıkarılan kompleks veri bu ileri teknik ile sadeleştirildiğinde bahsi geçen moleküler tutunmaların aranjmanı hakkında daha net bir resim çizilmesine yardım eder.

İlk siklo-katılma reaksiyon deneyimin ardından Dr. Türker benim örneğim üzerinde NMR'ı çalıştırıyordu ki çifte rezonans prosedürünü kendisi bana öğretmişti. Belli bir alana özellikle kompleks sinyallerle radyasyon verince, kendisi için tamamen sürpriz olarak sinyaller sadeleşti. Reaksiyonum arzu edilen sonucu üretiyor demekti bu. Adeta bir parmak iziyle örtüşürcesine tam da aradığı sinyal rezolüsyonu buydu. Ama öyle görünüyordu ki daha ilk denememde başarmamı beklemiyordu. Master'ıma başlamadan önce Dr. Tarhan'ın projesindeki çalışmalarımın sanırım sentezleme üzerine bazı kullanışlı beceriler geliştirmemde yardımı olmuştu. Bu deneyden sonra Dr. Türker'in bana olan saygısı artmış gibi görünüyordu.

Dr. Türker ile birlikte çalışmaktan çok zevk aldım ve çok şey öğrendim. Ancak zaman içerisinde ilişkimiz bozulmaya başladı. Dr. Türker'in üzerimde kontrol kurmak için durmak bilmeyen ısrarı benim özgürlüğüne düşkün mizacım ile ters düştü. (Babamı terkedemeyeceğimden filateliyi terk etmiştim, ama organik kimyayı terk etmeye hiç niyetim yoktu!) Kendisinin ilk yüksek lisans öğrencisi olarak benim üzerimde deney yaparak öğrenciler ile nasıl etkileşim içinde olacağını öğreniyormuş gibi hissettim. Kısa bir süre sonra yeni bir yüksek lisans öğrencisi benim üzerimdeki baskıyı azalttı. İyi bir iş çıkarmaya devam ettim, ama süpervizörüm ile yüzyüze geçireceğim zamanı minimuma indirmeye çalıştım.

Otoriteye boyun eğmek konusunda neden zorlandığımı bilmiyorum. Bir fikrim olduğunda süpervizörümün önerdiği en ufak bir modifikasyona direnerek inatla gerçekleştirmeye çalışıyordum. Bu direnişimden doğal olarak yılmıştı ve çatışmaya başladık. Talimatları takip eden iyi bir öğrenci değildim. Bu onun sinirini bozuyordu.

Master'ımın ilk yılında, bölümde araştırma profesörlüğü ile karşılaştırılabilir iki araştırma burs programı açıldı. Seçilecek olanlar dolgun bir maaş ve daimî kadro adayı yardımcı profesör seviyesinden bir tık aşağıda yan haklar alacaktı. Türkiye'de akademik kariyerde ilerlemek adına ideal bir basamaktı. Henüz akademik kariyer peşinde koşup koşmayacağımdan emin değildim, ama eğer istersem diye opsiyonumu açık tutmak istedim.

Zor bir yazılı ve yüz yüze sözlü sınav da dahil olmak üzere koşullar katıydı. Seçim komitesi özellikle daha da titizdi zira kazanan iki kişi muhtemelen geleceğin kıdemli (belki bilim kurumu üyesi) profesörleri olacaklardı. Ben ve grubumuzdaki diğer yüksek lisans öğrencisi de dahil bir düzine öğrenci yarıştı. Profesör Türker diğer yüksek lisans öğrencisinin bu sınava yönelik eğitim ve öğretimine bolca vakit ayırdı fakat benimle pek ilgilenmedi.

Zeynep ve annesi destekleyiciydiler ve kesinlikle iki pozisyondan birini alacağımı söyleyip duruyorlardı. Desteklenmiş hissetmek yerine bu beni kızdırdı. İhtimallerin ne kadar düşük olduğunun farkında değiller miydi? Orta Doğu'daki en üstün üniversitelerden birindeki en zeki onbir kişi ile yarışıyordum. Düşük özgüvenim bir hayalet gibi beni izliyordu. Dehşet içerisindeydim. Nasıl olup da denemeyi bile düşünmüş olduğumu sorgulayıp durdum. Aklım nerdeydi ki?

Yazılı sınavın ardından seçim komitesi bütün bir günü adaylarla mülakat için geçirdi. Tek tek bizi içeri çağırdılar. Her seferinde bir saat geçince görünür biçimde terleyerek ve bazen de gözyaşları içinde harap bitap ve darmaduman olmuş olan aday odadan çıkıyordu ve bir sonraki kurban içeriye davet ediliyordu. Süpervizörümün hamisi olduğu öğrenci içeri çağrılan ilk beşteydi. Bitirir bitirmez Dr. Türker ile birlikte soruların üzerinden gitmek için ofisine gittiler. Ben de dahil kalanlar gergin bir biçimde içeri çağrılmayı bekliyorduk. Bazıları neredeyse yere yığılıp kalacakmış gibi görünüyordu. Ben sıradaki onuncu kişiydim. Seçim komitesi dokuzuncu adayı işkenceden geçirmeyi bitirince geri kalan üçümüze o günlük paydos edeceklerini ve mülakatlara ertesi gün devam edeceklerini bildirdiler.

Ertesi sabah ben ilk mülakattım. Bir önceki gün gergin bir şekilde bekledikten ve görüşmeden çıkan her bir öğrencinin sınav sonrası durumunu izledikten sonra sersemlemiştim. Odaya girdikten sonra panelistlerin samimi olduklarını ve beni bilinçli bir şekilde rahatlatmaya çalıştıklarını görünce şaşırmıştım. Beni paramparça etmeye hazır canavarlar göreceğimi zannediyordum. Çok miktarda zor ve birkaç tane de tuzak soruları oldu. Zor sorularda yapabildiğimin en iyisini yaptım ve en azından bir tuzak soruyu da güçbela geçiştirdim. Benimle oyun oynuyor ve hep birlikte eğleniyor görünüyorlardı. Doğrusu ben de oyundan keyif aldım. Bir önceki gün insanların neden o kadar bezgin olduklarını anlayamadım. Baştan sona bu deneyim ile ilgili iyi hissettim. Genel olarak iyi bir iş çıkardığımı düşündüm. Son iki aday da mülakata girdi. Sonucu ertesi gün öğrenecektik.

Beklentilerimin aksine yüksek eğitim burslarından birini kazandım. Birkaç gün uyuşmuş gibiydim. Bunun gerçekleşmiş olduğunu tam idrak edememiştim. Ama, sanki hep kazanacağımı bekliyormuş gibi, Dr. Türker beni tebrik ederken pek de şaşırmış görünmüyordu. Anne ve babamın bu yüksek eğitim bursuna tepkisi ise umursamamak şeklindeydi. Bu yüksek eğitim bursunu alacağımdan tabii ki hiçbir şüpheleri olmadığını söylemişlerdi. Keşke yeteneklerim hakkında böylesine kendimden emin olabilseydim.

Bürokrasiyi halletmek üç ay aldı ve ilk üç ayın maaşı bir kese kağıdı içinde—nakit olarak—toplu verildi. Öğretim üyelerinin çoğunun maaşı direkt banka hesaplarına yatırılıyordu, ama benim henüz bir banka hesabım bile yoktu. Daha önce hiç bu kadar para görmemiştim. Bütün aile bireylerimi, nişanlımı ve ayrıca bazı arkadaşlarımı da hediyelere boğdum.

Yeni işim bana maaştan ayrı yan getiriler ve öğretim üyesi olarak görülmekten kaynaklanan bir saygı sunuyordu. Arabam için verilen yeni fakülte etiketi kampüste elverişli yerlerde rezerve edilmiş pratik noktalarda park edebilmemi sağlıyordu. Üniversitenin kampüsten uzakta bir gölü vardı. Zeynep ile sık sık oraya gider takılır ve doğanın tadını çıkarırdık. Orada bile öncelikli bir yerde park edebiliyordum.

* * *

Kimya fakültesi voleybol takımı yeni bir oyuncu arıyordu. Katılıp katılmayacağımı sordular. Büyürken sokaklarda bol bol voleybol oynamıştım ve çok seviyordum. Eğlenebilir ve kimya aleminin ötesinde öğretim üyeleri ile tanışabilirdim.

Bir gün bir oyuna gidiverdim. Ağa yakın durup ağın üstünden topu atacak olan smaçöre pas vermek üzere topun yönlendirildiği oyuncu olan bir oyun kurucuya ihtiyaçları vardı. Smaçör olarak daha iyi iş çıkarırdım ama bunu da yapabileceğime karar verdim. Görevimi layıkıyla yaptım ve takım mest oldu. En sonunda takımı tamamlayıcı bir oyuncu bulmuşlardı. Bir ara oyunu seyreden diğer öğretim üyelerinin 7 numara için tezahürat yaptıklarının farkına vardım. Benim için bağırıyor olduklarını anlamam için bir süre geçmesi gerekti. Önünde kocaman bir üniversite logosu, arkasında 7 numara yazan kırmızı bir eskrim forması giymiştim. Oynamaktan keyif alıyordum ve geçerken karşılaştığımızda diğer öğretim üyeleri ile konuşacak bir konum oluyordu. Birkaç oyundan sonra neredeyse popülermişim gibi hissetmeye başladım. Popüler mi? Benim gibi utangaç, yanlız birinin popüler olabileceğini tahmin eder miydiniz?

Bu arada satranç oynamaya devam ettim. Türkiye'deki en iyi derecem 1980 yılı Ankara Şampiyonası'nda beşli eşitlikte beşinci-dokuzuncu olarak bitirdiğim derecemdi. Sonuçtan memnumdum. İnsanlar sorduğunda o sene Ankara'daki en iyi dokuzuncu oyuncu olduğumu gururla söylüyordum. Bu benim için gayet iyiydi çünkü o zamanlar Ankara nüfusunun yaklaşık bir milyon kişi olması bir övünç kaynağıydı. Bir gün satranç oynayan arkadaşlarımdan birisi bunu duydu ve neden insanlara Ankara'da dokuzuncu olduğumu söylediğimi sordu. Ona göre beşinci olduğumu söylemeliydim. Bana göre belliydi ki eşitlik sağladığım diğer tüm oyuncular benden daha iyilerdi. Düşük özgüvenim yeniden iş başı yapıyordu. Kendimi ispat ettikten çok sonraları bile peşimi bırakmayacak bir şeydi bu.

Nihayetinde derslerim devam ederken bir sonraki adımımı hesaplamam gerekiyordu. Çocukken babamın romanını okuduğumdan beri doktoram için yurtdışına gitmeyi düşünüyordum. Avrupa'da değil de ABD'de PhD derecesi almanın Türkiye'de ister akademi çevrelerinde ister endüstri sektöründe olsun çok daha iyi kariyer seçenekleri konusunda yardımcı olacağına karar verdim. İş alımlarında şirketlerin çoğunluğu Amerikan PhD'lerini tercih ediyorlardı. Nedenini bana sormayın. Nereye gidersem gideyim aile seceresindeki ilk PhD'li ben olacaktım. Babamın planımı şevkle desteklemesini görmek beni mutlu etmişti.

Master programımın sonlarına doğru Amerikan yüksek lisans eğitim birimlerine başvuru yapmaya başladım. Ancak bir problem vardı: üniversite transkriptimdeki boykotlu geçen sömestrede aldığım F notlarım beni endişelendiriyordu. Bir dipnotla durumu açıklamış olsam da tâ uzaktaki Amerikan üniversitelerinin böyle bir anormalliği nasıl

yorumlayacağını bilemiyordum. Başvuru paketindeki en önemli kalem-
lerden birisiydi transkript.

Amerika'da finansal desteğe ihtiyacım vardı, ama transkriptimdeki
F notları yüzünden üstün öğrencilere ödül olarak verilen burslara
(Fullbright gibi) hak kazanabileceğimi düşünmüyordum. Durum böyle
olunca da başvuru işleminin bir parçası olarak üniversiteden finansal
destek almayı güvence altına almam gerekiyordu. İyi üniversitelerin çoğu
yabancı bir ülkeden gelen bir adayı finansal destek için değerlendirmeye
almadan önce birinci senenin derslerinin tamamlanmış olmasını şart
koşar. Ailemin başlangıç için vermiş olduğu bir miktar para desteğine
rağmen, ABD'de bütün bir seneyi geçirmeye maddi gücüm yetmiyordu.
Dolayısıyla ücretli öğretim asistanlığının kapsamlı bir şekilde bulun-
duğu birkaç üniversiteye odaklandım.

Süpervizörümden tavsiye mektubu istemedim. Onunla olan il-
işkimde hâlâ inatçı ve aptalca davranıyordum. Diğer bazı kimya öğretim
üyeleri benim adıma birer tane yazdılar ve bunun yeterli olacağını
düşündüm. Bir gün, Dr. Türker ofisime geldi. Benim için yazmış olduğu
bir düzine imzalı tavsiye mektubunu açık zarflarda bana verdi ve gitti.
Mektuplar inanılmazdı: güçlü, destekleyici, harika bir şekilde yazılmıştı.
Ne yazık ki hiçbirini kullanacak şansım olmadı çünkü bütün yüksek
lisans eğitim birimi başvurularım tamamlanmıştı. Dr. Türker'in mek-
tupları gözlerimi açtı. Yıllar sonra diğer öğrenciye yardım ettiği halde
neden bana sınava hazırlanmam için yardım etmediğini sorduğumda
diğer öğrencinin çaresizce yardımına ihtiyacı olduğunu söyledi. Master
programımın sonunda dostça ayrıldık ve hâlâ onu bilimsel araştırmalara
güçlü ve disiplinli yaklaşımımı geliştirmeme yardımcı olan ilk mento-
rum olarak görürüm.

Master'ınızın sınıf çalışmaları ve araştırmaları tamamlamanızı ve de
bitirdiğiniz tezinizi profesörünüzün onaylamasını takiben son bir de-
taylı inceleme ile karşı karşıya kalırsınız: bir fakülte komitesi önünde

tezinizin sözlü savunması. Komite adayın tezini diğer skeptik bilim insanlarına karşı savunabilmek için çalışmasının detaylarına yeterince hakim olup olmadığını kesinleştirir. Benim tez savunmam çok açık ve dolambaçsız, hatta neredeyse sıkıcıydı.

O zamanlar üniversitede hâlâ rektör yardımcısı olan Profesör Okan Tarhan da benim komitemdeydi. Bir noktada benim yürüttüğüm çalışma ile ilgili yakın zamanlı bir bilimsel yayından bahsetti. Ben de derhal bu çok aşina olduğum makalenin tam bir alıntısını naklettim. Komite üyelerine döndü ve savunmaları sırasında herhangi bir makalenin tam bibliyografyasını ezbere tek tek söyleyebilen başka herhangi bir aday hatırlayıp hatırlamadıklarını sordu. Nüfuz sahibi rektör yardımcısından gelen böyle bir destek sonrası savunmamın geri kalanı tıkır tıkır gitti. Organik Kimya Yüksek Lisans Derecemi (MS) kısa bir süre sonra, 1981 sonbahar sömestri sonlarına doğru aldım ve birkaç hafta sonra zorunlu askerlik hizmetim için yola çıktım.

* * *

Türkiye'de askeri hizmet kaçınılmazdı. İleri derecede okul eğitimine devam ederek erteleyebilir ama tamamen ekarte edemezdiniz. (Eğer askerliğini tamamlamamışsa adayın daha sonraki iş hayatında bir kesinti olup olmayacağını değerlendirmek adına) Türkiye'de bir iş görüşmesinde sorulan sorulardan biri askerliğinizi yapıp yapmadığınızdır. Eğer yapmamışsanız, örneğin pasaportunuzu sadece bir yıllığına uzatabilirdiniz. Eğer doktoramı yurtdışında yapacaksam, pasaportumu güncel tutmak için en yakın Türk Konsolosluğu'nu senede bir ziyaret etmek durumunda kalacaktım. O zamanlar para vererek askerlik servisinden muaf olma sistemi henüz bir seçenek değildi. Sonraları yurtdışında çalışanlar belli bir para ödeyerek (yaklaşık 10,000 $) askerlik görevlerini bir ayda tamamlayabiliyorlardı, ama zaten bu benim maddi gücümün çok üstünde kalırdı.

Sevk yeri sözde rastgele belirleniyordu, ama bağlantılar bazılarını büyük şehirlere yakın daha iyi tesislere yerleştiriyordu. Diğerleri ise muhtemelen daha küçük kırsal mecralarda daha kötü tesislere gitmek durumunda kalıyorlardı. Zeynep bağlantımı sonuna kadar kullanmam konusunda ısrar etti. Babası üç yıldızlı emekli bir generaldi ve hâlâ askeriyede inanılmaz bir nüfuzu vardı. Ama gururuma ondan bu yardımı istemeyi yedirebilecek miydim? Artık bu aşamada bunun cevabını tahmin ediyor olabilirsiniz. Hâlâ inatçı ve aptaldım. Geriye dönüp baktığımda, eğer yardımını istemiş olsaydım ilişkimizin daha iyi bir yerde olabileceğini görebiliyorum. Ondan yardım almanın onun üstün olduğunun ve buna boyun eğdiğimin kabûlü anlamına geleceği algısı içindeydim. Oysa hayat benim için çok daha kolay olacaktı. Bu ve bunun gibi başka durumlar sayesinde, bir iyilik istemek konusunda berbat olduğumu öğrendim. Bir iyiliği kabul etmek konusunda ise daha da kötüydüm!

Şans eseri mecburi askeri hizmetimi sadece dört ayda tamamlayabildim. Subay olarak görev yapmaya elverişli kişi (yani yüksek mezuniyet dereceleri olanlar) sayısını azaltmak üzere çıkarılmış geçici bir kanun değişikliğinden faydalandım. Subay olarak iki yıl yapmak zorunda olacağım askeri hizmetimi er olarak yapmayı kabul ederek dört ayda tamamlayabilecektim. Doktorama başlamadan askeri hizmetimi aradan çıkarmak önemliydi. Aksi takdirde, ileride kariyerimi oturtmaya çalışmakla meşgul olduğumda ara verip askerliğimi yapmak zorunda kalabilirdim.

Üniversite başvurularımı Yüksek Lisans Derecesi (MS) çalışmalarımın son altı ayında göndermiştim. Askerliğimi yaparken çeşitli kabul mektupları almaya başladım. Profesörlerimden birisinin doktorasını orada yapmış olması ve onun daha önceki süpervizörü Profesör Donald Shillady'nin başlamama yardım etmeye gönüllü olması, Richmond, Virginia'daki Virginia Commonwealth Üniversitesi'ni (VCU) seçmemde kısmi olarak etkili oldu. Buna ek olarak bölüm en başından itibaren geçerli olacak bir öğretim asistanı işi teklif etti. Hatta, 1982'nin sonbaharında doktorama başlamadan önce, yazın öğretim asistanı olarak çalışmam ve o arada da çevreye ayak uydurmam için Richmond'a birkaç ay önce, Mayıs ayında gitmemi önerdiler.

Bu program işime yarıyordu. Zeynep ile Nisan ayında evlenmeyi planlıyorduk. Dolayısıyla düğünden birkaç hafta sonra ABD'ye gidebilirdik.

Düğün muhteşemdi. Resepsiyon için annemle babam merkezî bir otelde büyükçe bir salon ayarladı. Önce resmi nikah ve imzalar için nikah dairesine gittik. Bu bölüme sadece birkaç yakın akraba katıldı. İmzalar ve geleneksel "Kabul ediyor musun?" "Evet!" "Evet!"lerden sonra otele geçtik. Bütün misafirler gayet bonkörce hazırlanmış bir resepsiyonda bir araya geldiler. Kısıtlı maddi imkânlarına rağmen anne ve babamın bu düğün yemeğini organize etmelerini takdir ettim.

Zeynep'le birlikte otelin en üst katında bir odada dinleniyorduk. Kimse bizimle çağrılana kadar beklememiz gerektiği detayını paylaşmamıştı. Biraz bekleyip dinlendikten sonra resepsiyona katılmaya karar verdik. Concierge'i aradığımızda aşağı inmek için henüz çok erken oduğunu söylediler. Ama yine de bir refakatçi bize otelde yön göstermek üzere hemen kapıda beliriverdi. Refakatçimizin eşliğinde labirente benzeyen otelin içinde yavaş yavaş ilerledik. Kocaman, hareketli ve kalabalık bir yemek salonunun içinden geçit töreni şeklinde ve alkışlarla karşılanarak yürütüldük. Belli ki gelinlik ve smokin içindeki bir çift otel için iyi bir reklam fırsatı olarak görülüyordu. Böylece ağır ağır resepsiyon salonuna doğru ilerlerken kısa bir süre için eğlencenin merkezi olduk.

En sonunda bize ayrılan salona vardığımızda bizim için hazırdılar. Gelişimizi bekliyorlardı. Düğün müziği ve bu sefer daha içten alkışlar eşliğinde masamıza doğru ilerledik. Neredeyse tüm akrabalarımız ve arkadaşlarımız oradaydı. Benim akrabalarımın çoğu ve Hülya Istanbul'dan gelmişti.

Resepsiyonu takiben gergin bir şekilde ABD yolculuğumuz—her ikimiz için de herhangi bir yere ilk büyük yolculuğumuz idi—için eksiklerimizi tamamladık. Bu büyük ve önemli yer değiştirmenin aklımıza gelmemiş konularını ve gizli tehlikelerini arka arkaya bir bir ele alıp ilerlememizde anne babam ve ablamın desteği olmasaydı ne yapardık bilmem. Zeynep'in babası endişe içinde sorular sorup durdukça her seferinde detaylı bir şekilde açıklamalarda bulunuyordum. Önce balayımız için Marmaris'e gidecek, ardından da Londra'ya uçacaktık. Orada bir gece kaldıktan sonra Washington, DC'ye uçacak ve kısa mesafe hava yollarından birisi ile Richmond'a bağlantı yapacaktık. Dr. Shillady bizi havalimanında karşılayacak ve bir gece kalmak üzere evinde misafir edecekti. Ertesi gün de üniversite yakınlarında kiraladığımız odamıza taşınacaktık. Zeynep'in annesi kocasının sürekli yinelediği soruları için özür diledi ve sabrım için bana teşekkür etti.

Zeynep ile Marmaris'te bir haftalık dinlendirici bir balayı yaşadık. Henüz turizm sezonu başlamadığından kalabalık ve gürültülü değildi. Birlikte geçirdiğimiz o eğlenceli bir hafta bütün koşuşturmadan uzak ihtiyacımız olan arayı sağladı bize.

Hazırlıklarımızı bitirmek üzere Ankara'ya döndük. Richmond'da, Kimya Bölümü'nün tam karşısında bölüm başkanının yatırım amaçlı sahibi olduğu küçük bir evde bir oda kiralamıştık. Hazırlıkları tamamlamış olarak ABD yolculuğumuza başladık.

Londra'ya gitmek üzere Pan American jumbo jet uçağındaki koltuklarımıza yerleştik. Bir süre sonra etrafımdaki herkesin Türkçe değil İngilizce konuştuğunun farkına vardım. Ve birden bire dank etti! İşte başlıyordu; etrafta ne anne babalar ne arkadaşlar ne de herhangi bir destek olacaktı. Bu büyük macerada yapayalnızdık. Ortaya çıkan panik birkaç saniye sürdü, ama çok daha uzunmuş gibi geldi. Zeynep'in babasına yapmış olduğum gibi ama bu sefer kafamdan program detaylarını tekrar ettikçe kaygım hafifledi. Rahatlamaya başladım. Yeni hayatımıza başlarken yapmamız gereken şeylere odaklandım.

Çok sayıdaki valizlerimizle Londra'da Heathrow Havalimanı yakınındaki otelimize gidişimiz bayağı külfetli oldu. ABD uçuşumuz ertesi akşamdı. Sabahtan Piccadily Circus civarında gezmeye gittik. Etrafı incelerken yanımızdan geçen yaşlıca bir beyefendi Zeynep'i baştan aşağı şöyle bir süzdü ve elini şapkasına götürüp kafasını hafifçe öne eğerek selam verdi ve yoluna devam etti. Kıyafetini beğenmiş görünüyordu. Koyu mavi konik bir şerit beyaz elbisesinin önünde bir uçtan bir uca çaprazlamasına sarkıyor ve dramatik bir şekilde aynı renkteki ayakkabılarının üzerine dökülüyordu.

Washington, DC uçağının dolu olma ihtimali yüksekti. Havalimanında işlemler uzun vakit alacaktı. Bekleme süresini kısaltabilmek üzere Washington, DC uçuşumuza erkenden check-in yapmak amacıyla otele geri döndük. Akıllı telefonlardan önceydi bu tabii ki. Piccadilly'e gidiş geliş kısa metro yolculuğumuz ve gayet mütevazi bir atıştırmalığın maliyeti Türkiye'deki bir haftalık masrafımıza eşitti ve bize Türkiye ve İngiltere arasındaki geçim giderlerinin farkını yansıtıyordu. ABD'nin de aynı bu şekilde pahalı olacağını düşünüyordum.

Notlar:

[2] Heterosiklik molekülleri içinde bir ya da iki tane seramik ya da camdan yapılmış boncuk olan bir inci dizisinden meydana gelen kısa kolyeler gibi düşünebilirsiniz. Buradaki inciler karbon, diğer boncuklar da heteroatomlar gibidir. Regioizomerleri ise, bu kolyelerdeki farklı dizi tanelerinden pandantifler sarkan birkaç kolyeye benzetebiliriz. Bu durumda, stereoizomerler de pandantifli kolyeler düz bir satıhtaymış

gibi konumlandırılarak düşünüldüğünde, pandantiflerin bazılarının düzlemden yukarı, bazılarının da düzlemden aşağı yönü gösterdiği kolyeler olacaktır. Mücevher metaforunda kuyumcunun göstermesi gereken belli bir özen vardır. Ancak, organik kimyada kompleks doğal sistemlerin içerisinden arzulanan sonuçları çekip çıkarabilmek için çok daha fazla bir titizlik ve yaratıcılık göstermesi gereken bir şefin yetenekleri gereklidir. Öyle tek tek taneleri seçip bir ipe dizmek kadar kolay değildir!

4

VCU'da Doktora (PhD)

Richmond, Virginia, 1982-1986

Richmond'a erken geldiğimize seviniyordum çünkü ABD'de yaşam konusunda bildiğin acemi çaylaklardık. Öyle ki kasiyer halimize acıyıp bize her şeyi yarı fiyatına alabileceğimiz bir blok ötedeki Safeway'i söyleyene kadar market alışverişimizi mahalle bakkalı niteliğindeki yakınlardaki bir 7-Eleven'dan yapıyorduk. Yaz boyunca lokal adetleri öğrenmek, sonbaharda doktorama başlamadan önce bize biraz özgüven verdi.

Zeynep ile tek bir odada yaşıyorduk, ama biraz yol yordam öğrendikten sonra daha iyi bir yere geçmeyi amaçlıyorduk. Güncel ikametgahımız geçici olduğundan, her taşındığımızda adres değişikliği işlemleri ile uğraşmamak için bir posta kutusu kiraladım. Sonraları bisiklet gezintisine dönüşen günlük bir buçuk kilometreyi aşan posta kontrol yürüyüşlerim her günkü rutin programımın bir parçası haline geldi. Yaklaşık bir yıl sonra ilk—ucuz—arabamızı aldık ve bir yerden bir yere gitmek kolaylaştı. O fazlaca yıpratılmış araba neredeyse yaktığı benzin kadar da yağ yakıyordu. Sızıntı yapan silindir kapak contasının tamiri arabayı satın almak için ödediğimizden fazlasına mal olacaktı. Ama daha iyi, daha yeni bir araba alabilecek duruma gelene kadar yaklaşık bir sene amacına hizmet etti.

Richmond güzel bir şehir. Ama yine de biz Türkler için alışmak zaman aldı. Virginia Commonwealth Üniversitesi'nin (VCU) koca şehir kampüsünün tesisleri şehrin dört bir yanına yayılmıştır. Orta Doğu Teknik Üniversitesi'nin izole, küçük bir kasabaya benzeyen ve neredeyse kendi kendine yeten kampüsünden sarsıcı derecede farklıdır. Richmond aynı zamanda Türkiye ile karşılaştırıldığında pahalı bir şehirdi. Maddi durumumuz hakkında endişelenmeye başlamıştım bile. Birikimlerimizden faydalanıyorduk, ama çok yakında iki yakamızı bir araya getirmek için ek gelire ihtiyacımız olacaktı. Ancak bu meseleyi daha sonraları ele almam gerekecekti. Sonbaharda bölünmeden çalışmalarıma odaklanabilmem için gündemdeki ilk madde yaz boyunca çevreyi tanımak ve ortama alışmak idi.

Yemekler harikaydı. İlk Whopper'ımı yediğimde (ki henüz daha Türkiye'de yoktu) cennetteymişim gibi hissettim. McDonalds'daki patates kızartmaları da müthişti. Bu sağlıklı yiyecek farkındalığının— ne yenmeli, neden uzak durmalı—yaygınlaşmasından önceydi. Ama en iyisi muhitimizde olan New York Delicatessen idi. Hayatımın geri kalanında bütün yemeklerimi orada yiyebilirdim.

Yaz sömestirinin başlangıcında 60 öğrencinin dinleyici olarak bulunduğu amfitiyatroda bir genel kimya laboratuvarları toplantısına katıldım. Toplantıyı yöneten rehber öğretim asistanı beni genel kimya öğretim asistanlarından biri olarak öğrencilere tanıttı. Oturumun sonlarına doğru beni göstererek ofis saatlerimin ne zaman olacağını sordu. "Ofis saatleri" ne manaya geliyordu bilmiyordum. O yüzden ofis saatlerimin olmayacağını söyledim. Daha ofisim bile yoktu ki! Altı yedi öğretim asistanının paylaştığı büyük bir odada bir çalışma masası tahsis edilmişti bana. Belli ki ofis olmaması pek de önemli değildi. O yaz sömestirinde ofis saatleri olmayan tek öğretim asistanı bendim. Belki de bölümümdeki öğrenciler için bir hayal kırıklığıydım.

Laboratuvar öncesi dersler ile ilgili hiçbir örnek yoktu elimde. Sormak için de çok çekingendim. Hal böyle olunca kendi ders anlatımlarımı geliştirdim. Yaz sömestri çok hızlı geçti gitti ve ders vermekten zevk aldım. Ağır bir aksanım olduğunu keşfettim. Dille olan mücadelem öğrencileri eğlendiriyor gibi görünüyordu ve beni düzeltmekten zevk duyuyorlardı. "Termometre" kelimesini "termo metre" olarak değil tek kelime olarak telaffuz etmem gerektiğini ve daha nicelerini onlardan öğrendim. Gramerimi, kelime dağarcığımı ve telaffuzumu düzeltmeleri konusunda onları yüreklendirdim. Ben nasıl ki onlara kimya öğretiyorduysam onlar da bana İngilizce öğretiyorlardı. Adil bir alışverişti. Öğrenciler sabırla neredeyse herşeyin doğru telaffuzunu gösteriyorlardı. Eğitmenlerinin de kendi yetersizlikleri olan bir birey olduğunu görünce kimya öğrenmek onlar için çok daha az gözkorkutucuydu artık. Türk kimya öğrencileri daha ciddi ve çalışkan olsa da Amerikalı öğrencilere öğretmeyi daha keyifli bulmuştum. Yaşam dolulardı ve hayatın kimya laboratuvarı çalışmalarından ibaret olmadığının bilincinde görünüyorlardı.

Dilde yaşadığım zorluklar kısa bir süre sonra öğrenciler dışında başkaları tarafından da algılanır oldu. Yüksek lisans öğrencileri tipik olarak seminer veren misafir bilim insanlarına lojistik destek verirlerdi. Böyle bir misafir için slayt projektörüne slaytlarını yerleştirmekle görevlendirilmiştim. Seminerin sonunda slaytlarını kendisine iade ettim. Bana yardımım için teşekkür etti. Kendisine gülümsedim, arkamı döndüm ve ayrıldım. Dışarı çıkmak üzereyken arkamdan "Söylediğim ters bir şey mi vardı?" tarzında seslendiğini duydum. Sessiz kalıp cevap vermeyişimi kendisinin yapmış olduğu bir şeye kızmış olduğum şeklinde algılamıştı. Oysa "Teşekkür ederim!"e verilecek doğru cevabın ne olduğunu bilmiyordum ki! Bugün, otuz yıl sonra, iki yaşındaki torunum Ziya "Teşekkür ederim!" dediğimde "Bir şey değil!" diyerek cevap vermesini biliyor. Verimli bir şekilde saatlerce öğretmek ve fikir alışverişi yapmak için yeterince kimya jargonu biliyordum. Ancak, sözlü sosyal iletişime gelince en temel kelimelerden yoksundum. Bir soru ya da yoruma en basit, en doğal cevabı veremediğim için birçok defalar kaba olarak algılandığımdan eminim. Bu sıkça rastlanan bir göçmen deneyimi olsa gerek. Sömestirin sonuna doğru bütün kimya bölümlerindeki tüm öğrenciler final sınavı için amfitiyatroda toplandı. Sömestirin başlangıcında ofis saatlerim olmadığını duyurduğum o büyük odaydı burası. Öğrenciler salona dağıldılar ve final sınavının başlamasını gergin bir şekilde beklemeye başladılar.

Başlayınca öğrenciler sessizce soruları çözmeye giriştiler. Bir öğrenci bir soruya açıklık kazandırmamı istedi. O soruyu ben hazırladığım için öğrencilere etraflıca yanıt vermeyi üstüme görev edindim. Çoğunluğu kafası karışmış ve anlattıklarım hakkında hiçbir fikri yokmuş gibi görünüyordu. "Söylediklerim sizin için bir anlam teşkil etmiyorsa bu konuya kafa yormanıza gerek yok." dedim. Bu yanlış bir söylemdi ve söyler söylemez pişman oldum. Final sınavı bitince öğrencilerin çoğu sessizce ayrılırken birkaç öğrencim sınav hakkındaki bazı sorularını danışmak için yanıma geldiler. Hepsinin de sınavı iyi geçmiş görünüyordu. Hem bana veda ediyor hem de birkaçı gelecek sömestir dersime yeniden katılmak için şu veya bu dersi veriyor olup olmayacağımı soruyordu.

Sömestirin bitişinden sonra birçok öğrenci genel kimya laboratuvarlarından sorumlu profesöre benim bölümümdeki öğrencilerin diğerlerine göre daha fazla kimya bilgisi öğrendiklerini söyleyerek şikâyette bulunmuş. Onlara göre ekstradan öğrettiğim parçalara dayalı final sınavı soruları adil değilmiş. Halbuki ben ekstra bir şeyler öğrettiğimin farkında bile değildim.

Bu arada, Prof. Shillady şehir dışına gidecek olduğu için kendisinin belli bir gündeki "Yüksek Fiziksel Kimya" dersini benim vermemi istedi. Kabul edince bütün ders notlarını bana vererek konuyu izah etti. Dersi alan öğrenciler bu seviyedeki bir dersin yalnızca bir yüksek lisans öğrencisi olan birisi tarafından verilişini şaşkınlık ve hayranlıkla izliyordu. Tesadüf o ki ertesi hafta da Prof. Ottenbrite şehir dışında olacaktı. O da "Yüksek Organik Kimya" dersini vermemi rica etti. Organik kimya master'ım olduğu için bu benim için daha da kolay oldu. İlk dersi vermiş olmam zaten yeterince hayret uyandırmıştı ama bu ikinci dersten sonra öğrenciler daha da bir şaşakalmışlardı; nasıl oluyordu da kendileri gibi bir yüksek lisans öğrencisi birbirinden farklı alanlardaki bu iki çok üst seviye dersi verebiliyordu! Bölüm bu tarz konuşmalarla çalkalanıyordu. Halbuki ODTÜ eğitimim ve master çalışmalarımın getirisinden dolayı bunlar benim için kolay şeylerdi. Öyle ya da böyle, sonuçta bölüm içindeki itibarımın artmasına sebep oldular.

Sonbahar sömestirinin başlangıcında kimya laboratuvarlarından sorumlu profesör ziyaretime geldiğinde, finallerde söylediğimden dolayı azar işitmeye hazırlamıştım kendimi. Oysa ki o daha yaratıcı bir çözüm önerdi. Sonbahar sömestirinde laboratuvar öncesi dersleri sadece kendi bölümümdeki öğrencilere değil de bölümlerin tamamındaki öğrencilere vermeyi kabul edip etmeyeceğimi sordu. Hâlâ bir parça naif olduğumdan evet dedim.

O sömestir her biri yaklaşık yirmi öğrenciden oluşan onbeş laboratuvar grubuna dağılmış 300'e yakın öğrenci genel kimya aldı. Her sabah, o sabah için programında laboratuvar olan üç bölüm, bir saatlik laboratuvar öncesi dersi için bir araya geliyor ve sonrasında da deneylerini yapmak üzere üç ayrı genel kimya laboratuvarına dağılıyordu.

Pazartesi sabahları üç bölüm için laboratuvar öncesi dersini veriyor ve aynı işlemi sonraki dört gün tekrar ederek aynı dersi haftada beş kere yineliyordum. Yarısını kalıcı siyah keçeli kalem ile doldurmuş olduğum aydınger kağıtları kullanıyor, ders esnasında silinebilir keçeli kalemlerle tamamlıyordum. Ders sonunda aydınger kağıtlarını ıslak mendille temizliyor bir sonraki günün dersine hazır hale getiriyordum. O zamanlar ne şahsi bilgisayarlar ne de PowerPoint sunumları vardı! Sınıf dersleri çok iş yükü bindiriyordu, ama hoşuma gidiyordu ve kendimi kimya bölümünde kabul ettirmeme yardımı olmuştu.

Öğrencilerin Pazartesi sabah derslerini nasıl karşıladıklarını baz alarak Salı günü sınıfının aydınger kağıtlarını geliştiriyordum. Çarşamba sınıfları en iyi dersimi alıyorlardı çünkü akışı, geçişleri ve sunumu mükemmelleştirmiş oluyordum. Perşembe'ye geldiğimizde tekrardan yorulmuş ve sıkılmış oluyordum. Bu durumda da heyecanımın bir kısmını yitiriyor ve kestirme yollara sapıyordum. Cuma itibarı ile o kadar sıkılmış oluyordum ki bu grup şaka ve metafordan (renklilik ya da farklılıktan) yoksun sadece temel bilgilerin olduğu en kısa dersime maruz kalıyordu. Sonlardaki sınıflarıma bu şekilde öğretim yapmak istemiyordum ama sınırlı zihinsel tahammül gücüm benden bunu talep ediyordu.

Finallerde hangi grubun daha iyi performans göstereceğini merak ediyordum. Doğal olarak "mükemmelleştirilmiş" dersimden faydalanan Çarşamba grubunun en iyi olacağı beklentisi içindeydim. Gerçek sonuçlar sürprizli fakat eğiticiydi. En kısa derslerimi almış olan Cuma grubu hepsini geçmişti.

* * *

Bu arada Zeynep ile bir salon voleybolu takımına yazıldık. Richmond'da kaldığımız tüm süre boyunca her sömestir liglerde oynadık. Son iki yılımızda her sömestir katıldığımız tüm turnuvaları kazandık. Ben raketbol ve wallyball (raketbol sahasında oynanan voleybol) gibi başka sporlar da denedim, ama bunları aynı istikrarla oynamadım. Voleybola adanmış çalışmalarım yerinden çıkmış bir diz, deforme olmuş bir serçe parmağı ve senelerce benim bir parçam gibi taşıdığım bir omuz ağrısını da içeren sakatlıklara yol açtı. Ama eğlencesi, bedenen fit olma hali, aramızdaki ahenkli işbirliği ve arkadaşlık adına hepsine değerdi!

* * *

Öğretmenliğe alıştıktan sonra VCU'da devam etmekte olan onca ilginç araştırma içinden bana uygun olan bir şey bulmak için farklı VCU fakülte ilgi alanlarını inceledim. Spesifik bir fırsat arıyordum. Kavramsal olarak zaten ne yapmak istediğimi biliyordum.

Türkiye'de master programımı sürdürürken bilgisayarlarla haşır neşir olmuştum ve doktora programımın bir parçası olmalarını arzuluyordum. ODTÜ'de ana işlem birimi bir IBM 360 idi. Günümüzde ortalama bir cep telefonu bile bundan daha hızlıdır. O zamanlar hantal ve yavaş olsalar da bilgisayarlarla etkileşim içinde olmayı seviyordum. Doktoramda organik kimya eğitimimi ve kimyasal sentez ve spektroskopik analizler ile ilgili tecrübelerimi kullanmak; aynı zamanda da henüz kanıtlanmamış kompleks genel kimya kurallarını anlayıp izah etmeye çalışan teorik kimyaya yönelmek istiyordum. Hal böyle olunca hem deneysel hem de teorik unsurlardan oluşan bir doktora projesi arıyordum.

Richmond'a yerleşmeme yardımcı olan profesör, Dr. Donald Shillady, doğanın fiziksel özelliklerini atom ve atomaltı parçacıkları seviyesinde hassas bir ölçekte tanımlama peşinde olan kuantum teorileri hakkında birkaç projesi olan bir fizik kimyacısıydı. Yeni bir "baz seti"— elektronik dalgaların cebirsel denklemler vasıtasıyla nasıl fonksiyonlarını yerine getirdiğini anlamak için ileri bir teknik—geliştiriyordu. Çok ilgimi çekmişti ama kendimi sadece teorik çalışmaya adamak istemiyordum. (Neticede gerçekten de 1987 yılında yayınlanan bir teorik bilimsel makale ile sonuçlanan projelerinden birisine yan aktivite olarak katkıda bulundum.) [3]

Dr. Shillady'nin metal çerçeveli gözlükleri ve ara ara aklar düşmüş dalgalı kahverengi saçları vardı. Kendisi araştırmamın teorik kısmının süpervizörü olacağından kibar mizaçlı birisi olması da iyi oldu.

Master tezim 1,3-dipolar siklo(halkalı)-katılma reaksiyonları içeriyordu. Bunu teorik kimya çerçevesinde güçlendirebilecek birini bulabilir miydim acaba? VCU'daki profesörlerden bir tanesinin, Kanada'lı Dr. Raphael Ottenbrite'ın, Diels-Alder diye bilinen başka bir tip siklo(halkalı)-katılma reaksiyonu konusunda bazı çalışmaları vardı. El-lisinin üstünde, uzun boylu ve sarışındı. Haftada bir daha genç öğretim üyeleri ve öğrencilerle tam saha basketbol oynuyordu. O yaşa geldiğimde onun kadar atletik olmayı ümit ediyordum. Düşünüp taşındıktan sonra Dr. Shillady ve Dr. Ottenbrite'ın ikisini birden PhD süpervizörümlerim olarak seçmeye karar verdim ve bölüm başkanları da onayladı.

Bir dizi Diels-Alder reaksiyonunun siklo (halkalı) ürünlerini deney-sel olarak tespit edip tanımlayacak, sonra da ürünlerin regio selektivite ve stereo selektivite ve dağılımlarını deneysel olarak belirleyecektim. Akabinde bu bileşikler için *ab initio* kuantum mekaniği hesaplamaları yapacak ve ikinci derece pertürbasyon hesaplamaları kullanarak öncü moleküler orbital etkileşimler vasıtasıyla, hesaplanmış orbitalleri reak-siyonun sonucunu öngörmek için kullanacaktım. Neden mi bahsediyo-rum? Kimyasal jargonu iyi bildiğimi söylemiştim!

Daha basit bir anlatımla, deneyleri yapacak ve ürünlerin dağılımının analizini yapacaktım. Yani sonuçta ortaya çıkan farklı farklı kimyasal "inci kolyelerin" (Dipnot 2'ye bakınız) neye benzediğini değerlendire-cektim. Sonra sonucu teorik olarak öngörecek hesaplamalar yapacak ve teorik sonuçları deneysel sonuçlar ile karşılaştıracaktım.

Güvenilebilir teorik bilimsel öngörüler yapılabilecek bir yöntem bu-labilirsem organik kimyacılar bu yöntemi kompleks ve pahalı sentezleme çalışmasına girmeden, olası reaksiyonlar arasından arzulanan bileşikleri üretmeyeceği öngörülenleri elimine etmek adına elekten geçirmek için kullanabilirlerdi.

Fiziksel kimya (fizikokimya) kimyanın daha zor dallarından birisidir; özellikle de matematikte zorlanan birisi için. Enerji, güç ve zaman gibi fiziksel kavramları kimyada uygulayıp termodinamik, kuantum kimyası ve kimyasal reaksiyon kinetiği gibi kavramları sunar. Organik kimya da zorluklarla doludur ama daha çok karbon içeren yeni kimyasalların—hayatın özünün—sentezlemesi konusunda uzmanlaşmıştır.

Doktora çalışmamın yarısı deneysel organik kimyadan, diğer yarısı da teorik fiziksel kimyadan oluşuyordu. Bu alışılmadık yaklaşım tarzları sentezi bana teorik bilimsel öngörülerle deneysel sonuçları karşılaştırma fırsatı verdi. PhD derecemi fiziksel organik kimyacı olarak alacaktım. Kimyanın iki farklı ve zorlu dalının gerekliliklerini yerine getirmek için fazladan çalışma üstlenecektim, ama bu çabaya değeceğini düşünüyordum. Danışmanlarım önerilen doktora projesini onaylayınca, 1983 sonbahar sömestirinde araştırma çalışmasına başladım.

* * *

Annemle babam öncesindeki yaz bizi ziyaret etti. Kalacakları süre boyunca çıkacak masrafları karşılamak için babam önceden 1,000 $ göndermişti. Bu aksi takdirde mümkün olmayacak bir tatil imkânı verdi bize. Florida'ya bir kara yolu seyahati planladık ve orada Walt Disney World'ü, Epcot Center'ı ve babamın Boca Raton'daki filatelist arkadaşlarından bir tanesini de ziyaret ederek bir hafta geçirdik. Kendisi ailesi ile birlikte bizi yerel kulüplerine götürdü ve çevreyi gezdirdi. Üniversitedeki araştırmam ve öğretim görevimin zorlu temposu içinde harıl harıl çalışırken böyle bir tatil olanağı yakalamış olmayı takdirle karşılamıştım. Dolayısıyla da babama minnettardım.

* * *

Bilgisayar teknolojisi ilerlemeye devam etti, ama yine de bugün ile kıyaslandığında Taş Devri'ndeydi. Büyük ana işlem birimi bilgisayarları kocaman yükseltilmiş serin odaların ortasında dururdu. Bilgisayar bilimciler yazılım programlarını her bir delikli kartın programın kodunun bir satırını temsil ettiği bir seri delikli kart ile sürekli bilgisayara yüklerdi. Tipik ana işlem birimi bilgisayar odalarında diğer ekipmanların yanında kart okuma ve yazma cihazları, yazıcılar ve programlar ve hafıza için depolama alanı olarak kullanılan bobinlere sarılı kilometrelerce uzayan manyetik şeritler vardı. Belli bir süre sonra ise kendi işlem yapma yeteneği olmayan akılsız terminaller vasıtasıyla ana işlem birimine artık masalarımızın başından kalkmadan erişim sağlayabilmeye başladık.

Akılsız terminallerin klavyeleri vardı ve ana işlem birimine bağlandıklarında delikli kartlara ihtiyaç duyulmadan kullanıcıların doğrudan komut yazmalarına olanak veriyordu. Kendi programınızı yazabilir, ana işlem biriminde bir dosyaya kaydedebilir ve o dosyayı kendi bilgisayarınızda doğrudan okuyabilirdiniz. Her ne kadar bilgisayara bir terminal vasıtasıyla ulaşabiliyor olsanız da hâlâ bilgisayarın operasyon sistemini anlıyor olmanız gerekiyordu. Bu, operasyon sistemleri ve esrarlı dillerinin kullanımı kolay pencereler (windows) arkasına gizlenmelerinden önceydi. VCU ana işlem birimleri UNIX operasyon sisteminde çalışıyordu.

Laboratuvarda akılsız terminalde önünde çalışırken

Üniversitenin ana işlem birimine ulaşabiliyor olmak beni heyecanlandırmıştı. Dolayısıyla kendi kendime UNIX operasyon sistemini öğrendim. Akılsız terminaller vasıtasıyla ana işlem biriminde çalışmaya bir kere hakîm olunca, her ne kadar birkaç ekstra ağır aksak adım gerektirse de günümüzde şahsi bilgisayarlar (PCler) ile yaptığımız şeyleri yapabilirsiniz. (PCler o zamanlar henüz yaygın olarak kullanılmıyordu.) Kısa bir süre sonra kimya bölümünde bilgisayarlarla ilgili her şey için kendiliğinden başvurulacak kişi oluverdim.

Bir sabah kampüse vardığımda öğretim üyelerinden birisinin sinirden köpürmüş bir şekilde bölüm posta kutularından not kağıtları çıkardığını gördüm. Kendi kendine bunu yapanı yakalayıp okuldan attıracağını mırıldanıp duruyordu. Belli ki birisi adını kullanarak bölüm memorandumu formatında fena bir mektup yazmış ve bütün posta kutularına dağıtarak bir eşek şakası yapmıştı. Ben oraya vardığımda iş işten geçmişti. Yazılan memoyu okuma fırsatım olmamıştı. Dolayısıyla yaygaranın neden koptuğunu bilmiyordum. Gel gör ki o zamanlar için yeni sayılan bilgisayar teknolojisini kullanarak memorandum formatını taklit edip sahte mektup düzenleyecek yetenekte çok kimse yoktu. Her ne kadar tarzanca İngilizcem ile mektubu benim yazdığımı düşünmek pek inandırıcı olmasa da şüpheliler listesininin en tepesine benim oturtulacağımdan korkuyordum. Her ihtimale karşı, şüpheli durumuna düşersem diye her ne pahasına olursa olsun yapanı bulmaya karar verdim.

Yeni keşfedilmiş kolaylık UNIX operasyon sistemi sağolsun; zanlıyı bulmam sadece yirmi dakikamı aldı. Bir önceki gece ana işlem birimine erişim sağlamış herkesin listesini çıkardım ve kimya bölümünden sadece bir kişi buldum. Bir arkadaşım çıktı. Gece yarısı ile 01:00 arasında sistemdeymiş. O zamanlar gerekli yeteneklere sahip olduğundan şüphem vardı (belli ki varmış!) ama böyle bir şey yapacak kadar cüretkâr olduğunu biliyordum. Yazıcı çıktısında kullanıcı adının altını keçeli kalemle çizdim ve kağıdı masamın çekmecesine koyup konuyu aklımdan çıkardım. Seneler sonra bana ulaşıp sahte mektup olayını hatırlayıp hatırlamadığımı sordu. Oldukça gururlu bir şekilde zanlının kendisi olduğunu söyledi. Çekmecemi açıp birkaç sene önce içine tıkıverdiğim çıktıyı buldum ve kendisine verdim. Şaşkına dönmüştü. Eninde sonunda konuyu çözen kişinin ben olacağımı düşündüğünü, ama bunca sene konu hakkında hiçbir şey söylememiş olduğuma inanamadığını söyledi.

Bir gün, manyetik şerit bobinleri yerine artık kendi disk sürücüsü olan ana işlem biriminde dosya rehberimi temizlerken bir dosyamı açamadığımı fark ettim. Dosyayı düzeltmeyi, yerini değiştirmeyi, kopyalamayı, hatta kaldırmayı denedim. Hiçbiri işe yaramadı. Dosya bir şekilde etkinlik göstermiyordu ve ne dosyası olduğunu bile hatırlamıyordum. Bir çeşit disk sürücü hatası yüzünden olabileceğinden şüpheleniyordum. Belki de dosyanın başlığını tanımlayan sürücüdeki baytlardan birisi bozuktu. Pek de endişelenmedim ve üzerinde fazla durmadım. Yaklaşık bir yıl sonra, belki de hekırlığa niyetlenmiş bilgisayar dâhisi bir öğretim görevlisi arkadaş herhangi bir ana işlem birimi kullanıcısının dosyalarına bir saat içerisinde erişim sağlayabileceğini böbürlerek etrafta anlatıyordu. Başlangıç rehberimdeki bulunamayan bozuk dosya aklıma geldi. Ona ulaşıp bir dosya yarattığımı ve içinde de özellikle kendisi için bir mesaj bıraktığımı söyledim. [Bozuk] dosyanın adını verdim ve dosyaya erişim sağlamak ve mesajı okumak için kendisine bir hafta süre vereceğimi ifade ettim. İddiaya tutuşup tutuşmadığımızı hatırlamıyorum ama kendinden son derece emin bir şekilde mesajın çıktısını alıp bir saat içerisinde getireceğini savundu. Bir hafta sonra bana gelip o dosyayı nasıl koruma altına almayı başardığımı anlatmam için yalvardı. Bir hafta önce olduğu kadar küstah değildi artık. Ona sırrımı—uğraştığı dosyanın, içinde kendisi için hiçbir özel mesaj olmayan, laf dinlemez bozuk dosyam olduğunu—hiç açıklamadım.

* * *

Hem öğretim üyeliğinde hem de komplike araştırmam üzerinde çok çalışıyordum, doğru, ama hayat sadece soluklanmadan çalışmaktan ibaret değildi. Bunu Amerikalı öğrencilerimden iyi öğrenmiştim. Zeynep ile hafta sonları şehri keşfetmek için bisikletlerimizle gezmekten hoşlanıyorduk. Richmond'da sonbahar harikaydı. James Nehri boyunca uzanan yaşlı ağaçların renk değiştiren yapraklarının renkleri nefes kesici derecede güzeldi ve daha önce gördüğüm hiçbir şeye benzemiyordu. Dışarı yemeğe gitmek ki bunu sık sık yapmaya maddi gücümüz yoktu, gerçek bir ödül oluyordu. Özellikle de en sevdiğim restoran New York Delicatessen'de lezzetli Reuben tabağını ısmarlamak...

Ayrıca VCU'daki satranç kulübünü de keşfettim. Küçük ama iyi organize olmuş bir yerdi. Haftada bir oyun oynanan turnuvaları vardı. Turnuvalar Amerika Birleşik Devletleri Satranç Federasyonu tarafından onaylanıp derecelendirildiği için her oyun sonucu bir derecelendirme düzeltmesine tabi tutuluyordu. Onların sisteminde 1,500'lük bir derecelendirme temel bir strateji ve taktik bilgisine, 1,800'lük güçlü bir oyuncuya, 2,000'lik ise mükemmel bir oyuncuya tekabül ediyordu. 2,200 ustaları, 2,400 ve üzeri büyük ustaları temsil ediyordu. İlk yirmi oyun geçici olarak derecelendiriliyordu. Öyle olunca da ilk başlarda benim derecem çok dalgalanmıştı. Bu dönemde kısa bir süre için 2,000'i geçti, ama hayatımın geri kalanında 1,800-1,900 bandına oturdu. Usta seviyesi için hiçbir zaman yeterli olmadı.

Üyeliğin sadece üniversite elemanlarına açık olduğu ODTÜ'deki satranç kulübünün aksine VCU satranç kulübü herkese açıktı ve dışarıdan katılımcıları da hoş karşılayıp kabul ediyordu. Yine de sadece VCU iştiraklerine—VCU öğretim üyeleri, diğer çalışanları ve öğrencileri—açık bir turnuva düzenledik ve bir de baktım ki ben kazanmışım. Aynı yıl içerisinde daha sonraki bir dönemde kulüp Edmar Mednis'in başrolünde olduğu bir gösteri düzenledi. Edmar Mednis, Bobby Fisher'i yenmesi ve akabinde yazdığı Bobby Fisher Nasıl Yenilir (How to Beat Bobby Fisher) başlıklı kitabı ile meşhur olan Letonya'lı bir büyük usta idi. Aynı anda yirmi beşimize karşı oynadı. Oyunlardan yirmi üçünü gayet hızlı bir şekilde aldı. Berabere kalan iki kişiden birisi bendim. Benimle yapılan kısa bir mülakatı da kapsayacak şekilde olay yerel gazetelere yansıdı. Makale hatalı bir biçimde (VCU iştirakleri ile yapılan turnuvaya dayandırarak) benim VCU şampiyonu olduğumdan bahsediyordu. Kulübün bazı üyeleri VCU şampiyonunun sadece VCU iştiraklerinin değil, herkesin katıldığı VCU kulüp turnuvasının kazananı olduğunu ileri sürerek muhalefet etti. Bu yanlış tanıtımdan dolayı hâlâ kötü hissederim.

* * *

Zeynep Bilgisayar Bilimleri Bölümü'nde bir master programına yazıldı ve orada programcı olarak yarı zamanlı bir işe girdi. İşi alması iyi haberdi çünkü böylece artık faturaları ödedikten sonra biraz da hayatın tadını çıkarmaya yetecek kadar gelirimiz olmasını bekliyorduk. Ne yazık ki eyalet içi öğretim ücretinin iki katı olan eyalet dışı öğretim ücreti ödemek zorundaydı. Öyle olunca da gelirinin çoğu öğretim ücretini ödemeye gitti. Hayatın küçük lükslerinden mahrum olarak durumu idame ettirmeye devam etmek zorundaydık.

Bu arada babamın üçlü bypass ameliyatı olması gerektiği haberi geldi. Ameliyatından önce acilen Türkiye'ye gitmem lazımdı. Kredi kartımın limiti 700 $ idi. Dolayısıyla biletimi almak için kullanamayacaktım. Bankayı arayıp durumu izah ettim. Uçak bileti miktarını karşılamak üzere kredi kartı limitini yükselttiler ve derhal Türkiye'ye uçtum. Babamı ameliyattan bir gün önce gördüm; keyfi yerindeydi.

Ameliyat başarılı addedilmişti ve sağlıklı bir şekilde iyileşiyordu. Ancak artık annemi tanımıyordu. Kendinden yaşça küçük olan kızkardeşinin adıyla sesleniyordu ona. Doktorlar ameliyat esnasında ya da hemen ardından inme meydana geldiğini tespit ettiler. Kısa dönem hafızası ve görme yetisinin çoğunluğu yok olmuştu. Okumayı yeniden öğrenmek zorundaydı. Alışkanlığa bağlı olarak yazabiliyordu ama daha cümlenin sonuna varmadan başını unutuyordu. Emekli olup zamanının tamamını pullarıyla geçirmeye hazırlanıyordu o zamana dek. Artık bunu yapamayacaktı. Amerika'da ne yaptığımı soruyordu. Ben de anlatıyordum. Beş dakika sonra aynı soruyu yeniden soruyordu. Babamla artık iki yetişkin gibi iletişim kurup birlikte vakit geçiremeyeceğim için üzgündüm.

ABD'ye döndüğümde birikimlerimizin hepsini tüketmiştim. Yeni bir sömestir başlıyordu ve Zeynep'in kayıt yaptırması gerekiyordu. Şans eseri okul bir dikkatsizlik sonucu bir seneden fazla bir süredir şehirde olduğumuzdan Zeynep'e eyalet içi öğretim ücreti faturası çıkardı. Böylece yeni sömestir kayıt ücretini kıtı kıtına karşılayabildik. Aslında yabancı öğrenci olduğumuz için bir yılı aşkın ikamete rağmen teknik olarak eyalet içi sayılmıyorduk. Birkaç hafta sonra üniversite hatanın farkına vardı ve rakamları artırılarak revize edilmiş bir fatura gönderdi. Neyse ki o birkaç hafta gerekli parayı biriktirmemize yetmişti. Çok şükür!

VCU'daki ikinci senemde belli bir yüksek eğitim bursu için bir ilan gördüm. Bu her daim gariban yüksek lisans öğrencisi şahsımın parasal durumuna finansal açıdan epey katkıda bulunabilecek bir fırsattı. Havada kaparak, hızlıca başvurdum. Bölümden altı öğrenci daha vardı başvuranlar arasında. Hepimiz bir sınavı da içeren sıkı bir rekabet sürecinde çekişecektik.

Başvuran diğer altı öğrencinin hepsini bir araya getirdim ve birlikte çalışmayı teklif ettim. Her birimiz bir bölümü gerçekten çok iyi çalışacak ve o alana özgün önemli ayrıntıları diğerlerine öğretecektik. Bu Türkiye'de çok yaptığımız bir şeydi ama ABD'de hiç böyle ortak çalışma görmemiştim. Hayrettir ki herkes razı oldu ve öyle görünüyordu ki hepimiz sınava iyi hazırlanıyorduk. Profesörler inanamıyorlardı. Yaklaşık her on dakikada bir, bir öğretim üyesi kapıyı açıp içeriye bakıyor ve rekabet etmek yerine işbirliği yaptığımızı görerek hayrete düşüyordu. Birçok farklı öğretim üyesi bu inanılmaz olayı kendi gözleriyle görmek için bizzat ziyaret ediyordu.

Testten bir süre sonra bir öğretim üyesi çalıştığım laboratuvarı ziyaret ederek "Mary E. Kapp Araştırma Bursu"nu kazandığımdan dolayı beni tebrik etti. Bunun ne anlama geldiğini sordum. Hafifçe kelleşmeye başlamış kafasını kaşıyarak "Artık öğretmenlik yapmak zorunda olmayacaksın," dedi. "Tüm masrafların karşılanacak. Artık tamamıyla doktora araştırmana odaklanabilirsin." Çok sevinmiştim tabii ki ama buruk bir sevinçti bu çünkü öğretmeye bayılıyordum. (1988'in yazında Alabama'daki organik kimya sınıfı hariç) öğretmenlik kariyerimin sonu gelmişti. Tâ ki otuz sene sonra emeklilik sonrası Santa Rosa Junior College'da öğretmenliğe geri dönene kadar.

* * *

Türkiye'de master tezimi daktiloda yazmıştım. Orta derecede daktilo yazmayı bilen daha yaşlı okuyucular hatırlıyor olabilirler; düzeltme yapmak neredeyse gerçek anlamda acı çekmekle eşti. Öyle olduğu için de doktora bitirme tezim için henüz ünlenmeye başlamış LaTeX denen yeni bir yazılım programı kullandım. O zamanlar bugün her yerde ulaşılabilir olan ve ekranda gördüğünüz şeyin yazıcıdan aynen çıktığı "Ne Görürsen Onu Alırsın (What You See Is What You Get - WYSIWYG)" sistemi değildi bu. Hal böyle olunca nasıl görüneceklerini bilebilmek için sık sık bölümlerin yazıcıdan çıktısını almam gerekiyordu. Ekranda sözcüklerim bir bilgisayar kodu denizinde yüzdüklerinden mizanpajımı planlamak için temiz yazıcı çıktıları elzemdi. Büyük yazıcılar aşağı katta, Matematik Bölümü'ndeki geniş bir odada yaşıyorlardı. Sürekli bir şey yazdırmam yazıcıya ihtiyacı olan Matematik Bölümü öğrencilerinin işlerini öteliyordu. Olanakları idame ettiren öğretim asistanları yazıcılarını kullanmamdan şikâyet etmeye ve biraz düşmanca davranmaya başladılar.

PCler ve şahsi yazıcılardan önce, ana işlem birimine bağlı büyük yazıcılara erişim profesörlerin tepede, öğrencilerin en altta, yüksek lisans öğrencilerinin ise aralarında bir yerde olduğu belli bir hiyerarşiye göre sağlanıyordu. Başka bölümden bir yüksek lisans öğrencisinin değerli kaynaklarını kullanmasına sinir oldukları için yazıcı laboratuvarını idare eden öğretim asistanlarını suçlayamam doğrusu. Ben de durumdan hoşnut değildim zaten. O zamanlar muhtemelen araştırmamdan kaynaklı olarak Kimya Bölümü'nde iyi bir repütasyonum vardı ama çalışmamın kompütasyonel yönünden olsa gerek Matematik Bölümü'nde de aynı repütasyon geçerliydi. Sanırım Matematik Bölüm Başkanı bana sempati duyuyordu. Yazıcı odasının anahtarını verdi bana ve istediğim zaman kullanabileceğimi söyledi. Bu problemimi çözdü. Okulun normal çalışma saatleri bittiğinde oda kapanıp kilitlendikten sonra, aşağıya yazıcı odasına gidip, sessizlik ve huzur içinde çalışmamı sürdürebiliyordum. Nihayet 1986 sonbahar sömestri sonunda bitirme tezimi tamamladım. Revizyonlar üzerinde çalışıyor, bazı eksiklikleri hallediyordum.

Bir gün bölümdeki saygın profesörlerden birisi olan Dr. Lydia Vallerino yemek salonunda beni kahve içerken görünce yanıma gelip eşlik edip edemeyeceğini sordu. Kafamda bitirme tezi problemleri ile uğraşıyor, revizyonları nasıl önceliklendireceğimi hesap etmeye çalışıyordum. İki süpervizörünüz varsa yapılması gereken yaklaşık iki katı revizyonunuz var demektir! Bu aranın iyi geleceğini düşündüm. Dr. Vallerino herkes tarafından sevilen çilli, yaşlıca bir İtalyan profesördü. Büyüleyici bir aksanı vardı. Bir inorganik kimyacı olarak yürüttüğü çalışmaların benimkilerle pek örtüşen bir tarafı yoktu ama bana her zaman arkadaşça yaklaşıyordu.

"Dört sene önce sırayla bizleri ziyaret ettiğinde, herkes kendi araştırma programına adam toplamakla meşguldü ve yüksek lisans öğrencisi olarak seni almakla ilgileniyordu." dedi ve ekledi, "Seni mülakata aldığımda ne yapmak istediğini anlattın: birbirini tamamlayan deneysel ve teorik çalışma." O zamanlar, "Bu çocuk hayal görüyor! Bulutlarda geziniyor; bu kadar kompleks ve zor bir şeye heveslenmesi gerçekçi değil. Bilfiil yapmaya kalktığında pembe gözlüklerini sert bir şekilde önüne koymak zorunda kalacak diye düşünmüştüm." dedi ve devam etti, "Ama şimdi dört yıl önce bana anlattıklarının tam da aynısını yaptığını ve başarılı olduğunu görüyorum." Bu kompliman benim için çok anlamlıydı. O ana kadar projemin ne kadar olağandışı olduğunun farkında bile değildim.

Kimya Bölümü, bitirme tezimi ulusal bir ödül olan Nobel Ödülü Sahibi Üst Düzey İmzalı Ödül (Nobel Laureate Signature Award) için dikkate alınmak üzere göndermeye karar verdi. Bu ödül 3,000$ para desteği dışında o gün hayatta olan bütün kimya nobel ödüllü bilim adamlarının imzalarını taşıyan bir plaka şeklinde idi. Geniş tanımı ile bu ödülün amacı kimya alanında üstün bir yüksek lisans öğrencisini ve hocasını takdir etmekti. Amerikan Kimya Cemiyeti (American Chemical Society) her sene bu ödül için bir doktora projesi seçer. Kazanan fakülte süpervizörü ve yüksek lisans öğrencisi o sene ABD'deki en üstün bitirme tezinin yayıncıları olarak tanınır. Rekabet en üst düzeyde fonlara ve en üstün profesörlere sahip en üst seviyedeki üniversitelerden geleceğinden tabii ki benim en ufak bir şansım yoktu. Zaten anlaşıldı ki VCU'da yüksek lisans programı tarihinde böyle bir aday gösterme hiç yapılmamıştı. Dolayısıyla bir süreç planı yaratmak zorunda kaldılar. Dışarıdan, konusunda uzmanlaşmış bir profesörün bitirme tezi incelemesinin sürecin bir safhasını oluşturmasına karar verdiler. Başvurunun ilerleyişini pek takip etmedim ama dışarıdan inceleyen profesörün inanılmaz derecede destekleyici mektubunu gördüm. Ivy League'de (Sarmaşık Birliği; ABD'nin en iyi sekiz üniversitesinin oluşturduğu birlik) bulunan birçok üniversitede çalışmış olduğunu ve bu bitirme tezinin herhangi birinde başarılı sayılacağına inandığını yazmıştı. Bu benim için önemli bir validasyondu. Bitirme tezi ödülü kazanmadı ama aday olarak gösterilmiş olmak beni mutluluktan havaya uçurmuştu. Doktora çalışmalarım için hoş bir kapanış olmuştu bu. Bütün akademik başarılarım beni ve kendime duyduğum düşük saygımı şaşırtmaya devam etti. Belki artık gelecekte yapabileceklerim için daha fazla özgüven geliştirebilirdim. Belki daha fazla risk alıp konfor alanımdan çıkmalıydım. Fikren bunun üzerinde çalışmaya karar verdim.

Bu arada Zeynep hamile kaldı. Önceleri, benim doktoram ve Zeynep'in master dönemi sırasında hamilelikten kaçınmıştık. Çalışmalarımızın telaşı ve göreceli olarak belirsiz finansal durumumuz içinde bir çocuk yetiştirmenin iyi bir fikir olmadığını düşünüyorduk. Ama artık doktoram bittiği için ve doktora sonrası maaşı ve yan hakları alıyor olacağımdan bir aile başlatmaya gücümüz yeterdi. Zeynep'in master derecesini bitirmeye vakti olmadı ama bölüm ileride bir programcı analist olarak iş bulmasına yetecek bir sertifika ile mezun etmeyi önerdi.

Doktora sonrası fırsatları araştırmaya başladım. Master projem tamamen deneysel olsa da PhD'im yarı deneysel yarı teorikti. Doktora sonrası projemin tamamıyla teorik olmasını istiyordum. Deneysel tezgah çalışmasından teorik kompütasyonel çalışmaya pürüzsüzce geçiş yapacaktım. Bir ıslak kimya laboratuvarında dar boyunlu deney tüplerinden reaksiyon kaplarına solüsyonlar aktararak çalışmak yerine bir bilgisayar laboratuvarında çalışacaktım.

Bir fırsat yakalamam uzun sürmedi. Alabama, Birmingham Üniversitesi'nde (University of Alabama at Birmingham) roket sevkedici olarak kullanılmak üzere yeni maddeler araştırmak adına kuantum mekaniği hesaplamaları içeren açık bir doktora sonrası araştırma bursu pozisyonu vardı. Çok enteresan görünüyordu.

Notlar:

[3] Güner, O. F.; Shillady, D. D.; Ottenbrite, R. M.; Rao, B. K.; Yurtsever, E. "Pair-Excitation MCSCF Treatment of Small Molecules in an Optimized Slater-Transform-Preuss (STP) Basis Set." *Int. J. Quantum Chem.* **1987**, *32*, 551-562.

5

UAB'de Doktora Sonrası
Araştırma Bursu

Birmingham, Alabama, 1987-1989

Doktora sonrası çalışması bir akademik kariyerin balayı dönemi gibidir.

- Yüksek lisans eğitim birimindeyken araştırma yaparsınız—işin eğlenceli kısmı—ama aynı zamanda notları, sınıfları ve bitirme tezinizi göz önüne almanız şarttır.
- Profesörlük döneminizde araştırma yaparsınız—işin eğlenceli kısmı—ama aynı zamanda dersler, hibe önerileri, komite toplantıları ve kadroluluğun gereklilikleri hakkında endişelenirsiniz.
- Oysa ki doktora sonrası araştırma döneminizde, araştırma yaparsınız ve hepsi bundan ibarettir. Her zaman daha fazlasını yapabilirsiniz, ama öncelikli olarak işin eğlenceli kısmını yapmakla yükümlüsünüzdür.

Bu yüzden Alabama, Birmingham Üniversitesi'ndeki kariyer balayıma başlamayı dört gözle bekliyordum.

* * *

1987'nin Ocak ayının birinci günü yeni, parlak bir fiziksel organik kimya doktorası ile doktora sonrası araştırma bursuna başlamak üzere Birmingham, Alabama'ya vardım. Maddi durumumuza yardımcı olmak adına Zeynep Richmond'da bir ay daha kalıp Bilgisayar Bilimleri Bölümü'ndeki işine devam etmeye karar verdi. Artık öğretim ücreti ödemediğinden son maaş çekinin tamamı birikim hesabımıza ekleniyor olacaktı. Bir ay sonra Richmond'a geri dönecektim ve birlikte Birmingham'a gitmek üzere bir U-haul treyleri kiralayacaktık.

İşten beş dakikalık yürüme mesafesinde, fakülte öğretim üyeleri ve çalışanları için ayrılmış lojmanlardan birini kiraladım. Kompütasyonel kimya laboratuvarı olarak belirlenmiş alan henüz hazır olmadığından cam üfürücüsünün (ihtiyaç duyan araştırma projelerine siparişe bağlı özel yapım cam laboratuvar malzemeleri yapan kişi) kullandığı ve onun teçhizatı ile dolu geniş odanın küçük bir köşesine yerleştim. Odanın karşı köşesi aynı zamanda geçici olarak ekstra toplantı odası olarak da kullanılıyordu. Bana ait köşeyi dar masalarla çevirerek küçük bir bölmenin temellerini attım. Çalışmamda kullanmaya başlayacağım bir MikroVAX-II bilgisayarı[4] küçük bölmenin ortasında egemenliğini kurmuştu. Aynen ana işlem biriminin VCU'daki UNIX operasyon sistemini çalıştırması gibi kompütasyonel laboratuvar da VAX/VMS operasyon sisteminde çalışan VAX bilgisayarlarına bel bağlamış olarak çalışıyordu. Gündemin ilk maddesi olarak yirmi altı ciltlik kullanım kılavuzunu okuyup benim için yeni olan VAX/VMS operasyon sistemini öğrenmem gerekecekti. Dar masalarımın üzerinde üst üste sıralanmış bu büyük ciltli kitaplar aynı zamanda eğreti küçük bölmemin duvarları olarak da görev yaptılar.

Doktora sonrası projem beş yıllık koca parçalar halinde finanse edilen yirmi yıllık bir Amerika Birleşik Devletleri Hava Kuvvetleri (United States Air Force - USAF) araştırma inisiyatifinin parçasıydı. Birisi uzay teknolojisindeki birçok ilerlemeye rağmen o zamanlar kullanılan roket sevkedicilerin hiçbir yakıt inovasyonu olmadan onlarca yıldır aynen kullanılageldiğini fark etmiş olmalıydı. Yani inisiyatif roketler için yeni yakıt teknolojileri keşfetmenin peşindeydiler. Proje bizim de o zaman içinde bulunduğumuz ilk beş yılı teoriye—benim oyun alanıma giren kaynağını matematikten alan kompleks bilime—adamıştı. Fiziki olarak laboratuvarlarda bileşikleri denemek sonra gelecekti. İnisiyatifin bu teorik kısmını gerçekleştirmeye çalışan (devlet daireleri, akademik üniversiteler ve endüstriyel kurumlar da dahil) yaklaşık bir düzine kurumdan biriydik.

Patronum Dr. Koop Lammertsma yeni yüksek enerjili/yüksek yoğunluklu maddeleri teorik olarak saptayıp tanımlamak için bu inisiyatiften finansal destek almayı önermişdi. Başarılı önerisi doktora sonrası araştırma bursumu almamı sağladı.

Dr. Lammertsma'nın çizgi çizgi beyazlar düşmüş kahverengi kıvırcık saçları, koca bir sakalı ve bir de bıyığı vardı. Kuantum kimyası dünyasında iyi tanınıyor, hem teorik hem de deneysel kimyada en saygın şahsiyetlerle işbirliği yapıyordu. Öğrencilerin gerçek (teorik olanlara karşılık) bileşikleri sentez yoluyla oluşturduğu deneysel bir laboratuvarı vardı. Şimdi kompütasyonel laboratuvarı kuruyordu ve ben onun ilk bilim insanı olacaktım.

Büyük resmi gösterecek bütün detaylardan yoksundum ama görevim netti. Küçük "tetraatomik" moleküler kümelerin "potansiyel enerji hiperyüzeylerini" geliştirecektik. Tetraatomik sadece dört atomlu bir molekül demektir. Gerçekte sayısız benzer yapılanmış dört atomlı molekülün birlikte var olmasından kaynaklanarak her ne kadar küme terimi ile ifade edilse de benim işim tek başına her bir tetraatomik molekülün teorik davranışını incelemekti. Böyle bir molekül farklı konformasyonlara (atomun elektronlarının davranış biçimine göre belirlenen atomaltı konfigürasyonlara) erişebilir ve bir enerji bariyerinin üstesinden gelerek bir konformasyondan diğerine geçebilir. Eriştiği her bir konfigürasyon aynı zamanda moleküle özgü bir enerji seviyesini de temsil eder.

Bir panayır yerinde ya da lunaparkta görebileceğiniz türden bir top yuvarlama oyunu hayal edin; bir sonraki resimdeki gibi bir şey (ki aslında bir bilgisayar oyununun ekran görüntüsü bu). Topu yuvarladığınızda topa kinetik enerji yüklüyorsunuz. Eğer bu enerji topu önündeki tepenin sırtından atlatmaya yeterse, bir sonraki çukurdaki en alçak noktaya yerleşebilir.

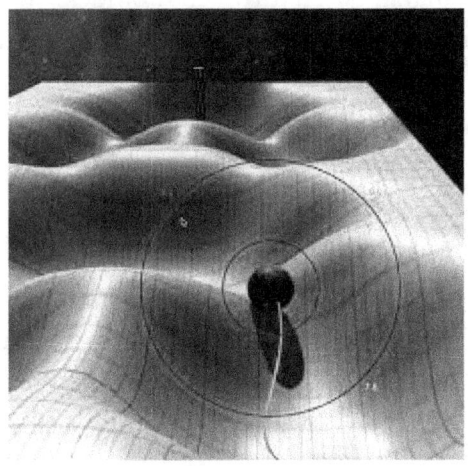

Potansiyel enerji hiperyüzeyi etrafında hareket eden bir molekülün görsel tanımlaması.
http://atomicconceptssoftware.appspot.com/ SmoothRollerWebSite/smooth_roller.html Copyright © 2019 Atomic Concepts Software

Şimdi topun molekül, bombe şeklinde yumuşak sırtlı tepecikleri olan yüzeyin de potansiyel enerji hiperyüzeyi olduğunu hayal edin. Her bir çukurun en dibi en kararlı konfigürasyonları, yani molekül için en düşük enerjili konformasyonları temsil eder. Oyunda bir sonraki ani inişe geçebilmek için topun bir yanından diğer yanına aşması gereken sırtlar ve onların alçak çukur alanları, topun üstesinden gelmesi gereken enerji bariyerleridir. Buna benzer olarak potansiyel enerji hiperyüzeyindeki sırtlar ve çukurlar molekülün bariyerin üzerinden bir sonraki vadiye gitmesi için—bir kararlı düşük enerjili konfigürasyondan diğerine geçmek için—uygulanması gereken enerji miktarını tanımlar.

Resimdeki küçük mavi çember, topun (yani molekülün) sırtın üzerinden gidip ilk çukura yerleşmesine tam da yetecek miktardaki enerjiyi temsil eder. Daha büyük olan mavi çember topun (molekülün) daha geniş bariyeri aşması için gerekli olan enerjiyi temsil eder.

Her bir tetraatomik molekülümüz için kuantum mekaniği (QM) hesaplamaları kullanarak bir çukurun en dibindeki en düşük noktadaki enerjiyi (yani bir molekülün minimum enerji konformasyonunu) ve bir sonraki çukura ulaşmak için gerekli olan enerjiyi (yani resimdeki mavi dairelerin boyutunu) belirlemek için bu potansiyel enerji hiperyüzeyini oluşturuyorduk.

Kümelerdeki atomların farklı farklı aranjmanlarının minimum enerji konformasyonlarının, başlangıçtaki üç boyutlu (3D) yapılarını elde etmek amacıyla düşük seviye teorilerden başlayarak hiperyüzeyleri geliştirmek için QM hesaplamaları yapıyorduk. Bu minimum enerji yapıları molekülün kararlı konformasyonlarını temsil eder.

O minimum enerji yapılarını kullanarak sonuçlarımızı geliştirmek için teori seviyelerini yavaş yavaş artırarak hesaplamaları tekrarlıyor ve teorik hesaplamalarımızın bilimsel öngörülerinin gerçeğe her zamankinden daha yakın olmasını sağlıyorduk. Teori seviyeleri hesaplamalarda kullandığımız "baz setlerinin" kompleksliğini değiştiriyordu. Teorinin seviyesi ne kadar yüksekse kompleks o kadar ve merkezi işlem birimi (CPU) ve hafıza gereksinimleri de üssel olarak katlanarak artıyordu.[5] Nitekim daha yüksek seviyeli teoriler daha kaliteli ve daha güvenilir sonuçlar üretecektir ama önemli derecede de daha fazla kaynak gerektirecektir. Çalışmamı başlatmak için patronumun kafasında zaten yarım düzine kadar küçük tetraatomik küme vardı. Yani görevim net bir şekilde tanımlıydı.

Kısa bir süre sonra VAX/VMS operasyon sistemini yeterince kavramıştım ve OPER imtiyazı (operatörün tüm sıraları yaratmasına ve kontrol etmesine izin veren ileri seviye sistem imtiyazı) ile QM hesaplamalarını sıralayabiliyor ve önceliklendirebiliyordum. Böylece de CPU hiçbir zaman boş kalmıyordu ve maksimum verimliliğe ulaşmayı başarıyordum. Her bilgisayarda bir sürü işi sıralıyor ve bu işler tamamlandıkça daha fazla iş yükleyerek her bir bilgisayarda her zaman sırada bekleyen birkaç iş olduğundan emin olarak ilerliyordum. Bir iş biter bitmez CPU kullanımında hiçbir boşluğa mahal vermeden sıradaki bir sonraki iş otomatik olarak başlıyordu.

Zaman içerisinde devasa bir soğutma sistemi de olan kompütasyonel laboratuvar tesislerimiz tamamlandı. Yazın bile o kadar soğuk oluyordu ki kışlık kıyafetlerimizi her an kullanmak üzere etrafta tutuyorduk. Artık üzerinde bir VAX istasyonu olan çalışma masamın ve tamamlanmış işlerin yazıcı çıktılarını sıralamak için art arda eklenmiş masaların olduğu bir ofisim vardı. Cam üfleyicisinin laboratuvarının bir köşesine eğreti bir şekilde oturtulmuş küçük bölmeme göre büyük bir ilerleme sayılırdı bu. Aslında Amerika'da ilk defa kendime ait bir ofisim olmuştu. Patronumun ofisinin hemen yanındaydı ve ayrıca iki küçük ofis de gelecekteki kiracılarını bekliyordu.

Amansız zamanlama ve işletim planlamam sağolsun beş adet VAX bilgisayar ünitesi ağımızı gece gündüz aralıksız çalıştırarak başladık işe. Bilgisayarın planlanmış altı aylık bakımı için VAX bakım elemanı laboratuvara geldiğinde CPU kullanımının altı ayın tamamı boyunca beş bilgisayarın hepsinde de yüzde yüz olduğunu görünce küçük dilini yutacaktı. VAX bakım elemanı olarak geçirdiği meslek hayatı boyunca hiç böyle bir şey görmediğini söyledi.

Tesis tamamlandığında ofisler dolmaya başladı. Hintli bir yüksek lisans öğrencisi olan Sudhakar ve Polanyalı doktora sonrası akademi üyesi olan Jerzy gruba katıldı. İkisi de istisnai derecede iyi bilim insanlarıydı. Sudhakar USAF inisiyatifinde yarı zamanlı çalışıyordu ve kendimizi birkaç makaleyi beraber yazarken bulduk. Jerzy farklı bir alanda çalışıyordu. Dolayısıyla onunla fazla bir bilimsel istişarem olmadı. Akabinde Hollandalı bir yüksek lisans öğrencisi olan Mark gruba katıldı. Bilgisayarlara hevesli olduğundan patronum onu laboratuvarımızın bilişim teknolojisi (IT) müdürü olarak işe alarak finansal destek çıkmaya karar verdi. Tesisimiz birkaç mini bilgisayar ve erken dönem PCler eklenerek büyümüştü ve patronum bu işe adanmış birisinin desteğinin işe yarayacağı kanaatindeydi. Mark işi hızlıca öğrendi. Sistemler pürüzsüzce ve verimli bir şekilde çalışıyordu. Bir IT müdürü işe alarak patronumuz doğru kararı vermiş görünüyordu.

Bir sabah ofise geldiğimde bir haftadan fazla süredir devam etmekte olan büyük işlerimden birisinin durmuş olduğunu gördüm ve yeniden canlandırmayı beceremedim. Daha önce hiç olmamıştı bu. Panikledim. Ne olduğunu araştırabilmemiz ve işi kurtarıp kurtamayacağımızı anlamak için hemen patronumun ofisine gittim. Patronumun tam sistem imtiyazı vardı. İşin neden ve ne zaman durduğu ile ilgili her türlü detayı inceleyebilirdi. Ortaya çıktı ki IT müdürü bir önceki gece geç saatlerde sistemi gözetiyormuş. Benim işlerimden birisi kapasitemizin limitlerini zorlayıp kaynaklara (hafıza ve CPU) sonuna kadar yüklenmiş. Laboratuvarın başlangıcından beri bunun bizim modus operandimiz olduğunun farkında olmadan benim işi sonlandırmaya karar vermiş. Ama bununla da kalmayıp aynı zamanda artık sisteme bu kadar yükleme yapamayayım diye benim OPER imtiyazlarımı da kaldırmaya hükmetmiş.

Patronum köpürmüştü kızgınlıktan. "Bu laboratuvardaki her şey senin yaptığın iş ile finanse ediliyor. Şu ana kadar olduğu gibi iş maksimum verimlilikle ve en üst derece öncelikli olarak devam etmeli." dedi. Hemen o anda OPER imtiyazlarımı geri verdi ve araştırmaya o ana kadar yaptığım şekilde devam etmemi söyledi. İşi sonuca bağlamıştı; pragmatizmini sonuna kadar sergileyerek kararı almıştı. Mark'ın patronla ne konuştuğunu bilmiyorum ama Mark'ı bir daha hiç görmedim. Kısa bir süre sonra öğrendim ki bizden ayrılmış ve doktorasına devam etmek için Biyoloji Bölümü'nde bir gruba katılmış.

Mark ile yaşadıklarımız sıradışı bir deneyim değildi; özellikle de daha büyük kurumlarda. Genelde IT grupları müşterilerinin kurumlarındaki önemli işlerini yerine getirmelerini sağlamak üzere tipik bir servis organizasyonu olarak kuruluyordu. Belli bir zaman sonra IT müdürleri güç ve otoritelerini kanıksayarak servis sağlayıcı yerine suyun başını tutan kişiye dönüşüveriyorlardı. Ağı sorunsuzca çalıştırma arzuları onları, kurumun temel varoluşsal çalışmaları pahasına, aşırı derecede temkinli bir yaklaşıma ve gereksiz kuralları dayatıp tatbik etmeye yöneltebiliyordu.

* * *

Zeynep'in karnı büyüyordu. Doğum için hastaneye gittiğimizde yanımızda götürmemiz gereken şeyleri koyarak bir çanta hazırlamaya başladık. Kampüs etrafında yürüyüş yapardık. UAB hastanesi bizden yürüme mesafesindeydi ve yeni bir doğumhane bölümü inşa etmişlerdi. Yeni bölümü gezmek için hastaneye uğradık. Doktoru, hazır uğramışken Zeynep'in ilerlemesini kontrol etmek istedi. İyi ki de! Çünkü suyu gelmek üzereymiş. Yatırmaya karar verdiler. Aceleyle eve gidip hazır olan çantayı aldım ve hastaneye geri döndüm.

Zeynep odasındaydı. Normal bir oturma odasından farkı yoktu; bir koltuk, bir iki sandalye, bir televizyon ve duvarlarda asılı hoş resimler vardı. Ancak komidinlerden birinin çekmecesini açtığınız zaman içinde kalp atışı ve oksijen satürasyonu gibi değerleri ölçmek üzere kullanılacak olan aletler vardı. Duvar resimleri oksijen gibi tıbbi gereksinimlerin bağlantılarını saklıyordu. Diğer her türlü tekerlekli ekipmanlar köşedeki bir alanda kapalı bir bölmenin ardındaydı. Gerekirse oturma odası dakikalar içinde bir ameliyathaneye dönüştürülebiliyordu. Kurulum hem lüks hem de tıbbi olarak ileri düzeydeydi. Zeynep'in hastane masraflarının tamamı UAB sağlık yan hakları kapsamında karşılanıyordu.

Oğlumuz Kurt dünyaya bu ortam içinde, neredeyse bir kraliyet ailesi üyesi gibi geldi. Hiç ayrılmadan Zeynep'in elini tutarak orada bulundum. Bir bebeğin doğuşuna şahit olmak inanılmaz bir deneyimdi. Göbek bağı kesildikten sonra Kurt'u kapıp sünneti için hemen başka yere götürdüler. Laik olsak da bu Müslüman/ Yahudi geleneğine uymak istedik. Zeynep yorgun ama mutluluktan mest olmuş görünüyordu. Bu küçük, savunmasız birey hayatta kalmak için tamamen bize bağımlı olacağından yavaş yavaş hayatımızın geri dönülmez bir şekilde değişmiş olduğunu idrak etmeye başlıyordum.

* * *

Bir noktada Dr. Lammertsma bana bir yan proje önerdi. Kendisinin eskiden doktora sonrası süpervizörü olan, en üstün deneysel bilim insanlarından Dr. George Olah'ın ekibinin üzerinde çalıştığı bir projesi için teorik validasyona ihtiyacı vardı. Deneysel çalışmalarını destekleyecek yüksek seviyeli kuantum mekaniği hesaplamaları yapabileceğimi ve bu proje hakkında hızlıca bir makale yayınlayacağımızı söyledi. İyi bir fırsat olarak göründü bana. Akademik çevrelerde bir bilim insanının yayınlarının sayısı ve kalitesi ilerlemesine, özellikle de kontratını yenilemeden makamında ya da kadroda kalma hakkına erişimine ve maddi destekleri kendisine çekme yetisine katkı yapar. Henüz akademik mi kurumsal mı kariyer yapacağıma karar vermemiştim ama her hâlükârda CV'imde[6] en üst düzey bilim insanları ile birlikte yazılmış ek yayınların olmasının faydası olacaktı.

Hesaplamalarımı yapıp iki profesöre sonuçları ve analizimi göndermem birkaç haftamı aldı. Bundan kısa bir süre sonra Amerikan Kimya Cemiyeti Dergisi'nde (Journal of the American Chemical Society - JACS) yayınlandı.[7] Yayınlanmanın en zor olduğu dergilerden birisi olan JACS'da daha önce yayınlanan makalelerim çok ciddi ince eleyip sık dokumalara tabii olmuştu. Makalemizi kabulden önce ortak yazarlarımla birlikte aylarca yayın hakemleri ile bir ileri bir geri görüşmüştük. Halbuki bu sefer şaşırtıcı bir şekilde makalemiz olduğu gibi kabul edilmişti. JACS'de böyle bir şeyin olanağı olabileceği hiçbir zaman aklımın ucundan geçmemişti. Makalelerini böyle çabuk kabul ettirebildiğine göre George Olah çok etkili bir bilim insanı olmalıydı. Ve kesinlikle öyleydi de. Beş altı yıl sonra Nobel Kimya Ödülü'nü aldı.

Yaklaşık bir on yıl sonra gibi önemli bir endüstri ödülüne sponsorluk yapan Accelrys'te çalışırken Ulusal Ödül Töreni'ne katıldım. Haberim bile yoktu; George Olah bir ödül daha alıyordu: kimya dalında (Nobel Ödülü'nden sonra) en prestijli ödüllerden biri olan Priestley Madalyası'nı. Ödülü aldıktan sonra tebrik etmek üzere kendisine yaklaştım. Bir makalenin ortak yazarları olmamıza rağmen kendisi ile şahsen ilk defa karşılaşıyordum. Yaka kartımdaki adıma dikkatlice baktı ama gözlerinde tanıdığına dair en ufak bir emare yoktu. Her ne kadar varlığımın farkında olmasa da, bir Nobel Ödülü Kazanmış Kişi ile ortak makale yazmış olmaktan dolayı sanırım kendimde övünme hakkı bulabilirim.

Dr. Olah ile olan proje bittikten yaklaşık bir yıl kadar sonra patronum tekrar bana ulaşıp bu sefer Dr. John Pople ile olan başka bir işbirliğine katkıda bulunup bulunmayacağımı sordu. Reddettim çünkü artık yan projelere ayıracak yeterince vaktim olmadığını düşünüyordum. Doktora sonrası finansal desteğimin sonlarına yaklaştığımdan hesaplamalarımı tamamlamaya çalışıyordum. Dr. Pople, Dr. Olah'dan birkaç yıl sonra Nobel Ödülü'nü alınca bu kararımdan pişmanlık duyacaktım. Dr. Pople ile de bir ortak makalem olsa iyi olurdu. Kimbilir belki de benim kim olduğumu bile bilirdi.

* * *

Mayıs 1987'de Dr. Lammertsma ile birlikte Hava Kuvvetleri Astronotik (uzayda yolculuk bilimi) Laboratuvarı tarafından Virginia'da organize edilmiş ilk Yüksek Enerji Yoğunluğu Maddesi (High Energy Density Matter - HEDM) Konferansı'na katıldım. Bu projede çalışan diğer kişileri görmek ve birinci ağızdan karşılaştıkları zorlukları ve ilerlemelerini duymak iyi olmuştu. Patronum konferansın ikinci gününde birlikte yayınladığımız bir makalenin detaylarını sundu. Bu katıldığım ilk büyük çaplı bilimsel konferanstı ve çok şey öğrendim. Konferans katılımı sadece USAF inisiyatifi yüklenicileri ile sınırlandırılmış olsa da uç sınırları zorlayan bilimsel inovasyon seviyesi etkileyiciydi. Böyle bir inisiyatifin parçası olmaktan büyük heyecan duyuyordum.

Benim için bu gezinin en öne çıkan noktalarından birisi Washington, DC'deki Ulusal Sanat Galerisi'ni ziyaret etmekti. Patronumla birlikte bu ziyaretten ve Avrupa Rönesans dönemi sanatından baştan sona keyif aldık. Hollandalı sanatçıların yapmış olduğu birçok eser Dr. Lammerstma'nın milliyetçilik gururunu okşadı. Bir noktada nasıl olup da hiç Türk sanatı görmediklerini sordu. Cevap bulmak için mücadele veriyordum; belki Osmanlı sanatı daha önceki bir dönemde doruğa ulaşmıştı. Ama köşeyi dönünce cevap bulmama gerek kalmadı. "Muhteşem Sultan Süleyman Çağı" (Batı dünyasında Kanuni Sultan Süleyman Muhteşem Süleyman olarak bilinir.) başlıklı özel sergi benim yerime cevap verdi. Girmek için ek ücreti ödedik. Sergide pek yağlıboya tablo ve heykel yoktu ama Osmanlı döneminden antik el yazmaları, kaftanlar, nakışlı işlemeler, halılar, seramikler ve değerli taşlarla süslenmiş altın ve gümüş saltanat parçaları teşhirdeydi. Bu da benim tarihi mirasımdan duyduğum gururumu okşadı.

* * *

Doktora sonrası çalışmamı yaparken, 1988'de Huntsville'de Alabama Süper Bilgisayar Merkezi kuruluyordu. Alabama Üniversitesi'nin Hunstsville kampüsünden yaklaşık beş kilometre ve ABD hükümetinin sivil roket ve uzay aracı sevk araştırma merkezi olan Marshall Uzay Merkezi'nden de yaklaşık on bir kilometre mesafedeydi. Tarihi Redstone Roket Test Alanı da Marshall Uzay Merkezi'ne komşuydu. Dr. Wernher Von Braun aya gönderilen Satürn 5 roketini Huntsville'de geliştirmişti. Merkeze o zamanlara göre ultramodern olan Cray süper bilgisayarı yerleştirilecek ve Boeing de Merkez'i yönetecekti.

Süreç konusunda deneyimli Boeing çalışanları biliyorlardı ki süper bilgisayar bir kere devrede olunca başlangıçta hemen hemen boş kalacaktı. Projelerin oluşturulması zaman alır, özellikle de sonuçların çok hızlı elde edildiği ve bilim insanlarının bir sonraki işi yüklemesinden önce zamanlarının çoğunu bu sonuçları analiz etmek için harcadığı süper bilgisayarlarda. Yeni sistemin devreye girmesinden yaklaşık bir ay önce, artmış verici çıkışı işlemlerini hızlandırmak için, Boeing yöneticileri bize Seattle'da hâlihazırda var olan süper bilgisayara erişim verdiler. Öyle tahmin ediyorum ki bu daha sonraları ilk bilgisayar yardımlı tasarlanmış uçak olan Boeing 777'nin parçalarını tasarladıkları süper bilgisayardı. Böylece projelerimiz üzerinde çalışmaya Seattle'da başlayabilir ve Huntsville'deki süper bilgisayar kurulup çalıştırılınca, artmış verici çıkışı işlerimizi Cray'e transfer edebilirdik. Belliydi ki bunu daha önce yapmışlardı ve bir süper bilgisayarı meşgul tutmanın en hızlı yolunun birkaç teorik kimyacıyı üzerinde QM hesaplamaları yapmaları için özgürce salıvermek olduğunu öğrenmişlerdi. Gerek duyulan fazlasıyla kompleks hesaplamalar ile süper bilgisayara diz çöktürmek için ciddi bir meydan okuma olan teori seviyesini yükseltmeyi ya da moleküllerin ebadını artırmayı evirip çevirip kurcaladık. Ama kendimizi de dizginledik.

Süper bilgisayar erişimine sahip olmak harikaydı. VAX bilgisayar ağımızda bir hafta sürecek bir iş Cray'de sadece bir saatte bitiyordu. Üstelik sistem tam kapasite çalışmadığından yöneticiler Alabama'daki nitelikli bilim insanlarına ayrılan bilgisayar zamanı konusunda eli açık davranıyorlardı. Cray'de kişiye tahsis edilmiş birkaç saati garantilemek sadece yarım sayfalık bir teklif göndererek halloluyordu. Zamanla Alabama'daki bütün üniversiteler kullanmaya başladığı için yaklaşık bir sene içinde Cray tam kapasiteye ulaştı. Ne var ki yük verimli bir şekilde yönetilmiyordu. İşler ne kadar sürecekleri göz önüne alınarak önceliklendirilmiyordu. Gönderdiğimiz işler yaklaşık bir hafta sırada beklemek zorunda kalıyorlardı. Sonra da bir saatte tamamlanıyorlardı. Hal böyle olunca işleri Cray'de yapmaya değmez oldu. VAX makinelerimizde yaklaşık bir haftada yapıp aynı sonuçları aşağı yukarı aynı sürede alabiliyorduk. Bu durumda da Cray kullanımımızı sadece olağanüstü büyüklükteki işlere ayırdık.

* * *

Doktora sonrası dönemde bedensel ve beyinsel hobilerime devam ettim. UAB'de turnuvalara katıldığım küçük bir satranç kulübü vardı ama satranç artık benim için öncelikli bir aktivite değildi. Diğer taraftan voleybol hâlâ aklımı başımdan alıyordu. Düzenli olarak antrenman maçlarında oynuyordum. Bir seferinde ikiye-iki bir turnuvaya bile katıldım. Bu oyun Olimpiyat oyunlarındaki plaj voleybolüne benzer ama tam boyutlu voleybol sahasında oynanır. Öyle olunca da koca bir alanın iki kişi tarafından doldurulması gerekir ki bu da (benim kapasiteme göre) aşırı derecede koşmayı gerektirir. Plaj voleybolundan farklı olarak bu oyunda plonjon yaptığınızda kolayca sakatlanabilirsiniz. Bu aktivite ihtiyacım olan kardiovasküler egzersizi yapmamı sağlıyordu.

Kurt'un ilk doğum gününü Haziran 1988'de kutladık. Kurt'un uzun siyah kirpikleri vardı. Bebek arabasında oturtup yürüyüşe her çıkışımızda insanlar bizi durdurup o kirpikler hakkında yorumlarda bulunurlardı.

Temkinli bir bebekti. Yürümeye teşvik etmeye çalıştık, ama birinin elini tutmanın ya da koltuğun kenarını sıkıca kavramanın verdiği güven hissinden ayrılmıyordu. Doğum günü partisinde yaşıtları etrafta yürüyorlardı. Bunun üzerine Kurt kendi başına ayağa kalktı ve yürümeye başladı. Hepsi buydu! Meğerse görmesi gereken tek şey yaşıtı çocukların yürümesiymiş.

* * *

1988 Yazında patronum Almanya'da, bir iş arkadaşı olan Erlangen Üniversitesi'nden Dr. Paul Schleyer ile çalışıyordu. Nasıl ki Dr. Olah deneysel kimyada bir ağır siklet idiyse Dr. Schleyer da teorik kimyada bir ağır sikletti. Her ikisinin de sekizyüzün üzerinde yayınlanmış makaleleri vardı o zaman. Birkaç ay önce Dr. Schleyer laboratuvarımızı ziyaret etmişti. Bu görüşmede doruğa ulaşan tartışmaları takiben Dr. Lammertsma ile iki ortak yayınla sonuçlanan iki projede işbirliği yapar bulduk kendimizi.[8],[9]

Grubun kıdemli üyesi olarak, Dr. Lammertsma'nın yokluğunda kompütasyonel laboratuvarı yönetme sorumluluğu bana delege edilmişti. Projelerin üzerinden gitmek için patronumla haftalık konferans görüşmeleri yapar ve hafta içerisinde ortaya çıkmış meseleler ile ilgilenirdik. Yani o yaz birkaç ay boyunca neredeyse tamamen kendi kendimin patronu olacaktım.

Geçiş döneminde, Kimya Bölüm Başkanı yaz sömestirinde bir organik kimya sınıfına ders vermek ister miyim diye sordu. Büyük bir coşkuyla kabul ettim. Herhangi bir ekstra gelir bir yaşındaki Kurt'un yetiştirilmesine yardımcı olacağından ek ücreti memnuniyetle karşıladık. Ama daha da önemlisi ders veriyor olacaktım. Bayıldığım bir aktiviteydi bu. Bu arada, hâlâ Cray'de kullanım zamanına erişimim olduğundan yazın tamamlayabileceğim kısa bir yan proje yaratmaya karar verdim. İleride akademik çevrelerde kalmaya karar verme olasılığını düşünüp kendi başıma proje geliştirmeyi tetkik etmekti amacım. Deneysel sonuçlar ve teorik hesaplamaların birbiriyle çelişkiye düştüğü durumları bulmak adına literatürü dikkatlice taradım. Cray erişimim ile QM hesaplamalarını herkesten daha yüksek teori seviyelerine getirebilirdim ve belki de çelişkiyi ortadan kaldırıp sonuçları diğerlerinden çok daha hızlı yayınlayabilirdim.

Böyle bir vaka buldum. Dr. William Lipscomb'un boron kimyası üzerine bazı çalışmaları deneysel sonuçların teorik bilimsel öngörülerle uyuşmadığı durumlardan birine sahipti. (Dr. Lipscomb 1976 Nobel Kimya Ödülü'nü almıştı.) Hâlihazırda yayınlanmış hesaplamaları tekrar ederek başladım işe. Bir kere doğrulandığında artık referans hattı düzeneğimi oluşturmuştum. Buradan hesaplamaları daha yüksek seviyelere çıkararak bilimsel öngörüler tersine çevrilebilir mi diye bakabilirdim. Bu konuyu haftalık konferans görüşmelerimizden birinde patronumla ele alıyorduk ve Dr. Schleyer'ın "Lipscomb'un yapmadığı ne var ki yapmaya çalışıyor Osman?" diye sorduğunu iletti.

Bütün literatürü kontrol ettim. Dr. Lipscomb'un birçok ilgili makalesini inceledim. Hesaplamaları benim önerdiğim seviyelerde yapmamıştı. Kafam bulanmıştı. Tâ ki JACS'ın bir sonraki sayısında Dr. Lipscomb'ın içeriğinde benim planladığım seviyelere yakın hesaplamaları olan bir makalesi yayınlayana kadar. Bilimsel öngörüler tersine çevrilmişti ve artık teori ve deney birbirini tutuyordu. Atlatılmıştım, ama en azından kendi çalışmasını rafine eden, Nobel Ödülü kazanmış bir kişi tarafından atlatılmış olmaktan mutluydum. Bu arada merak içindeydim; nasıl oluyordu da Schleyer'ın Lipscomb'un makalesinden yayınlanmadan haberi vardı? O makale için yayın hakemlerinden birisi miydi, yoksa makaleye önceden erişimi mi vardı? Neyse... Yaz projesi meyvesini vermedi ama hiç olmazsa kendi başıma muteber bir araştırma programı geliştirebileceğimi teyit etmiş oldum.

* * *

Eylül 1988'de ilk defa Amerikan Kimya Cemiyeti (American Chemical Society - ACS) Ulusal Toplantısı'na katıldım. Amerikan Kimya Cemiyeti 159.000 üyesi ile dünyanın en büyük profesyonel organizasyonudur. Ortalama 20.000 ile 30.000 arasında katılımcı sayısı ile ACS ulusal toplantıları da kimyacıların dünyadaki en büyük toplantısıdır. Senede iki kere olan toplantı ABD'nin Batı'sı ve Doğu'su arasında değişimli olarak yapılır. Bu toplantı Los Angeles'da idi. Westin Bonaventure Hotel'de kaldık (havalı bir otelde ilk kalışım). Aşırı hırslıydım ve dört ayrı bölümde (organik kimya, kompütasyonel kimya, inorganik kimya ve fiziksel kimya *ya da* fizikokimya) makaleler sunarak gösteriş yaptım.[10]

Aynı zamanda doktora sonrası araştırma bursumun sonuna yaklaşıyordum. Dolayısıyla potansiyel işveren olarak kimya alanındaki bazı yazılım şirketlerini soruşturmak istiyordum. ABD'de çalışmış olmanın ileride Türkiye'de iş başvurularında işime yarayacağını düşünüyordum. Ama aynı zamanda ABD'ye kalıcı olarak göç opsiyonunu da açık tutmak istiyordum. ACS'de sergi alanı içerisinde çeşitli işverenler ile randevu yapabileceğiniz bir iş fuarı vardı. Benim ilgimi çeken çok fazla bir fırsat yoktu, ama bir pozisyon konumla alakalıydı. Molecular Design Limited (MDL) yeni 3D bilgi yönetim yazılımlarını pazarlayacak bir uygulamacı bilim insanı arıyordu. Randevu yaptım ve İnsan Kaynakları (İK) direktörü ile görüştüm. Pozisyon biraz enteresandı ama pas geçmeyi düşünüyordum çünkü QM hesaplamaları içermiyordu. Yine de temel olarak toplantıdan eli boş çıkmamak için formları aldım.

İş piyasası kısıtlıydı. Uygun iş ihtimalleri bulup başvurmak için çaba sarfetmek ve planlama yapmak gerekiyordu. Hava Kuvvetleri Astronotik Laboratuvarı Kaliforniya'daki Edwards Hava Kuvvetleri Üssü'nde roket sevkedicileri üzerinde çalışmaya devam etmemi istiyordu. Bu meşhur yer test pilotlarının birçok yeni Hava Kuvvetleri ve NASA uçağının becerilerini teste tabi tuttuğu yerdir. İş başvuru süreci ile ilgili bir sürü formlar gönderdiler bana. Neredeyse aynı zamanlarda Boeing de beni işe almakla ilgileniyordu. Huntsville Süper Bilgisayar Merkezi'ndeki bir pozisyon için istiyorlardı beni.

Bunlardan başka bir de Pomona College'dan Dr. Corwin Hansch ile ikinci bir doktora sonrası için bir teklif geldi. QM hesaplamaları üretmek konusundaki geçmiş performansım kendisinin dikkatine sunulmuştu. Kantitatif Yapı-Etki İlişkisi (QSAR) modelleri için yeni fizikokimyasal parametreler yaratacak birine ihtiyacı vardı. Yapı-Etki İlişkisi (SAR) analizi özellikle klavuz optimizasyonu sürecinde (potansiyel ilaç olarak denemek üzere araştırmacılar en iyi moleküler adayları ararken) olmak üzere ilaç tasarımında uzun süredir kullanılıyordu. Moleküler yapıda küçük ve artarak giden kademeli değişiklikler yapmak ve her küçük değişikliğin molekülün aktivitesini nasıl etkilediğini test etmek, bilim insanlarının spesifik bir biyolojik etkiden hangi tip yapı özelliklerinin sorumlu olduğu hakkında bir önsezi geliştirmelerine yol açmıştı. QSAR bu kavramın kantitatif versiyonudur ve bileşiklerin aktivitesini bilimsel olarak öngörmek için bir matematiksel model sunar. Bariz alanım dışında pek insan tanımadığımdan Dr. Hansch'ın alanının sözü geçen önemli isimlerinden olduğunun farkına varmamıştım. Tereddütümü algılayınca, makalelerinden bazılarını ve evvelki sene kendisinden yapılan alıntıların listesini bir paket halinde postaladı. İnanılmazdı. Sadece tek bir makalesinden yalnız bir önceki sene içinde binlerce alıntı yapılmıştı.[11] O zaman bunu bilmiyordum ama QSAR'ın babası sayılıyordu.

Bu arada, ACS iş fuarında yapmış olduğum tek iş başvurusu MDL'den gelen uygulamacı bilim insanı pozisyonu için bir iş görüşmesi daveti ile sonuçlandı. İş görüşmesi için gideceğim San Francisco yolculuğumdan bir gece önce Boeing'deki bağlantımdan bir telefon geldi. MDL'den gelecek teklif her ne olursa olsun % 10 daha fazla maaş vaadediyordu.

Kendim hakkında özellikle iyi hissediyordum. İş görüşmesi iyi geçti. Günün sonunda İK temsilcisine değerlendirebileceğim olası işlerin bazılarından bahsettim. Notlarını aldı ve affımı isteyerek birilerine danışmaya gitti. Birkaç dakika sonra geri döndüğünde beni arayacaklarını, bu arada da masraflarının tümü onlara ait olmak üzere San Francisco'daki hafta sonumun tadını çıkarmamı söyledi. Bu San Francisco Körfezi (Bay Area) civarına ilk gidişimdi. Şehri görür görmez aşık olmuştum. Birkaç ay sonra MDL'den bir iş teklifi geldi. Haziran ayında "üst düzey" uygulamacı bilim insanı olarak başlamamı istiyorlardı. "Üst düzey" mi? Daha işe başlamadan terfi alıvermiştim. Sanırım rakiplerinin teklifleri doğrultusunda beklediğim yaklaşık maaş aralığını yakalamaya çalışıyorlardı.

Alabama'ya döndüğümde çelişki içindeydim. Ne yapmalıydım? Hangisini seçmeliydim? Fırsatların her biri beni farklı bir kariyer yoluna sokacaktı ve bu işlerin her birinde hayatım birbirinden son derece farklı olacaktı. Hava Kuvvetleri Astronotik Laboratuvarı'nın teklifini kabul etseydim hükümet laboratuvarlarında geçecek bir kariyere başlayacaktım. Boeing teklifini kabul etseydim övünülen bir IT müdürü olacak ve zamanımın tamamını bilgisayarlarla geçirecektim. Dr. Hansch ile ikinci doktora sonrası pozisyonunu kabul etseydim büyük ihtimalle bir akademik pozisyonda bulacaktım sonunda kendimi. MDL'deki işi kabul etseydim malzeme bilimi alanından hakkında cahil olduğum yaşam bilimleri alanına değişim yapmak zorunda kalacaktım.

Kritik bir kavşaktaydım. Muhtemelen o noktaya kadar hayatımda yaşadığım en önemli ve ileride son derece etkili sonuçları olacak kararlardan birisiyle karşı karşıyaydım. "Analiz paralizi"ne yakalanmıştım. Ama kısa süre içinde karar vermem gerekiyordu.

Bu seçeneklerle boğuşurken bir rüya gördüm. Yaklaşık beş yaşlarında, koyu renkli uzun kıvırcık saçları olan küçük bir kız—öyle anlaşılıyordu ki benim torunummuş—hayatımı nasıl değerlendirdiğimi soruyordu. İnsanlara daha iyi patlayıcılar geliştirebilmeleri için yardım ettiğimi anlatmaya çalışarak bir cevap bulmak için mücadele veriyordum. Böyle bir şeyi nasıl pozitif bir şeymiş gibi çarpıtabilirdim ki? Bu mücadele içinde uyandım. Rüyamı net bir şekilde hatırlıyor olmam tercihlerimin her birinde büyük resmi görmem için beni cesaretlendirdi. Duştan çıktığımda bir karar almıştım. Ya MDL'e ya da Dr. Hansch ile ikinci doktora sonrasına gidecektim.

Bu arada Zeynep'in ikinci çocuğumuza hamile olduğunu öğrendik. Ciddi bir para getirisi ve yan hakları olan gerçek bir işe girmenin vakti gelmişti. Bu da ikinci doktora sonrası seçeneğini elimine etti. San Francisco'ya gidecek, yaşam bilimleri alanına geçecek ve (bir kere daha) herşeye yeniden başlayacaktım. ODTÜ'de iken fazladan aldığım biyoloji derslerinin bu geçiş döneminde işime yarayacağını ümit ediyordum. Rastlantıya bakın ki iki gün sonra Boeing teklifi geri çekildi çünkü Amerikan vatandaşı değildim.

Notlar:

[4] Ana işlem birimi görevi yapan bilgisayarlara göre daha küçük olan, fakat daha henüz pek yaygın olarak kullanılmayan PC'lere göre yine de oldukça büyük olan ve mini bilgisayar olarak sınıflandırılan bir bilgisayar.

[5] Nasıl ki daha iyi, daha detaylı bir istatiksel veri tablosu bir sigortalının tazminat talebi açma riskini daha iyi öngörebiliyorsa ve daha basit olanlara göre nasıl ki böyle tabloları çözüp yorumlamak daha komplikeyse bu durum da aynı ona benzer.

[6] Bir bilim insanının CV'si (*curriculum vitae*) normal bir özgeçmişte (rezümede) olan bilgiler haricinde sayfalarca devam eden ve düzinelerce, hatta yüzlerce, yayınlanmış işlerini de listeler.

[7] Olah, G. A.; Anizfeld, R.; Prakash, G. H. S.; Williams, R. E.; Lammertsma, K.; Güner, O. F. "Hydrogen-Deuterium Exchange of Diborane in Superacid Solution Through Diboranonium ($B_2H_7^+$), and Diboranium ($B_2H_5^+$) Ions." *J. Am. Chem. Soc.* **1988**, *110*, 7885-7886.

[8] Lammertsma, K.; Güner, O. F.; Thibodeaux, A. F.; Schleyer,P.v. R. "Structures and Energies of Isomeric $C_3H_6^{2+}$ Dications." *J. Am. Chem. Soc.* **1989**, *111*, 8995-9002.

[9] Lammertsma, K.; Güner, O. F.; Drewes, R. M.; Reed, A.; Schleyer, P. v. R. "Remarkable Structures of Dialane(4), Al_2H_4." *Inorg. Chem.* **1989**, *28*, 313-317.

[10] Los Angeles, Kaliforniya'da yapılan 196. Ulusal Toplantı'da sunulan makalelerimin başlıkları şunlardı:
"Structural Properties of Tetraatomic B_2Be_2 Cluster"
"Protonated Diboranes: A Theoretical Study"
"Hyperconjugative Stabilizations in Carbodications"
"Theoretical Evaluation of Epimerization in Diels-Alder Cyclo-adducts"

[11] Diğer bilim insanlarının araştırmalarında bir makaleye yaptıkları atıfların ya da makaleden yaptıkları alıntıların sayısı geniş kitleler tarafından o makalenin etkisini gösteren geçerli bir ölçüt olarak kabul edilir. Herhangi bir süre içerisinde yapılmış olan birkaç bin atıf hakikaten *çoktur*.

6

MDL'de

San Leandro, Kaliforniya, 1989-1996

ABD'deki ilk "gerçek" işime başlıyordum, heyecanlıydım. Molecular Design Limited (MDL) kimya ve farmasötik endüstrilerine kimyasal bilgi yönetimi sistemleri sağlayan belli başlı firmaların lideri pozisyonundaydı. MDL'in en önde gelen ürünü MACCS-II (Molecular ACCess System: Moleküler Erişim Sistemi'nin kısaltması) idi. MACCS-3D ile yazılım çözümlerini üç boyutlu (3D) yapıları da kapsayacak şekilde genişletiyorlardı. Ben bu genişlemeyi destekleyecektim.

Bir molekülün 3 boyutlu uzayda kapsadığı spesifik şekilleri temsil edebiliyor ve o farklı olası şekilleri aranabilir veri tabanında kaydedebiliyor olmak değerli bir farmasötik araştırma aracıdır. Bilinen biyolojik aktiviteleri olan moleküllerin özelliklerinin fiziksel aranjmanlarını 3 boyutlu uzayda tesis ederek bilim insanları "farmakofor model" diye adlandırılan bir 3D şablon yaratabilirler. 3D yapıları veri tabanını araştırmak amacıyla modeli taklit etme ve benzer bir biyolojik yanıtı tetikleme olasılığı taşıyan benzer şekillenmiş bölümleri olan diğer moleküller için bu model gayet elverişlidir.

Bir kilit ve anahtar ilişkisi düşünün. Kilit kitlede (çoğu kez ilgilenilen spesifik hücrelerin yüzeyinde bulunan) biyolojik reseptörü; anahtar da reseptör—kilit—ile etkileşime geçtiğinde ortaya çıkan, bilinen biyolojik aktivitesinden dolayı bilim insanlarının taklit etmek istediği molekülü temsil ediyor olsun. Ama o anahtar, yani bilinen molekül, belki başka bir reseptörün kilidini de açıyor ve istenmeyen bir etkiye, yani toksik bir yan etkiye sebep oluyor olabilir. Ya da belki fazla iri cüsseli olduğundan kitleye sokulması çok zor oluyor da olabilir. Hal böyle olunca, bilim insanları istenen reseptörü/kilidi açabilmesi için oldukça benzer şekilli ama aynı zamanda da yan etkilere sebep olan reseptörlerle etkileşime girmemesi için oldukça farklı; ya da genelinde daha küçük ve yönetilmesi daha kolay bir molekül bulmak isterler.

Ek I buna iyi bir örnek sunar. Arzulanan molekülün özelliklerinin 3D aranjmanını tesis etmek için reseptöre (kilide) bağlı ve arzulanan biyolojik etkiyi tetikleyen bir ligandın (anahtarın) 3D yapısını kullandık. Bu özellikleri 3 boyutlu uzayda tutup sabitleyerek ve molekülün konuyla ilgisi olmayan bölümlerini çıkartarak farmakoforun özelliklerinin 3D aranjmanı ile eşleşen bileşikleri elde etmek amacına yönelik veri tabanlarını araştırmak için kullanacağımız bir farmakofor modeli elde ettik. Bu elde edilen eşi benzeri olmayan yeni bileşiklerin bazıları ilgi çekici yeni ilaç adayları olabilir.

Mekanik anahtar-kilit metaforu, özellikle geleneksel iki boyutlu kimyasal yapılar göz önüne alındığında, bunun nasıl çalıştığını anlamamıza yardımcı olsa da aslında 3 boyutlu uzayda moleküllere bakarken biraz fazla basit kaçıyor, çünkü moleküler şekil algılarımız aldatıcı olabiliyor. Ligand (efektör)-reseptör etkileşimi aslında daha çok bir elektronik anahtara benziyor.

Akşam vakti bir manzaraya bakıp keyfini çıkardığınızı hayal edin. Şimdi infrared (kızılötesi) gözlüklerinizi takıp sanki farklıymış gibi görünen manzaraya bakın. Manzara aynı aslında ama şimdi farklı algılıyorsunuz. Objelerin sıcaklık derecelerine bağlı olarak manzara artık renklerle kodlanmış olarak görünüyor size. Manzara bize böyle farklı görünür çünkü çıplak gözle geniş elektromanyetik frekans aralığının sadece küçük, ince bir bandını görebiliriz. Elektromanyetik radyasyonun çıplak gözle gördüğümüz yaklaşık % 2si görülebilir ışık olarak adlandırılır. Görülebilir ışıkta mor en yüksek, kırmızı en düşük, kalan diğer gökkuşağı renkleri ise ikisinin arasında bir yerlerde enerji taşır. Daha yüksek enerji spektrumunda, görülebilir mor rengin biraz ötesinde morötesi (ultraviyole - UV) bölgesine girersiniz. Burada, biz insanlar artık ışığı göremeyiz ama güneşin altında çok uzun kaldıktan sonra oluşan güneş yanığı misali varlığını hissederiz. Daha düşük enerji spektrumuna, görülebilir kırmızımızın biraz ötesine yönlenirsek infrared (kızılötesi - IR) bölgesine gireriz ki yine göremeyiz ama varlığını ısı olarak hissederiz. Şimdi bazı hayvanların görüş yetilerinin insanlara göre daha geniş bir spektruma sahip olduğu bilgisini göz önüne alın. Örneğin, bazı böcekler ve kuşlar UV ışığı; engerek yılanları da IR ışığı görürler. Bir engerek yılanı, bir çalının arkasında saklanan avını, diyelim ki bir fareyi, direkt çalının içinden görerek sinsice izliyorsa, pek de iyi saklanmamış olan farenin kendine özgü ısı salınımına dayalı olarak yerini tespit edebilir.

Şimdi bu kavramı farmakoforlara uygulayalım. Kimsayal bileşikleri tanımak ve ayırt etmek için biz insanlar bir kimya konvansiyonu geliştirdik. Örneğin; C harfi karbonu, O harfi oksijeni ve H harfi de hidrojeni temsil ediyor. Bunu kullanarak bir su molekülünü H_2O— bir oksijen atomuna sabitlenmiş iki hidrojen atomu olan bir molekül— olarak tarif edebiliyoruz.

Buna benzer şekilde, birçok karbon, oksijen ve hidrojen atomu içeren ilaç moleküllerimiz var. Reseptör (kilit) böyle bir molekülde ne görür? Karbonlar, oksijenler ve hidrojenler görmez, çünkü bunlar kendi işimizi kolaylaştırmak için yaratmış olduğumuz bir konvansiyonu temsil eder. Onun yerine reseptör bir molekülün 3 boyutlu uzaydaki soyut özelliklerini görür (ya da hisseder): işte burada elektron sağlayabilecek elektron zengini bir bölge; şurada elektronları alacak elektron fakiri bir bölge var ve bunun gibi... İlaç moleküllerimizi bir reseptör enziminin gördüğü şekle en yakın biçimde temsil etmek için ilaç molekülünün farmakofor modelini inşa ederiz. Örneğin, standard konvansiyonumuz içerisinde tamamen farklı görünen iki molekül, farmakofor gözlüklerimizi takarak baktığımızda benzer görünebilir, çünkü moleküler modelimizde atomları nasıl aranje edilmiş olursa olsun elektron popülasyonlarının 3D aranjmanları benzer olabilir.

Farmakofor modelimizi aktif bir bileşiğe (veya bir seri aktif bileşiğe) dayandırarak kimyasal veri tabanlarını benzer yapısal özellikler taşımalarına gerek kalmadan modele uyan bileşikleri elde etmek için araştırabiliriz. Böyle yaparak reseptörün (aynen engerek yılanının fareyi çalının içerisinden algıladığı gibi) aktif bileşiklere yeterince benzer olarak algıladığı yepyeni bir bileşik saptayabilme ihtimali yakalabiliriz. Sonuçta ortaya çıkan moleküller hâlihazırda bilinenlerden yapısal olarak farklılık gösterebilen potansiyel yeni ilaçları temsil ediyor olabilir. Bu moleküller işin başındaki aktif moleküllerden yapısal olarak farklı olduklarından başlangıçtaki aktif bileşiklerimizin toksik yan etkiler ya da molekülü vücuda dağıtmakla ilgili problemler gibi sorunlarından kaçınabilirler. Bilinen aktif bileşiklerden yapısal olarak farklı olduğundan yeni aktif bileşiklerden birisi toksik olmayabilir. Ya da bilinen aktif bileşikten daha küçük olabilir. Ancak farmakofor alanında, reseptör enziminin onları algıladığı şekile bağlı olarak oldukça benzer olabilirler. Her ne kadar bize, diyelim ki bir klasik anahtar yerine bir kart anahtar ya da fob anahtar (elektronik güvenlik anahtarı) gibi, orijinal anahtardan oldukça farklı görünse de elektronik anahtar elektronik kilide uyar.

Uluslararası Temel ve Uygulamalı Kimya Birliği (International Union of Pure and Applied Chemistry - IUPAC) tarafından tavsiye edilen en güncel tanım şöyle ifade eder: "Bir farmakofor spesifik bir biyolojik hedef yapıya sahip optimal supramoleküler etkileşimlerin teminini garantilemek ve biyolojik tepkisini tetiklemek (ya da bloke etmek) için gerekli sterik ve elektronik özelliklerin bütünüdür."[12]

Yakın zamanda doğmuş ve hızla yükselmekte olan 3D bilgi yönetim teknolojisi bilim insanlarına farmakofor modelleri geliştirme yeteneğini kazandıracaktır.[13] Böyle olunca da yeni ilaç bulma alanına köklü bir değişiklik getirebilir. Yeni ilaç bulma konusunda bu teknolojinin nasıl kullanıldığı hakkında daha fazla bilgi edinmekle ilgilenenler için, kavramı özellikle uzman olmayan bilim insanlarına anlatabilmek üzere yazmış olduğum ve Araştırılan İlaçlar Bülteni'nde (Investigational Drugs Journal) yayınlanmış kısa makalemi tavsiye ederim.[14]

* * *

Endüstrideki yeni işimle ilgilendikçe akademik çalışma ortamı ile arasında büyük farklılıklar olduğunu gördüm. Bir kere her şey çok hızlıydı. Birçok aktivitenin son bitirme tarihi vardı. İnsanlar toplantıları daha verimli idare ediyordu.

Yeni bir teknolojiyi destekleyip savunduğum için oldukça yoğun iş seyahatine çıkıyordum. Benim için yeni bir deneyimdi bu. Ancak Türk pasaportumdan dolayı yurtdışı seyahatleri meşakkatli oluyordu. Gidilecek ülkelerin çoğu için vizeye başvurmam gerekiyordu. Bir Avrupa seyahati genel olarak birçok farklı Avrupa ülkesinde bulunan müşteri ziyaretleri içeriyordu. Ziyaret tarihinin tersine işleyen bir sıralama ile her bir ülke için vize almam gerekiyordu, çünkü her bir ülke bana giriş hakkı vermeden önce bir sonraki ziyaret edeceğim ülkenin vizesini soruyordu. Bu Avrupa Birliği'nden önceydi. Dolayısıyla tek vize durumu kurtarmıyordu.

Bir seferinde MDL'nin Avrupa Genel Merkezi'nin bulunduğu İsviçre'deki Basel'e gidiyordum. Uçuş bağlantım Paris'te idi. Basel uçuşuma transfer yapmayı denediğimde seyahatimi tamamlamak için vizeye ihtiyacım olduğu söylendi. Basel hava limanında İsviçre, Fransa ve Almanya bölümleri vardır, çünkü şehir bu ülkelerin sınırları etrafında konumlanmıştır. Havalimanı da tam bu üç ülkenin sınırlarının kesiştiği noktada kurulmuştur. Meğerse Paris'ten Basel'e olan uçuşum (seyahat acentamın bir hatası sonucu uluslararası uçuş yerine) bir Fransız iç hat uçuşu olarak yapılmış. Hal böyle olunca da teknik olarak Fransa içinde uçuyor olacağımdan Fransız vizesi almam gerekiyormuş. Amerikan vatandaşları için bu bir sorun değil çünkü onların ne Fransa ne de İsviçre için vize almalarına gerek yok. Neyse ki yardımsever davranıp seyahatimin ilk ayağını tamamlayabilmem için geçici bir transit vize verdiler. Ancak ABD'ye dönüş yolculuğumdaki Paris bağlantım için Basel'deki Fransız Konsolosluğu'na giderek normal bir vize almam konusunda ısrarlı tavsiyelerde bulundular. İtaatkar bir şekilde vizemi almak için Fransız Konsolosluğu'na gittim. Oradaki görevli Fransa'ya gitmediğim ve sadece hava alanından transit geçtiğim için vizeye ihtiyacım olmadığını söyledi. Paris'teki Fransız yetkililerin beni bu konuda uyardıklarını söyleyerek vize vermeleri konusunda ısrar ettim. Konsolosluk görevlisi parmağını bile kıpırdatmıyordu. Ben de, "Lütfen konsolosluğun antetli kağıdına resmi olarak bana vize vermemenizin sebeplerini yazınız ki hava alanında bir problem ile karşılaşırsam gösterebileyim." dedim. O da yazdı. Fransızca bilmiyorum. Dolayısıyla yazının içeriğini de bilmiyordum. Öylece mektubu alıp cebime attım ve işime baktım. Dönüş yolculuğumda tam da beklenildiği üzere vizemi göstermemi istediler. Konsolosluğun vizeye ihtiyacım olmadığı konusunda nasıl ısrarcı olduğunu anlattım. Bunu uydurduğumu varsayarak görevli küçümser bir tavırla "Tabi, tabi, bunu daha önce de duymuştum!" diyordu. O noktada mektubu kendisine verdim. Okumaya başlayınca yüzünün rengi pembeden kırmızıya değişmeye başladı. Mektubu bitirirken ise renk mora daha yakındı. Özür diledi ve pasaportumu istedi. Fransız tarafına gidip beş dakika sonra pasaportuma transit vize damgası vurulmuş olarak geri geldi.

Bu vize durumu bazen iş arkadaşlarıma karşı da beni garip pozisyonlara sokuyordu. Bir seferinde sene sonuna yakın birkaç günlüğüne yine Basel'de idim. Beraber çalıştığım çeşitli milletlerden gelen iş arkadaşlarım Basel ofisi çalışanları için bir sürpriz Yeni Yıl partisi ve yemeği hazırladıklarını ve benim de şeref misafiri olacağımı ilettiler. O gün geldiğinde öğrendim ki sürpriz parti Basel'in Fransız tarafındaki klas bir restoranda olacakmış. Fransa için vizem olmadığından partiye katılamayacağımı, ama kendilerinin eğlenmelerini ve seneyi başarıyla kapatıyor olmanın keyfini bensiz çıkarmalarını söyledim. Bu tür seyahatlere çoğunlukla Amerika'dan gelen uzmanlar geldiği için; onlar da çoğu zaman Amerikan vatandaşı olduğundan; ve ben de Amerika'dan geliyor olduğumdan benim vize gereksinimlerim İsviçre'deki arkadaşların aklına gelmemiş. Her tarafta kutlamaların devam ettiği senenin böyle yoğun bir zamanında mekanı son dakikada İsviçre tarafındaki bir yere değiştirmek de söz konusu olamayacağından kutlamayı bensiz yaptılar. Ben ise otel odamda tek başıma yemek yedim.

Birçok Amerikalı bu gayet rutin görünen yolculuklar için nasıl bir uğraşı vermek zorunda olduğumuzun farkında bile değil. Her yolculuk titizlikle planlanmalı ve vizeler buna göre alınmalıydı. Eğer programda bir son dakika değişikliği, örneğin Londra'ya dönerken Frankfurt'ta bir müşteriye uğrama gibi bir durum olursa, vizeler buna imkân verecek esnekliği taşımıyordu. Bu sıkıntılar bana Amerikan vatandaşlığı almayı, yani çifte vatandaşlığı düşündürtmeye başladı.

Tüm vize işlemlerini tamamlama sıkıntısını bir kenara bırakırsak dünyayı dolaşmak ve farklı kültürleri, farklı yaşam tarzlarını, farklı iş ortamlarını deneyimlemekten keyif alıyordum. Üstelik daha fazla para da kazanıyordum. Zeynep ve Kurt ile birlikte artık daha iyi muhitlerde oturuyor, daha iyi arabalar kullanıyor, yemeğe dışarı çıkıyor, gezilere katılıyor, ve tatil için seyahat edebiliyorduk.

MDL'in hayranlık verici şirket kültürü çalışanlarına değer veriyordu. Her Cuma öğleden sonra şirket çalışanlarının tamamı San Leandro Marina'da tüm masrafları şirket tarafından karşılanan bir pikniğe gidiyordu. MDL 1993'te MDL Information Systems olarak şirketi halka arz etmeden önce ardışık yirmi dört çeyrekte büyüme hedeflerinin üzerine geçmişti. Böylesine başarılı bir şirket için çalışırken, diğer birçok şirkette görmediğim, tamamıyla farklı bir haleti ruhiye ve iş atmosferi deneyimledim.

Orada geçirdiğim zaman yoğun bir öğrenme deneyimi oldu; üstelik sadece yeni bilim için değil, aynı zamanda istisnai bir liderlik altındaki kâr amaçlı bir şirkette nasıl çalışılacağı konusunda da. MDL aynı zamanda alması yaklaşık beş yıl süren yeşil kartıma da sponsorluk yaptı. Ziyaret edeceğim ülkelere hâlâ vize almam gerekse de hava alanlarında seyahat işlemleri biraz daha kolaylaştı. MDL'de geçirdiğim süreden gerçekten keyif aldım. İyi bir şekilde biten tatmin edici yedi yıllık bir çalışma dönemim oldu, ama nadiren de olsa yaşadığımız birkaç stresli durumu hâlâ hatırlarım.

1989'un sonlarına doğru MACCS-3D'yi piyasaya sunduktan sonra, ekibimiz muhtemel müşterilere bedava dağıtılmak üzere yeni yazılım sisteminin faydalarını anlatan bir pazarlama disketi (flopi disk) geliştirmek için çalıştı. Bu internet, sosyal medya ve cep telefonlarından önceydi. Materyali yaklaşık 9 santimetrelik bir diskette dağıtmak durumundaydık. Ben disketin PC versiyonunu geliştirdim; başka iki kişi de Macintosh versiyonunu. Demonun belli bir yerinde molekülü 360 derece döndürecek bir "storyboard" yazılım programı kullandım. Bu diskette anlatılan senaryonun "Vay canına!" dedirtecek anını oluşturuyordu. Yazılım sınırlamaları Mac versiyonu üzerinde çalışan ekibin bu rotasyonu yapabilmesini engelledi. Mesaj aynı kaldığı sürece iki versiyonun aynı olması gerekmediğinden aslında bunda bir problem çıkmaması gerekiyordu. Gel gör ki Mac ekibi rotasyonu çıkarmam için lobi yaptı. Patronumun baskı altında yumuşaması ve rotasyon yapan o havalı molekülü çıkartmama karar vermesi beni şaşırttı. Kararına gerekçe olarak "3D rotasyon kullanıcıların yazılım ile 3D manipülasyonlar yapabilecekleri algısını yaratır ve muhtemel müşterilerimizi yanlış yönlendirir." savını ileri sürdü. Şok olmuştum. Yazılımın adında 3D vardı ve bunda problem yoktu! Ama öte yanda diskette cazip bir 3D rotasyon olması muhtemel müşterilerimizi yanlış yönlendirecekti, öyle mi?

Patronumun demo disketinin bir versiyonunun seviyesini düşürme kararı bana göre hatalıydı. Endüstriyel ortamdaki ilk süpervizörümdü ve ona saygı duyuyordum. Ne var ki bu olaydan sonra gözümde saygınlığı bir parça azaldı. Projede rolü olan bir müşteri temsilcisi daha sonra bana gelerek 3D rotasyonlu disketin bir kopyasını istedi. Muhtemel müşterilere kendisinin şahsen sunum yaptığında kullanacağını söyledi.

* * *

İş seyahatlerim esnasında beni sıkılmaktan kurtaran şeylerden biri satrançtı. Bir yerde kalışım hafta sonuna denk geliyorsa katılabileceğim lokal bir satranç turnuvası buluyordum. Böyle bir gezi esnasında hava limanı güvenlik noktalarından birinde güvenlik memurları beni durdurup çantalarımı aradı. Bagaj güvenlik taramasında gördükleri satranç saatim kaygılandırmıştı onları. Kimbilir belki de saatli bomba için kullanılabilecek bir parça diye düşündüler. Zaten yeterince yoğun olan hayatıma bir de satrancı katmaya çalışmak artan bir şekilde sıkıntı yaratmaya başladı. Belli bir süre sonra baktım ki çok fazla zaman gerektiriyor. Satranç oynamayı bıraktım. Ama zihinsel boşluğu doldurmak için bir şey yapmak ihtiyacındaydım. Tavlayı denemeye karar verdim.

Tavla oynamayı çocukken oyunun çok popüler olduğu Türkiye'de öğrendim. Parçaların yani tavla pullarının nasıl hareket ettirilmesi gerektiğini biliyordum. Yıllar sonra ABD'de oynamaya başladığımda katlama zarı[15] ile oynandığını görünce çok şaşırdım. Bu tavla oyununu bambaşka bir oyuna çeviriyordu.

Tavla iki oyuncu arasında, her bir oyuncunun on beşer pul ile oynadığı bir oyundur. Oyun iki zarın birlikte atılmasında gelen rakamlara göre pulların toplam yirmi dört hanede ve belli bir yönde hareket ettirilmesi şeklinde oynanır. Oyunun amacı pulları uzaklaştırıp toplamaktır. Diğer bir deyişle her bir oyuncu kendi onbeş taşını tavla tahtasının dışına çıkarmalıdır. Bunu ilk yapabilen oyunun galibi olur.

Vidolu tavla rakibe vidoyu (katlamayı) kabul etme ya da reddetme seçeneğini sunar. Kabul halinde oyun çifte puanlı olur. Ret durumunda ise reddeden anında puan kaybeder. Eğer rakip vidoyu kabul ederse, o kişi oyunu kazanana (normalde her bir oyun için bir puan yerine) iki puan kaybeder. Ayrıca uygun zamanı geldiğinde bunu dört puana çevirme imkânı da vardır. Orijinal oyuncu vidoyu kabul ederse, oyunu kazanana dört puan yazar. Vidoyu reddetmek ancak kaybedeceğinizi düşünüyorsanız ve rakibinizin puanını azaltmak için arzu edilir.

Vidolu tavla oynandığında, vidoyu kullanmak için iyi bir zaman olup olmadığını değerlendirmek için, iyi pul oyununa ek olarak, bir oyuncu her iki oyuncunun sahasının (küpsüz) hissesi (equity) hakkında bir fikir sahibi olabilmeyi geliştirmeli. Her oyun esnasında katlamanın doğru olacağı ve rakibin de katlamayı kabul etmesinin doğru olacağı bir hisse dağılımı aralığı vardır. Bu aralık bir kere geçince rakip muhtemelen vidoyu reddedecektir. Bu durumda siz de iki puan kazanma şansınızı kaybederek tek puanlık bir oyuna razı olmak durumunda kalırsınız. Ama vido teklifi çok erken yapılırsa rakip vidoyu kabul edip, vido küpünün geçici sahibi olur ve iyi bir zar attıktan sonra vido teklifini ikiden dörde çıkarabilir. Özet olarak, vidolu tavlada rakibe üstünlük sağlayabilmek için vidolu oyunu iyi anlamak gerekir.

Yani başkaları ile rekabet edebilir duruma gelmek için bayağı bir şey öğrenmem gerekiyordu. Çalıştım, öğrendim, değişik fikirler deneyimledim. Böylece beni ortalama bir seviyenin üzerine taşıyacak bir dizi beceri edindim. Bu, lokal turnuvalarda bazen kazandığım, ama çoğunlukla ortalarda biryerlerde bitirdiğim anlamına geliyordu. Belli bir noktada oyuncunun sahasının hisse hesaplamasında hiçbir zaman ustalaşamadım. Bu da genellikle katlama teklifi zamanlamamı tam doğru anda yapamamama sebep oluyordu. Kimin önde olduğunu anlamak için kalan elleri (her bir pulun toplanması için gerekli kalan adım ya da hareket sayısı) de saymak gerekiyordu (pip count). Ama ben yeterince hızlı sayamıyordum. Daha sonraları kalan el sayısını yaklaşık hesaplaya-bilmek için bir teknik icat ettim. Bu teknik oyun sırasında bilgiye dayalı bir karar almama yardımcı olacak kadar bilgi veriyordu bana. İyi bir vido oyunu çıkarmadan tavlada hiçbir zaman usta seviyesinde bir oyuncu olamazdım. Ama bu rekabetin tadını çıkarmayacağım anlamını taşımıyordu.

Tavla satrançtan oldukça farklı. Satrançta iyi bir hamle yaparsanız daha iyi bir pozisyon ile ödüllendirilirsiniz. Halbuki tavladaki ödülünüz ancak daha iyi ihtimallerdir. Daha iyi ihtimal, küçük de olsa rakibinizin hâlâ bir joker zar (inanılmaz derecede şanslı bir zar) atarak oyunu kendi lehine çevirme ihtimali olduğu demektir. Averaj bir oyuncunun dünya çapındaki bir oyuncuyu yenme olasılığı satrançta yoktur. Ama bahsi geçen şans faktörüne bağlı olarak averaj bir tavla oyuncusunun dünya çapındaki bir tavla oyuncusunu yenmesi pek mümkün görünmese de olasıdır.

Kit Woolsey ile şahsen hiç tanışmadım. Kendisi hem dünya çapında bir tavla oyuncusu hem de dünya çapında bir briç oyuncusudur. Tavla ve briç hakkında düzinelerce kitap yazmıştır. "Puppet Stayman" konvan-siyonu gibi briçteki bazı icatlarına aşinayım. Ayrıca doğru küp kararı için ihtimalleri hesaplama konusundaki bir kitabını da okudum. Gerçi beni aştı bu kitap! Anlamak çok zordu!

Bir çevrimiçi tavla turnuvasında onunla eşleşmiştim. Oyunu oyna-mak için çevrimiçi olarak karşı karşıya oturduğumuzda bunun önemli bir an olduğu belliydi çünkü bir anda yüze yakın kişi bizim masaya bağlandı ve maçımızı izlemeye başladı. O noktaya kadar oyunlarımı seyreden tek bir kişi bile olmamıştı. Belli ki seyirciler beklendiği üzere Woolsey'nin bilinmeyen bir oyuncuyu katledişini seyretmek üzere toplanmışlardı. Oyun vaktinde başladı ve olağandışı hiçbir şey olmadan normal seyrinde ilerledi. Bir noktada skor 3-3 idi. 7 puanlık bir oyun üzerinden oynanan maçta iyi dayanıyordum ama bu eşitliğin uzun süreceğinden emin değildim. Onun gibi üstün bir oyuncu tabii ki daha iyi hamleler yapacak ve eninde sonunda beni köşeye sıkıştıracaktı. Uzun bir oyunda istatistikler doğrultusunda eninde sonunda bir hata yapacaktım ve onun karşısında hiç şansım yoktu, ama kısa bir oyunda şansım yaver gidebilirdi. Derecelendirme farkımız baz alındığında maçı kazanma konusunda % 66 oranında favoriydi. % 33'den biraz fazla kazanma şansım göründüğü anda vido teklif edersem benim için başa baş geleceğim bir nokta yakalamış olacağım anlamına geliyordu bu. Böylece vido teklifini erken yapmaya karar verdim ki daha eşit oyuncuların analizi göz önüne alındığında bu bir hata sayılabilirdi. Tabii ki kabul etmek zorundaydı; bir tık daha iyi bir pozisyondaydı ve vido hakkı ona geçeceğinden canı istediği zaman dörde çevirebilirdi vidoyu. Oyun ilerledikçe Demokles'in Kılıcı boynumun üstünde asılıymış gibi hissediyordum. Sonunda beklediğim gibi zarı dörde çevirip bana teklif etti. Durumu muhakeme etmek için biraz düşündüm. Reddedersem ki o daha iyi pozisyonda olduğundan bu doğru hamle olacaktı, o eli almış olacaktı; ve ben 7 puanlık oyunda 5'e karşı 3 oyun ile geriden geliyor olacaktım. Onun alması gereken iki oyuna karşılık onun kalibresindeki bir oyuncudan dört oyun birden alabileceğimi düşünmüyordum. Bu durumda, önde görünmesine rağmen, hayırlısı olmasını dileyerek vidoyu kabul ettim. 7 puanlık bir oyunda durum 3-3 iken ve vido dörtte iken ne olursa olsun bu el son el olacaktı. Arka arkaya attığım bir sürü şanslı zardan sonra o dörtlü vido ile 7'ye ulaşıp oyunu kazandım. Sınırlarımı kucaklayarak başardığım bu galibiyetimi bugün bile keyifle anarım.

* * *

Bu arada, MDL'de Aralık 1989'da piyasaya sürülmüş olan MACCS-3D ile ilgili teknik pazarlama materyalleri hazırlıyordum. Piyasadaki ilk ticari 3D bilgi yönetim yazılımı idi. MACCS-3D'den önce başka yazılımlar vardı ama bunlar sadece şirket bünyelerinde kullanılıyordu ve halka açık olarak satılmıyordu.

Potansiyel müşterilere verilmek üzere hazırladığım teknik dökümanlar için farklı farklı arama sorgulamaları vasıtasıyla elde edilmiş isabet listelerini bir şekilde değerlendirmek için bir yönteme ihtiyacım vardı. Başka bir deyişle, arzulanan biyolojik aktiviteye sahip bir dizi bileşiği gösterme yeteneği baz alındığında isabet listelerinin ne kadar iyi olduğunu görebilmem gerekiyordu. Bir analoji yaparsak; yeni bir araba almak istediğinizde, arama motoruna "yeni arabalar" yazdığınızda milyonlarca olası sonuca ulaşırsınız. Ama öte yandan en yüksek fiyat, boyut, kilometre başına yaktığı yakıt ve güvenirlik gibi kriterler eklediğinizde elde edeceğiniz sonuçlar çok daha az olacaktır. Peki bahsi geçen kriterler hangi kombinasyon ile en iyi sonucu verir? En iyi sonuç illa içinden seçilmek üzere en az sayıda araba sayısı demek değildir çünkü arabaların kalitesi ve sizin ihtiyaçlarınıza uygunluğu da göz önüne alınmalıdır. Ya kalite fiyat dengesi? Araba satın almayı düşünen kişi hangi arama ile kendisi için en yerinde sonuca ulaşabileceğini biliyor olmalıdır. Aynı şekilde, araştırmacıların ihtiyacı olan da arzulanan bileşikler için anahtar sözcük setleri kullanarak yapılan bir farmakofor aramasından elde edilen sonuçların kalitesini değerlendirebilecekleri bir yöntemdi.

Bunu başarmaya elverişli bir ölçüte ihtiyacım vardı. Şirkette matematikte bilgili olan kişilerden birkaçına danıştım ama tatmin edici bir ölçüt yaratamadılar. Sonunda anladım ki iş başa düşmüştü; bunu kendim geliştirmeliydim. Matematik pek de benim uzmanlık alanım olmadığından nereden başlayacağım konusunda tereddüt yaşıyordum. Bir kimyasal veri tabanı aramasının amacı arzulanan özellikleri taşıyan bileşiklerin önemli bir miktarını içeren bir isabet listesi elde etmektir. Farklı şekil ve boyutlarda isabet listeleri ile sonuçlanan birçok aramayı takiben insan merak ediyordu hangisi acaba en iyisi diye. Bu bir kere belirlenirse en iyi sonucu veren arama sorgulaması en iyi model olarak kullanılabilirdi.

Veri tabanı arama sorgulamaları bir dizi arzulanan bileşik özelliğinin bir dizi arzulanmayan ve bileşikte olmayan özellik ile birleştirilmesi ile geliştirilen matematiksel modellerdir. Örneğin; eğer spesifik bir hedef reseptör enzimi (sipesifik bir kilit) için biyolojik olarak aktif bileşikleri aktif olmayanlardan ayrıştıracak öngörücü bir model yaratmaya çalışıyorsak, daha önce anlatıldığı gibi bir farmakofor modeli kullanabiliriz çünkü bu model bir reseptör ve ligand arasında doğada gerçekleşen etkileşimi taklit etmeye çalışır. Bir kere iyi bir farmakofor modeli meydana getirilince bilim insanları bunu kimyasal veri tabanlarını aramada kullanabilirler ve bu model ile elde edilen bileşiklerin bazıları potansiyel aktif yeni bileşikler olacaktır. Öngörücü model ne kadar iyiyse isabet listesinin faydalı yeni bir ilaç adayı taşıma oranı da o kadar yüksek olacaktır.

Bu yüzden, kolları sıvadım ve arama sonuçlarının kalitesine göre farmakofor modellerini derecelendirecek bir ölçüt geliştirmek için çalışmaya başladım. Bir iş arkadaşım olan Dr. Douglas R. Henry ile birlikte çalışarak böyle bir ölçütü oluşturmamız birkaç yılımızı aldı. İlgilenenler Ek III'ü inceleyerek "İsabet Listesinin Ne Kadar İyi Olduğunu Gösteren Skor Ölçütü"nün (Goodness of Hitlist Score Metric) yani GH-Skor'un geliştirilmesinin aşamalı olarak detaylarını görebilirler.

* * *

Japonya'ya ilk seyahatimi MDL'de iken yaptım. Orada uzun süre yaşamış olan (aslında K-12 eğitimini—anaokulundan lise son yani 12. Sınıfa kadar olan eğitim—orada almış olan) Amerikalı bir iş arkadaşım bana Japonya hakkında hızlandırılmış kurs verdi: insanlar birbirini nasıl selamlar, karşılıklı kartvizit takdimi nasıl olmalıdır, toplantı protokolleri ve bunun gibi... Ayrıca Japonya'ya özgü kültürel özellikler konusunda da bilgiler verdi: fikirbirliğinin onlar için neden bu kadar önemli olduğu, kişinin iş konuşmaya başlamadan önce nasıl ahbaplık ve güven kurması gerektiği gibi... İşin kültürel boyutu merakımı çekmişti. Türk gelenek ve göreneklerinden geldiğim için benzerlik gösteren bu kültür ile şahsi olarak bağ kurabiliyordum.

Büyük bir Japon firması bu geziye sponsorluk yapmıştı. Hava alanına varır varmaz şirketin ayarladığı genç bir rehber ve çevirmen beni karşıladı. Tokyo'daki otelime kadar bana eşlik edip ertesi sabah 7:00'de lobide tekrar buluşmak üzere anlaştıktan sonra evine gitti. Orada kaldığım süre boyunca bana refakat etti. Her sabah beni otelden alıp değişik yerlerdeki toplantılarıma götürüyordu. Benimle yemek yedi ve bazen gecenin geç saatlerine kadar devam eden akşam yemeği iş toplantılarında da yanımdaydı. Gerektiğinde çeviri yapıyordu. Ziyaretimin sonlarına doğru Tokyo'nun neresinde yaşadığını sordum. Tokyo'nun dışında yaşadığını öğrenmek beni şaşırtmıştı. Her gün birkaç noktada bir araçtan diğerine bağlantı yaparak toplu taşıma ile tek yönde iki saat süren bir yolculuk ile bana gelip gidiyormuş. 7:00'de otelimde olması için her sabah 4:00-4:30 gibi uyanıyor olması gerekiyordu ve bazen ancak geceyarısından sonra evine varıyordu. Orada kaldığım bir hafta boyunca böyle devam etmişti. Karşılaştığım bu konukseverlik beni çok etkilemişti.

Bu ilk ziyaretimde Tokyo gözümü korkuttu. Kalabalıktı. Aralıksız bir hareket hali vardı. Fazlasıyla kompleks bir şehirde insanlar mütemadiyen her yöne doğru hareket halindeydi. Buna rağmen takdire şayan bir şekilde tüm otobüs ve trenler zamanında varıyordu. Günün hangi saati olursa olsun kendimi güvende hissettim. Japonya ile tanışmamın olağanüstü bir konukseverlik içermesi bende kalıcı bir izlenim yarattı. Bugün bile Japonya ziyaret etmeyi en sevdiğim ülkedir. Hatta orada yaşamayı bile düşünebilirim.

* * *

Doğu yakasında olan bir Amerikan Kimya Cemiyeti (ACS) Ulusal Toplantısı'nda yeni MACCS-3D yazılımımıza bakmak için önemli bir müşteri bizim standa uğradı. O firmadan tanıdığım bir bilim insanı VIP müşterilerine ev sahipliği yapıyordu ve onları bizim standa getirmişti. Yazılımı onlara göstermekten mutluluk duyacağımı söyledim. Ancak arkadaşım benden bir tanıtım sunumu istemiyordu. Jason'ın standa ne zaman geleceğini soruyordu. Hiçbir fikrim olmadığını söylediğimde

VIP'ler ile fuar alanını gezeceğini ve bir saat kadar sonra tekrar uğrayacağını ifade etti. MDL müşteri temsilcisi tanıtım sunumunu kendisinin de çalıştığı New Jersey'deki lokal ofiste bir uygulamacı bilim insanı olan Jason'dan almaları konusunda ısrar etmişti. Ne müşteri temsilcisi ne de Jason ortalıkta yoktu. Jason'ın nerede olduğunu soruşturdum ama kimsenin haberi yoktu. Arkadaşım, Jason'ın gelip gelmediğini sormak için —bu sefer tek başına—ikinci kez uğradı. Jason standda olduğu zaman VIP'lerini getirmek konusunda emin olmak istediğini söyledi. Jason hâlâ ortalıkta görünmüyordu. Yaklaşık yarım saat sonra onları standa getireceğini ve Jason'ın bu sefer orada olacağını umduğunu söyleyerek ayrıldı.

Kısa bir süre sonra hiddetten köpürmüş bir müşteri temsilcisi geldi ve sert bir çıkış yaptı bana. "Benim önemli müşterilerimi sen hangi hakla geri gönderirsin? Üstelik bir kere değil, tam iki kere!" diyerek bağırdı. "Benim hiçbir müşterimle bir daha konuşmamalısın!" diye de ekleyip gitti. Beş dakika sonra fuarı çekip çeviren pazarlama direktörü yanıma gelerek neden böylesine önemli müşterileri geri çevirdiğimi sordu. Şaşkınlıktan küçük dilimi yutmuştum. Öylece kalakaldım.

Daha sonra, firmasının en üst kademelerinden yetkililer ile birlikte müşterilerin Jason'dan tanıtım demosu aldığını gördüm. Gözlemlemeye başladım ve gördüm ki zayıf bir sunum oldu. En iyi ihtimalle orta denilebilirdi bu sunuma. Müşteriye şu düğmeye basınca ne olur, o düğmeye basınca ne olur şeklinde bir anlatım yapıyordu. Halbuki ben bir tanıtım demosu yaptığımda doğrudan hangi düğmenin ne işe yaradığını göstermem. Onun yerine, bir araştırma senaryosu üzerinden araştırmayı tamamlamak için yazılım araçlarının doğru kullanım adımlarını takip ederek ilerlerim. Bir araştırma senaryosu kapsamında tipik bilinen bir görevi yerine getirirken izleyici zaten hangi düğmeye bastığınızda ne olduğunu görür.

Benim perspektifimden değerlendirildiğinde müşteri temsilcisi kendisinin iyi ilişkisi olduğu aşikar olan bir kişinin böylesine önemli müşterilerine tanıtım demosu yapmasında ısrarcı olarak kötü bir karar almıştı. Ayrıca standı bir VIP ziyaretin gerçekleşeceği konusunda da ikaz etmemişti. Müşteri temsilcisi talep edilen kişiyi beklemeye zorlayarak sadece VIP'leri soğutup uzaklaştırma riskini almakla kalmayıp aynı zamanda bilmeden daha kalitesiz bir tanıtım demosuna da maruz bırakmış oldu. Bana yanlış yapıldığı hissi içindeydim. Şirket de önemli bir müşterisini kaybedebilirdi. Ama bu konuda ne yapacağımı bilmiyordum. Kaliforniya'ya döndükten sonra Satış Bölüm Başkanı'nı arayıp olay hakkında kendi perspektifimi paylaşmayı düşündüm. Ama daha onu aramaya fırsat olmadan şirket genelinde paylaşılan bir duyuru ile bahsi geçen müşteri temsilcisinin şirket ile ilişiğinin kalmadığı bildirildi.

Çok sonraları, müşteri temsilcisinin neden Jason'ın tanıtım demosunu yapmasında ısrarcı olduğu konusunda bir teori geliştirdim. MDL'de çalışmaya başlamamdan kısa bir süre sonra, bir gün ofise doğru giderken New Jersey ofisinden merkez ofisi ziyarete gelmiş olan Jason ile karşılaşmıştım. Beraber yürürken ısrarla işi almadan önce girmiş olduğum mülakatın nasıl geçtiğini sormuştu. Bilgisayar simülasyonunun faydasının ne olduğu ile ilgili bir soruya yanıt verene kadar mülakatın iyi gitmediğini düşündüğümü; dolayısıyla şanslı olduğumu söylemiştim. Roket sevkediciler tasarımı yaptığım Alabama'daki işimden bir örnek vermiştim. Bu daha önceden bilinmeyen yepyeni yüksek enerji bileşikleri ile bir ıslak kimya laboratuvarında fiziki olarak deneyler yapıyor olsaydım deneylerin yarısında laboratuvarı (hatta belki kendimi de) havaya uçurur olurdum. Halbuki diğer tarafta, bilgisayar simülasyonu kullandığımızda, bu tehlikeli bileşikleri elekten geçirip sadece umut verici birkaç aday üzerinde deneylerimizi yapabilirdik. Mülakatı yapanlar bu yanıtımı beğenmişlerdi ve ben bunun kararlarını etkileyen bir faktör olduğunu düşünmüştüm. Sonuç olarak Jason'a diğer finale kalan adayın belki de benden daha iyi olduğunu, ama şanslı bir soruya denk gelerek kazanma ihtimallerini kendimden yana çevirdiğimi anlatmıştım.

Gerçekten öyle miydi emin değildim ama alçak gönüllü davranıp tevazü göstermeye çalışıyordum.

Nihayetinde diğer finalistin Jason olduğunu öğrendim. Bu durumda mülakatımın ona mütevazı aktarımından sonra kendisinin daha iyi olan aday olduğunu ve bir şekilde, haksız olarak, benim almış olduğum işi alamamış olduğunu düşünmüş olabilir. Bu yanılgıyı müşteri temsilcisi ile paylaşmış olabilir. Eğer öyleyse de müşteri temsilcisinin neden Jason'ın demoyu yapması konusunda ısrarcı olduğunu açıklıyor olabilir. Ama tabii ki yanılıyor da olabilirim.

Şahsi deneyimime göre mütevazılık Amerika'da inişte görünüyor. Günümüzün acımasız, kıran kırana mücadeleli iş dünyasında alçak gönüllülük gösterenler hızlıca elimine edilebilirler. Buna zıt olarak arsızca kendi reklamını yapanlar ve yeteneklerini abartanlar süratle ilerliyor ve çok başarılı oluyor görünüyorlar. Bu, alçak gönüllülüğün hâlâ yüksek bir değer olarak algılandığı Japonya'ya neden yakınlık duyduğumu da açıklıyor olabilir.

* * *

Zeynep San Bruno'daki bir şirkette programcı analist olarak bir iş buldu. San Francisco Körfezi'nin karşı tarafında, bir saat ötedeydi iş yeri. Yolda geçireceği vakti kısaltmak için San Bruno'ya taşınmaya karar verdik. Ben ise San Mateo Körfezi Köprüsü'nü geçmek zorundaydım artık işe gidip gelirken. Sanırım 1990 gibiydi. Loma Prieta depreminden bir sene kadar geçmişti. Depremde (San Francisco) Körfez Köprüsü'nün bir kısmı çöktüğünden benim kullanmak zorunda kalacağım San Mateo Köprüsü'ndeki trafik neredeyse iki katına çıkmıştı. Tam San Andreas Fay Hattı üzerinde San Bruno'da bir tepenin zirvesinde bir apartman katı bulduk. Birçok evin tanıtım reklamında—bizimki hariç—evin "sis hattı altında" olduğu öne çıkarılıyordu. O zamanlar bunun ne anlama geldiğini bilmiyordum. Kısa bir süre sonra öğrendim.

Kızım Sibel 1990'da Anneler Günü'nde Redwood City'te dünyaya geldi. Annesinin karnında ters dönmüştü. Doktor kaç kere denerse denesin düzeltemedi pozisyonunu. Sanki bilerek yapıyormuş gibi doktorun her düzetlemesinin ardından tekrar ters dönüyordu. Karakterinin bir göstergesi miydi bu? İnatçı, başına buyruk, her zaman burnunun dikine giden biri mi olacaktı? Sonunda doktorlar teslim oldu ve Sibel sezeryan ile doğdu. Artık dört kişilik bir aileydik ve bir rutin içine girdik.

Yaz ortasına yaklaşırken yoğun bir sis tabakası çöktü. Kalıcı bir sis değildi ama. Hareket halindeydi; bir çeşit yuvarlanıp giden bulutlar silsilesi gibi. Sisin okyanustan içerilere doğru hareket ettiğini izleyebiliyorduk. Yoğun olduğunda hareketi o kadar belirgindi ki ön kapıyı ve arkadaki balkon kapısını açarsam sis dairemizin içinden geçip gidecekmiş gibi hissederdim. Bu doğa olayı beni o kadar etkilemişti ki ona bir kimlik vermek istedim ve ona "George" demeye karar verdim. Tipik bir aile söylemimizde "Bugün George çok yoğun ve hızlı!" gibi şeyler söylemek normaldi.

San Jose'den (yaklaşık 65 kilometre güneyde, araba ile 40-50 dakikalık mesafede) bizi ziyarete gelen arkadaşlar yanlarında kışlık kıyafetlerini de getirirdi. Bizim orası San Jose'den on ile on beş derece daha soğuk olurdu. Neredeyse bulutların içinde yaşıyor olduğumuz gerçeği kısa bir süre sonra bayatladı. Herhangi bir yöne dört yüz metre gidince hava birden güneşli ve aydınlık oluyordu. Ama bizim mahallede hava puslu ve kasvetliydi. Artık sis hattı altında kalan ev ilanlarının ne demek olduğunu anlayabiliyordum. İlerleyen yıllarda o bölgelerde ne zaman tepelerden kayarak inen bulut görsek George'a selam gönderirdik. Sonraları öğrendim ki San Francisco'lular onu Karl diye adlandırıyorlarmış. Demek alçaklarda dolaşan bulutlara isim takan tek ben değilmişim.

* * *

Bir müşteri temsilcisi beni yenilerde büyük bir şirket konsolidasyonu geçirmiş çok uluslu bir Fransız farmasötik şirketteki bir toplantıya davet etti. Yazılımımızın en son versiyonunu göstermemi ve bilimsel faydaları hakkında bir sunum yapmamı istiyordu. İzleyiciler arasında ev sahibi firmadan olan on bilim insanının haricinde bir de İsviçre'den gelmiş ve henüz tamamlanmış birleşmedeki diğer firmadan olan bir bilim insanı da vardı. Geçmiş hakkında bilgim yoktu ama bu şahıs rakibimiz olan bir ürünü destekliyordu. Onun ortak yazmış olduğu bir poster gördüğümü hatırladım. Posterde bazı araştırma verileri sunup benim düşünceme göre kendi ürünlerine tarafgir olarak iltimas geçecek şekilde bu verileri yorumlayarak ürünlere destek çıkıyorlardı. Aynı veriler benim sunumumda da vardı ama benim yorumum farklıydı. Bozuldu ve neredeyse yalan söylediğimi ima edercesine saldırganca davranmaya başladı. Nasıl cevap vereceğimi bilemedim. Toplantıda tek başıma bulunsaydım ve sadece kendi adıma konuşuyor olsaydım meseleyi tartışırdım. Fakat orada şirketimi temsilen ve aynı zamanda da başka bir müşterimizin daveti üzerine bulunuyordum. Ne çıkmazdı ama! Ev sahibimin karşımda oturduğu bir ortamda onunla tartışmaya devam edemezdim. Öyle olunca da gururumu ayaklar altına alıp gerginliği azaltarak, ortamı yatıştırdım ve sunumumu tamamladım. Ama bu deneyim bende kalıcı bir iz bıraktı. Daha önce hiç bu derece aşağılanmış hissetmemiştim. Anladım ki bazı insanlar beni bir bilim insanı olarak değil de bir satış elemanı gibi görüyordu. Onların bakışına göre şirketim bir "satıcı" idi. Ben de gerçek bilimi savunmaktan ziyade bir satışa destek vermek için orada bulunuyordum.

Bu tarz küçümsemelerin beni etkilemesine izin vermemeliydim. Daha vurdumduymaz olma konusunda kendimi geliştirmenin vakti gelmişti. Biraz vakit alacaktı ama böyle durumlardan yıkanıp arınmayı ve hayattaki daha önemli şeyleri önceliklendirmeyi becerebildiğim noktaya gelecektim bir gün.

* * *

Aramızdan bir grup haftada iki kere öğle yemeği arasında San Leandro Marina'ya ultimate frizbi oynamaya giderdik. Oyun vücut kontağı olmadan oynanan Amerikan futboluna benzer. Hücum oyuncularından birisi aynen futboldaki oyun kurucu gibi frizbiyi atar. Top tutucu, tabii ki defans oyuncularına karşı yarışarak, yakalamaya çalışır. Futboldan farklı olarak frizbi elinizdeyken koşamazsınız. Koşmaya başlamadan önce frizbiyi başka bir oyuncaya atmalısınız. Frizbiyi bir oyuncudan diğerine ata ata ilerleme sağlayıp bitiş bölgesinde frizbiyi yakalayıp puan almak için bekleyen oyuncuya ulaştırmalısınız.

Bu ileri geri koşmalar ve yakalamak ya da bloke etmek için atlamalar gerektiren son derece kardiyovasküler bir spor dalıdır. Her ara olduğunda çoğumuz biraz olsun soluklanmak için her şeyi göze alırdık. Ultimate frizbi temel fiziksel aktivitem halini aldı. Fiziksel kondisyonumun bu dönemde pik yaptığına inanıyorum. O kadar ki geçmek bilmeyen bir soğuk algınlığından müzdarip olarak doktora gittiğimde, "Nasıl oluyor da burada böyle durabiliyorsun? Bu haldeyken yataktan çıkacak takatin olmaması lazım!" tarzında bir şeyler söylemişti. Meğer zatürre olmuşum. Çok iyi bir fiziksel kondisyonum olduğundan vücudumun enfeksiyonla nasıl savaştığını fark etmemiştim. Bir antibiyotik yazdı. Ertesi sabah uyandığımda o kadar iyi hissettim ki yeniden doğmak böyle bir şey olsa gerek diye düşündüm.

* * *

Bir ziyaretleri esnasında Hülya ve Kemal kızları Deniz'i de getirmişti. San Francisco'daki gezilecek yerleri gezdik ama çocuklar sıkıldıkları için birkaç günlüğüne Los Angeles'daki Disney World'e gitmeye karar verdik. Yedi yaşlarındaki Deniz ve beş yaşındaki Kurt bizimle geldi. Zeynep işinden dolayı gelemiyordu ve iki yaşındaki kızımız Sibel ile San Francisco'da kaldı. Deniz ve Kurt hem Disney World'den hem de kaldığımız otelin havuzundan pek keyif aldılar. Bir ara havuzda oynarken Kurt'un mayosu düşüverdi. Telaş içinde mayosunu yukarı çekmeye çalışırken Deniz'in kendisini fal taşı gibi açılmış gözlerle izlediğini gördü. Kurt'un tepkisi "Burada kısa bir süre kalacaksınız ama birbirimizi çok hızlı bir şekilde tanımış olduk böylece." demek oldu. Kurt daha çocukken bile zeki ve espriliydi ve hâlâ da öyle.

* * *

Bu arada, evliliğimiz iyi gitmiyordu. Zeynep ile fikir ayrılıklarımız vardı. Ama daha da önemlisi iletişim kuramıyorduk. Birlikte yaşamış olduğumuz olayları farklı farklı hatırlıyorduk sürekli ve bir uzlaşma sağlayamıyorduk. Bir de Zeynep bazı Türk arkadaşlarla konuşurken kulak misafiri olduğumu hatırlıyorum. "Önce Osman'a da mı sorsak?" dediklerinde, "Onun ne düşündüğü umurumda değil!" diye cevaplamıştı. Bu tarz türlü türlü ufak tefek şeyler üst üste binip birikmeye başlamıştı. Çift terapisini denedik. Birkaç seans sonra Zeynep terapistle de tartışmaya girmeye başladı. Prosese güvenmiyordu ve seanslara bir ses kayıt cihazı getirmek istiyordu. Yani, konu çözülemedi. Boşanmaya karar verdik.

Kurt altı, Sibel ise üç yaşındaydı. San Bruno'daki apartman dairemizden Körfez'in karşı kıyısına, San Leandro'da, MDL'den yürüme mesafesinde olan bir apartmana taşındım. Sibel Zeynep ile, Kurt ise benimle kalacaktı. Hafta sonları çocuklar dönüşümlü olarak birlikte bende ya da Zeynep'te kalacaklardı.

San Leandro yaşadığım yere yürüme mesafesinde olan bir golf kulübü ile gurur duyardı. Çocukların Zeynep'te kaldığı hafta sonlarında yanlız kalınca golf dersleri almaya başladım. Bir golf sopası seti aldıktan sonra da ciddi ciddi golf oynamaya başladım. Bu, senelerce temel açıkhava aktivitem oldu. Ayrıca ilk PC'mi ve Street Smart isimli yazılımı alıp Wall Street yatırım stratejilerini öğrenmeye başladım. Kenara çar çur edebileceğim bir 10,000 $ koyup farklı yatırım planları üzerinden tecrübeler edinmeye başladım. Başlıca hobim haline geldi bu. Her gece bir iki saat piyasayı incelemekle geçiyordu. Nitekim bu yatırım stratejilerini hayatımın geri kalanında hep uygulayacaktım.

Çocuklar birbirlerinden ayrıldıkları için mutlu değillerdi. Kurt anaokuluna başladığında durumu iyi değildi. İş seyahatlerim esnasında Kurt'u okula Zeynep götürüyordu. Maalesef okul Zeynep'in yaşadığı yerden oldukça uzaktı. Hem çocuklar için hem de Zeynep için çok zordu.

Aile dostlarımız nazikçe durumu yokluyorlardı. Zeynep ile barışıp tekrar bir araya gelir miyiz diye havayı koklamaya çalışıyorlardı. Ayda bir falan bir araya gelen küçük bir Türk toplumunun parçasıydık. Türk arkadaşlarımızın hepsi evliydi ve küçük çocukları vardı. Dolayısıyla bu toplantılar özellikle çocuklar için iyi oluyordu. Bir seferinde ev sahibi Newlywed Game (Yeni Evliler Oyunu) televizyon programına benzeyen bir oyun başlattı. Oyunda evli çiftler (birbirlerinden ayrıyken) ortamda olmayan eş hakkındaki sorulara kimin en çok doğru yanıtı vereceği bağlamında yarışıyorlardı. Amaç hangi çiftin birbirini en iyi tanıyor olduğunu ortaya çıkarmaktı. Bütün çiftler evliydi ve hatırı sayılır bir süredir beraberdiler. Ayrı olan tek çift bizdik ama yine de biz kazandık. Bunu, birbirimizi bu kadar iyi tanıdığımıza göre tekrar beraber olmamız gerektiğine bir kanıt daha olarak burnumuza soktular. Kazanmamız için kendi cevaplarını yalancıktan değiştirdiklerinden şüphelendim.

Kurt'un ortalamanın altında notlarla dolu karnesinin gelişi bardağı taşıran son nokta oldu. Tekrar bir araya gelerek çocuklar büyüyüp ayrılmamızı daha iyi idare edebilecek yaşa gelene kadar zorluklara katlanmaya karar vermemize yardımcı oldu. Fremont'da bir ev kiraladık ve taşındık. Aile, bir kere daha, aynı çatı altında birlikteydi. Fremont'daki bir senenin sonunda yakınlardaki bir evi satıp alıp yerleşmeye karar verdik. ABD'de sahibi olduğumuz ilk evdi orası.

* * *

Bir gün heyecan içindeki bir MDL müşteri temsilcisinden telefon geldi. Yeni kurulmuş bir farmasötik firması olan Vertex'in yazılımlarımıza büyük bir yatırım yapmayı düşündüğünü ancak kendisinin cevaplayamadığı birçok teknik soruları olduğunu iletti. Önemli bir fırsat olduğunu söyleyerek Vertex'den Dr. Mark Murcko'yu arayıp sorularını yanıtlabilir miyim diye rica etti. Yepyeni bir şirket olarak Vertex'in bilgisayar destekli ilaç tasarımı grubu için büyük bir bütçesi vardı. Aradım ve Dr. Murcko'nun sesli mesaj bırakma makinesine yönlendirildim. Kim olduğumu, telefon numaramı ve yazılım sistemlerimiz hakkındaki tüm sorularına cevap vermekten mutluluk duyacağımı içeren bir mesaj bıraktım. Geri dönüş olmadı mesajıma ama kısa bir süre sonra müşteri temsilcisi bir kere daha telefon ile aradı beni. Aşırı derece heyacanlıydı. Bir kahraman olduğumu söyledi. Vertex'in büyük bir yazılım sistemi kurulumu satın aldığını ve her ne yaptıysam işe yaramış olduğunu aktardı. Bir şey yapmadığımı izah etmeye çalıştıysam da pek dinlemedi. Herkese bu büyük satışın gerçekleşmesinde nasıl katkım olduğunu anlatıp durdu. Bunun sonucu olarak yapmadığım bir şey için itibarlandırılmış ve tüm itirazlarıma rağmen yarım günlüğüne bir kahraman olarak görülmüştüm. Eninde sonunda gerçek ortaya çıktı. Vertex yeni ilaç tasarımı yapmak adına varolan her türlü yeni teknolojiyi satın alma amacı güdüyordu. Meğer rakiplerimiz de dahil tüm firmalardan satın almalar yapıyorlarmış. Dayanağı olmadan mesnetsizce atfedilen bir itibarın sıkıntısını omuzlarımdan atmış olmak beni rahatlatmıştı.

* * *

Kurt artık okulda iyiydi. Bu bize büyük bir iç rahatlığı verdi ve her ne kadar geçici de olsa üstün yetenekli eğitimi (Gifted and Talented Education - GATE) aldırma kararımızı yerine getirmek için bir validasyon görevi yaptı. Kurt'un katılması gerektiğini düşündüğümüz bir programı vardı okulun. Katılabilmek için öncelikle bir sınava girmesi ve değerlendirmeden geçmesi gerekiyordu. Bir gün, önceden haber verilmeden, Kurt sınıftan çağrılıp müdürün odasına gönderilerek bu sınav ve değerlendirmeye tabi tutulmuş. Kurt'un ne olduğundan haberi olmadığından durum onu korkutmuş ve kaygılandırmıştı. Yanlış bir şey mi yapmıştı? Bu ürkütücü ortamda aynı zamanda bir IQ testine de tabi tutulmuştu. Endişe dolu durumuna rağmen test sonuçları nereye ait olduğu konusunda şüpheye yer bırakmamıştı; Kurt ilkokul eğitimine GATE sistemi içinde devam etti.

Benim gibi Kurt da kitaplara meraklıydı. Yüksek sesle okurken bir noktada kitabı ters çevirirdim ve tek bir heceyi atlamadan okumaya devam ederdi. Kelimeleri başaşağı gördüğü halde okumaya nasıl devam edebildiğini hiçbir zaman anlayamadım. Okuma tutkusu yetişkinliğinde de devam etti. İçeriğini tamamen özümsemiş olarak bir kitabı bir oturuşta okur bitirirdi. Kıskanırdım bu yeteneğini. Ben de okumayı seviyordum ama okumaya devam ederken birden dalıp gidiyordum ve okuduğum yerlere tekrar dönüp kaçırdığım noktaları anlamak için yeniden okumak zorunda kalıyordum. Kurt aynı zamanda bir arabulucu ya da ortamlarda huzuru sağlayan kimse idi. Her zaman arkadaşlarına sakin ve kendine hakim olarak yaklaşır ve problemlerini çözmeye yardımcı olurdu. Bunun sonucu olarak da çok popülerdi.

* * *

Yeni bir ürün müdürü işe almıştık. O da benim patronuma rapor veriyordu. Onu rahat ve eğlenceli bir ortamda gruba tanıtmak için bir kafede hoşgeldin partisi organize ettik. Şakalaşıp eğleniyorduk. Bir noktada, belli bir mesafeden, patronumun patronuna benim hakkımda yorum yaparken uzaktan kulak misafiri oldum ve "E bu da sınıf şaklabanı heralde!" dediğini duydum. Arkasından da bazı ırkçı sözler sarfetti. Patronumun patronu belli ki durumdan hoşnut değildi ve onu susturmaya çalışıyordu. Şok olmuştum. Benim kim olduğumu bile bilmiyordu. Dolayısıyla bu yeni yetme zat-ı muhterem ile kötü bir başlangıç yapmıştık. Zaman gösterdi ki kendisinde laf çoktu ama iş yoktu.

Bir gün ürün proje ekibi toplantılarından birine yetişmeye çalışırken peşime takıldı. Ne istediğini sorup toplantıma yetişmeye çalıştığımı söyledim. Benimle toplantıma gelmek istiyordu. Kendi ürün proje ekibindekiler ekip toplantısını yönetme biçiminden bıktıklarından bir toplantı nasıl yönetilir benden öğrensin diye benim ekip toplantılarıma katılması için göndermişlerdi.

Ben toplantılarımı verimli olmaları üzerine tasarlıyordum. Baştan bir ajanda oluşturup ona sıkı sıkıya bağlı kalıyor ve özellikle aksiyon talepleri konusunda özenle not tutuyordum. Toplantının sonunda tüm aksiyon taleplerini listeliyor ve aksiyonları gerçekleştirecek kişilerden onay alıyordum. Toplantıdan sonra toplantı tutanağını paylaşırken raporun en tepesinde önce henüz tamamlanmamış aksiyonları, arkasından da bir sonraki hafta için yapılmış olan aksiyon taleplerini sıralıyordum. Toplantı tutanakları tüm üst seviye yönetime gittiğinden hiç kimse en üstteki listede birkaç haftadan fazla kalmak istemiyordu. Böylece söz verdikleri işleri yaptırmak için kimsenin peşinde koşmak durumunda kalmıyordum. Aksiyonu tamamlamak için listenin tepesinden isimlerini sildirmek gibi bir motivasyonları vardı.

Yeni ürün müdürü şirkette savaşım veriyordu ve sıkça patronumu arayıp o gün evden çalışacağını bildiriyordu. Patronum böyle bir şeye sorgulamadan izin verecek kadar nazik birisiydi. O evden çalışılan günlerden birinde ortaya çıktı ki bir iş görüşmesi için şehir dışına gitmişti. Kısa bir süre sonra da şirketten ayrıldı.

* * *

Daha sonraları ismi Bilgisayar Destekli İlaç Tasarımı olarak değiştirilen ACS Kısa Kompütasyonel Kimya Kursu ile bağlantım vardı. ACS ulusal toplantılarında teknik program başlamadan hemen önceki iki gün boyunca sürüyordu bu kısa kurslar. Dünyanın dört bir tarafından onbinlerce kimyacının katıldığı bu toplantılara bazıları erken gelip kısa kurslara katılma avantajını yakalıyordu. ACS yaklaşık iki düzine kısa kurs sunuyordu. 1990'da, bu kısa kursların organizatörü olan Dr. J. Phillip Bowen'dan gelen bir davet üzerine kursun öğretim görevlileri kervanına katıldım. Benim diğer bir sürü bilim insanı ile birlikte katkıda bulunduğum bu kısa kurs 2009'a kadar neredeyse yirmi yıl devam ederek ACS kısa kursları içinde en uzun süre devam edenlerden biri oldu. Ben 19 sene öğrettim bu kursta. Bu kursun tam zamanlı versiyonunda aynı zamanda bir laboratuvar içeriği de vardı ama zamanlama sınırları yüzünden iki günlük kursa dahil edilmemişti bu kısım. ACS ulusal toplatılarına ek olarak verilen bu kısa kurstan başka ayrıca başka bir zaman diliminde sponsorluk yapan üniversitelerden birinde uygulamalı laboratuvar seansları da olan tam zamanlı dört günlük kursu da veriyorduk. Öğrencilerin çoğu endüstriden insanlardı. Bazıları yönetim seviyesinden geliyordu. Onların amacı şirketlerinin ilgilendiği ya da kullandığı yeni doğuş sürecinde olan teknolojileri anlamaktı. Bu ACS kursları sayesinde Phil Bowen ile uzun ömürlü bir arkadaşlık kurduk ve geliştirdik.

* * *

Şirkette geçen birkaç yıldan sonra, bir ilkbahar zamanı, önde gelen çok uluslu şirketlerden biri olan İsviçre'deki Roche'dan Dr. Robin Breckenridge ile tanışmak üzere davet edildim. Müşteri temsilcisine göre yeni teknolojimize karşı skeptik ve eleştirel yaklaşıyordu ve bazı zor soruları vardı. Kendisi sadece firmasında değil aynı zamanda Avrupa bilim sahnesinde de sözü geçen birisiydi. Müşteri temsilcisi yazılıma yapılan en son bilimsel güncelleştirmeleri yansıtan bir sunum yapmamı istedi. Bunu yapıyor olacağım için mutluluk duymuştum tabii ki ve eleştirel bir bilim insanının aklına gelebilecek tüm temel meseleleri kapsayan güzel bir sunum hazırladım. İyi başladı ama skeptikliği çok öne çıkıyordu. Sık sık beni derinlemesine sorularla böldü. Belli bir noktada beyaz yazı tahtasının başına gidip tüm sorularına yanıt olacak şekilde kırkbeş dakika harcadım. Hazırlamış olduğum prezentasyonuma dönememiştim bir türlü. ABD'ye döndükten sonra müşteri temsilcisi beni arayarak müşterinin toplantımızdan memnun kaldığını ve ilk defa bir pozitif geri bildirim yaptığını söyledi.

Bu deneyim benim için eğitici oldu. Prezentasyonunuz ne kadar iyi olursa olsun izleyicinizi dinlemek ve konuşmanızı ve diğer sunum materyallerinizi onların ihtiyaçlarına cevap verecek şekilde adapte ederek sahneye koymanız daha önemlidir. Başarılı bir şekilde iletişim kurmak için gerekirse prezentasyonunuzdan tamamen vazgeçmeye hazır olmalısınız. Bu aynı zamanda benim için şahsi bir validasyon da olmuştu. Böylesine yüksek seviyeden bir iletişimi ancak öncelikle ihtiyaçları fark ederseniz ama aynı zamanda da problemli konulardaki soruları yanıtlayacak kadar bilgi sahibi olursanız başarabilirsiniz. Kariyerimde layık olduğum yere gelmeye başladığımı hissettim. MDL'de başladığım günden bu güne oldukça gelişmiş gibi görünüyordum. Şirkette yüksek derecede saygı görüyordum. Daha az aşağılanıyor ve daha çok övgü topluyordum.

Aktivitelerim için Şirket İletişimi personelinden güzel destek alıyordum. İngilizce dil yeteneğim önemli derecede ilerlemiş olsa da şirket dışı kullanım için hazırladığım materyaller için hâlâ yardıma ihiyaç duyuyordum. Bir arkadaş, Lise Dumont, özellikle destekleyici davranıyordu ve birlikte iyi çalışıyorduk. Bültenlere katkısı çok önemliydi ve editoryal destekten çok daha ileriydi. Dolayısıyla bir iki dökümanda[16] ve de bir peer-reviewed (bir araştırmacının hazırlamış olduğu çalışmanın aynı alanda uzman diğer araştırmacılar tarafından değerlendirildiği) bilimsel bültende[17] ortak yazar olarak isminin geçmesi gerektiğini düşündüm. Bilim konusunda sadece bir üniversite mezunu olarak böyle bir selamlamaya layık görüldüğü için müteşekkir olduğunu ve bu bilimsel yayınlarla bu güne kadar hep gurur duyduğunu çok yakın bir zamanda kendisi benimle paylaştı.

MDL'deki görev süremin sonlarına doğru MACCS-3D alt sınıfa indirgeniyordu çünkü beklenen ciro hedeflerini yakalayamamıştı. Yönetim bazı MACCS-3D geliştiricilerini başka bölümlere sevk etmeyi düşünüyordu. Bunu geciktirmeye çalıştım. Yeni teknolojilerin adaptasyonunun zaman aldığı savını öne sürerek Genel Müdür (CEO) Steven Goldby'ye ve genel müdür yardımcılarına bir süre daha ekibi bir arada tutmaları için son bir ricada bulundum. Toplantı bittikten sonra Geliştirme

Müdürü mutluydu ve durumu kurtardığımı düşünüyordu. Ben o kadar emin değildim.

Görünen köy klavuz istemez. Kesinkes iki boyut üzerine kurulmuş bir dünyaya 3D'yi getirmek akıntıya karşı kürek çekmeye benziyordu ve artık bu çaba beni yoruyordu. Dolayısıyla, Accelrys'ten olası bir pozisyon ile ilgili sinyali aldığımda bu fikre açıktım. En azından Accelrys'de 3D sıkı sıkıya yerleşmişti ve orada akıntı yönünde kürek çekiyor olacaktım. Accelrys'teki pozisyonu kabul ettiğimde MDL'deki insanlar anlayışla karşıladı ve bunun benim için doğru bir hareket olduğunu kabul ettiler.

Günlerce süren bilgi alışverişi toplantılarını, veda yemeğini ve ayrılış methiyelerini takiben patronum son bir kere beni kapıya kadar geçirdi ve bana üst seviye toplantılarında aralarında geçen bazı konuşmaları aktardı. Örneğin; CEO bazı insanların projelerini bitirmemelerinden, sürekli ufak tefek düzeltmeler yapmaya devam ederek mükemmelleştirmeye çalışmalarından dert yanıyormuş ve demiş ki, "Neden Osman gibi olamıyorlar? Projeyi tamamla, sonlandır ve bir sonraki projeye geç." Doğal olarak bunu duymak çok iyi hissettirmişti.

Notlar:

[12] Wermuth, C.-G.; Ganellin, C. R.; Lindberg, P.; Mitscher, L. A. Glossary of Terms used in medicinal chemistry (IUPAC recommendations 1998). *Pure Appl. Chem.* **1998**, *70*, 1129–1143.

[13] Farmakofor modeli oluşturulmasında kullanılan genel yaklaşımı iki kategoride sınıflandırabiliriz. Eğer bir enzime bağlı ligandı olan reseptörün 3D yapısı elde ise, modeli oluşturmak için ligandın bağlı konformasyonu kullanılabilir. Ek I bu yaklaşımın detaylı ve aşamalı olarak tanımını yapar. Eğer reseptörün 3D yapısı elimizde yok ise, aktif

bileşikler arasındaki ortak paternler farmakofor modeli oluşturmak için bilgi verebilir. Ek I'de olduğu gibi, bu yaklaşım için benzer bir detaylı ve aşamalı tanım da Ek II'de bulunabilir.

[14] Güner, O. F. "The impact of pharmacophores in drug design," *IDrugs,* **2005**, *8*(7), 567-572.

[15] Katlama zarı (Doubling cube) normal bir zar gibidir, ancak biraz daha büyüktür. Yüzlerinde 2, 4, 8, 16, 32 ve 64 sayıları basılıdır. Katlama zarı oyundaki mevcut bahis miktarını takip eder. Normal bir tavla oyunu bir puanlık bir değerle başlar. Katlama zarının arkasındaki tüm mantık rakibinize meydan okumak etrafında döner. Oyununuzun ne kadar iyi gittiğine bağlı olarak ve o anda kazanıyorsanız, zarı atmadan önce oyunun bahis miktarını ikiye katlamaya karar verebilirsiniz. Bu olduğunda oyun artık bir puan değil iki puan değerindedir.

[16] Güner, O. F.; Dumont, L. M. "3D Searching in Computer-Aided Drug Design." *Pharmaceutical Manufacturers International 1991,* Barber, M.S., Barnacal, P.A., Eds; Sterling Publications: London **1990**; pp 65-68.

[17] Güner, O. F.; Hughes, D. W.; Dumont, L. M. "An Integrated Approach to Three-Dimensional Information Management with MACCS-3D."*J. Chem. Inf. Comput. Sci.* **1991**, *31*, 408-414.

7

Accelrys'de

San Diego, Kaliforniya, 1996-2005

Accelrys 1996'da beni Kimya Ürünleri Bölümü Üst Düzey Ürün Müdürü pozisyonu için MDL'den transfer etti. Yöneteceğim yazılım ürünlerinden biri Catalyst idi. MACCS-3D ile karşılaştırıldığında, Catalyst daha yararlıydı ve fonksiyoneldi. Yeni nesil farmakofor modellemeyi temsil ediyordu; modern, güçlü ve etkili. Muhtemelen MDL'in MACCS-3D'sinin satışlarının iyi olmamasının bir sebebi de buydu. Accelrys Catalyst'i geliştiren şirketi satın almıştı. (Catalyst o şirketin tek ürünüydü.)

Accelrys Catalyst'i varolan herhangi bir plantformuna hemen entegre etmeyecekti. Tek başına bir ürün olarak tutacaktı. Atanmış olduğum pozisyona benim seçilmemin sebebi muhtemelen bu yaklaşımdı. Catalyst kompleksti ve Accelrys'in varolan herhangi bir plantformunun parçası olmayacağından onu yönetebilecek pek fazla bir kişi yoktu. O sırada Catalyst'i yöneten (Accelrys'e Catalyst satın alması ile gelen) Dr. Scott Kahn terfi ettirilecekti ama belli ki kendi yerine birini getirmeden ilerlemek istemiyordu. Pazarlama Genel Müdür Yardımcısı pozisyonuna terfi ettirilince patronum olacaktı kendisi ve bu gelişmekte olan teknolojiyi destekleyip savunacak birini işe almak istiyordu. MDL'de ilk ticari 3D-arama yazılımının piyasaya sürülmesinde katkım olduğunu biliyordu. Bilimsel toplantı ve konferanslarda defalarca karşılaşmıştık.

Konferans organizatörleri tipik olarak birbiri ile ilgili prezentasyonları aynı oturum içinde bir araya topladığından birçok defa, bazen rakip bazen de meslekdaş olarak, Scott ve ben arka arkaya sunumlar yapmıştık. Anlayacağınız benim Catalyst için iyi bir seçim olacağımı düşünmesi pek de sürpriz değildi.

San Diego'ya iş görüşmesine gideceğim zaman, havayolu uçak kapı görevlisi yerimin first class'a upgrade edildiğini söyledi. Şaşırmış bir şekilde içeri girip yerime oturdum. Birkaç dakika sonra Scott hemen yanımdaki koltuğa yerleşiyordu. Kendisi de San Diego'ya uçuyordu ve yerlerimizi yan yana ayarlamıştı. Yıllar içinde mükemmel bir ilişki geliştirdik aramızda. Destekleyici bir müdürdü. Hafiften saçları dökülmeye başlamıştı ve metal çerçeveli gözlükleri vardı. Yaklaşık bir seksen sekiz (188 santimetre) boyu ile girdiği yerde varlığını hemen hissettiriyordu. Hafife alınmaması gereken bir güçtü. Bugün geriye dönüp baktığımda onun mentorum ve müdürüm olarak etrafımda olması konusunda ne kadar şanslı olduğumu görüyorum. Hem üstün bir teknik bilgisi vardı hem de şirket politikaları etrafında seyir yapmayı iyi biliyordu. Ne zaman bir çıkmaza girmiş gibi hissetsem onun desteğini yanımda hissetmek değerliydi.

Örneğin; bir gece Japonya Kullanıcılar Grup Toplantısı için bir prototip yazılım uygulaması sunumu üzerinde çalışıyordum ve takıldım kaldım. Sistem prototip ile çalışmayı reddediyordu. Saat çoktan gecenin dokuzu olmuştu ve ertesi sabah erkenden uçacaktım. Vazgeçmek üzereydim ama son bir umutla Scott'u aradım. Harika bir şekilde telefonda adım adım yönlendirdi beni prototipi nasıl çalıştırıp sistem ile iletişime geçireceğim konusunda. Bir saat sonra bu prototip uygulamanın gelecekte sunabileceği olasılıkları göstermek için kullanabileceğim dar pencereli bir araştırma senaryosu geliştirmiştim. Bu dar pencereli bir senaryo idi yani planlanmış yoldan azıcık bile saparsam herşey çökecekti. Ama prototipi göstermeye niyetliydim: bir fotoğraf bin kelimeye bedeldi. Scott'un yardımıyla artık gösterebilecek birşeyim vardı ve Japonya'daki demo da başarılı oldu.

Scott'un ne kadar destekleyici olduğunu gösteren bu olayı her zaman hatırlarım. Gecenin bir yarısında evinden bana yardım etmişti. Takdir etmiştim onu. İşin esas ilginç yanı ise onun perspektifinden olayı nasıl algıladığıydı. Ona göre vazgeçmemiştim ve kritik bir toplantıdan önce işleri toparlamak için gecenin bir yarısında çalışıyordum. O da beni takdir etmişti.

Scott sonunda Accelrys'de Baş Bilim Yetkilisi (Chief Scientific Officer – CSO) oldu. Ama şirket başarısızlığa sürüklenirken şirketleri tekrar düzlüğe çıkarma uzmanları yönetimi ele alınca, (akıllıca) gemiden atladı. Çabucak Illumina, Inc.'de Baş Bilgi Yetkilisi (Chief Information Officer – CIO) olarak başka bir iş buldu.

Yıllar sonra Scott ile görüştüğümde, Illumina Inc. şirketindeki bu çok üst düzey pozisyon için teklif aldığında benim mülakatımı hatırladığını ve benden feyz alarak kendisinin de aynı taktiği uyguladığını anlattı bana. Çoğu kişi en yüksek rakamı yakalamak için maaş üzerinden pazarlık yapar iş görüşmelerinde. Benim mülakatımın ise bir farkı vardı. Scott ile maaşımın daha yüksek olması için değil de daha fazla hisse senedi seçip alma opsiyonu üzerine pazarlık yapmıştım. Bunun için yönetim kurulunun onayı gerekiyordu. Sonunda da istediğimi elde etmiştim. Yıllar sonraki bu konuşmayı yaptığımızda, Scott Illumina'da çok başarılı bir on yıl geçirmişti ve elindeki hisseler ona milyonlarca dolar kâr getirmişti. Şu anda San Diego'nun en mutena semti olarak kabul edilen Rancho Santa Fe'de çok büyük bir malikânede yaşıyor.

İş görüşmesinde bir pazarlık konusu daha olmuştu. Aylar öncesinden çocuklarla Türkiye'ye bir aylık bir tatil seyahati yapmaya karar vermiş ve uçak biletlerimizi almıştık bile. Bu seyahati iptal edemeyeceğimden iş teklifini Türkiye'den döndükten sonra yapmasını önermiştim. Scott bunu yapmak istememişti. Öyle sanıyorum ki iş teklifini bir ay gecik-tirirse fikrimi değiştireceğimi ya da başka bir şirket tarafından kapıl-abilmem ihtimali olduğunu göz önüne almıştı. Ek bir bonus olarak bir aylık ilave bir tatil vereceğini söyledi. Accelrys'de işte bu olağanüstü güzel şartlar altında işe başladım. Düşünsenize; maaş almaya başladık-dan hemen sonra bir aylık bir tatile çıkmıştım.

Hisse senedi ve ek tatilin yanında ayrıca Accelrys San Diego'ya taşınmamız için bir yer değiştirme paketi de verdi. Şirket ev eşyalarımızı ve iki arabamızı San Diego'ya nakletti. Hemen ihtiyacımız olan eşyalar dışındaki herşeyi yeni evimizi alana kadar depoda saklamamız için tüm işlemleri yaptı. Fremont'daki evimizin satışı ve hangisi olacağına karar verdikten sonra San Diego'daki evin satın alınması için gerekli profesy-onelleri de onlar bulup görevlendirerek ücretlerini ödediler. O zamana kadar da bizi tamamı möbleli bir şirket dairesinde ağırladılar. Bu daireye ilk girdiğimde salondaki masanın üzerinde içinde peynir, sosis, reçel, elma, muz, şarap, şampanya gibi envayi çeşit yiyecek içecek olan büyükçe bir sepet buldum. Üzerinde, "Evinize hoş geldiniz!" yazılı bir not ile her hangi bir şeye ihtiyamız olursa arayacağımız bir telefon numarası vardı. Süreçte işime odaklanabilmem ve verimli çalışabilmem için Accelrys taşınma işlemini bizim için olabileceği kadar sıkıntısız hale getirmek için her şeyi yapmıştı.

Araştırmamızı yaptık ve yerleşmek istediğimiz mahalleyi belirledik. En yüksek derecelendirmeye sahip San Diego devlet okullarının olduğu bölgede bir ev alacaktık. Bu gözde bölgedeki ev fiyatları altın değerindeydi ama her zaman çocukların ihtiyaçlarını önceliklendire-ceğimiz konusunda Zeynep ile aynı fikirdeydik.

* * *

San Diego'nun kuzey ucundaki Del Mar Heights bölgesindeki yeni evimiz en üst derecelendirmeye sahip bir devlet okuluna yakındı. Kurt ortaokul için çok küçük olduğundan onu Solano Beach'deki Skyline School'a yazdırdık.

Bir ay sonra Zeynep ile bir aktiviteye katılmak üzere okula doğru yürürken öğrenci velilerinden biri bize yaklaşıp, "Problem yok, oğlumla Kurt iyi anlaşıyorlar artık. Yeniden iyi arkadaş oldular." dedi. Neden bahsettiği konusunda en ufak bir fikrimiz yoktu.

Sonradan öğrendik ki Kurt bu velinin oğluyla bir konfrontasyon yaşamış ve her ikisi de "detention"[18] cezası almış. Muhtemelen utanmış olduğu için Kurt bize bundan hiç bahsetmemişti. Müdür ve olaya şahit olan öğretmen ile konuştuğumuzda ve Kurt'un kendisini savunmaya çalıştığını da öğrenince açıklamaları bizi tatmin etmedi. Dengesiz bir kınama cezası verilmiş olduğunu düşünüyorduk ve üzülmüştük.

Kısa bir süre sonra Kurt'u özel bir Montessori okuluna geçirdik. Değişiklik için kendini suçluyor gibiydi. Yeni çevresine alışması biraz zaman aldı. Sonunda alıştı ve okulda başarılı bir öğrenci oldu. Artık hepimiz mutluyduk.

Sibel okula gitme yaşına gelince devlet okulunu aklımıza bile getirmedik. Kurt'un Montessori okuluna başlattık. İyi bir öğrenciydi. Notları baştan sona A idi ama orada mutlu değildi. İkinci sınıfı bitirdiğinde Sibel talep edilen standart ulusal teste girdi. Sonucunda bazı mıknatıs okullar[19] kendilerine transfer etmek için davet ettiler.

Bu ulusal sınavda % 99'un üzerinde puan alan çocuklar için San Diego'da "seminer" diye adlandırılan bir program vardı. En üstteki % 0.1'e giren öğrenciler yüksek eğitim standartları olan bu özel programa katılmak için davet edilirdi. Sibel'in Montessori okulundaki birkaç öğretmenine danıştık. Transferden vazgeçirmeye çalıştılar bizi. Öğretmeni bu okullardaki çocuklara çok fazla ev ödevi verildiğini ve çocukların çok fazla strese maruz bırakıldığını söyledi. Bu cesaret kırıcı söyleme rağmen Zeynep Sibel'i evimizden yirmi kilometre mesafedeki mıknatıs okullarından birine geçirmekte ısrar etti. Ben de kabul ettim.

Bu yerinde bir karardı. Sibel mutluydu, iyi ders çalışma alışkanlıkları edindi ve mükemmel bir eğitim aldı. Öğrencilerin ilkokulda "kombinasyonları" ve "permütasyonları" öğrendiklerini görünce etkilenmiştim. Bu seviyede matematiği ben ilk defa üniversitede görmüştüm. Bundan daha da önemlisi Sibel uyum sağlamıştı. Kendisi gibi çocuklar arasında normal hissetti. Arkadaşları hafta sonlarında evimizde kaldıklarında bu yaratıcı çocuklar yaptıkları şeyleri gösteriyorlardı. Bir hafta sonu, Sibel ve bize gelmiş olan bir arkadaşı sadece bir video kayıt cihazı kullanarak bir film yapmaya karar verdiler. Sibel önce kameraya dönük konuşup, sonra kafasını sağa çevirip sanki orada birisi varmış gibi "Sence de öyle değil mi?" diye soruyordu. Bir sonraki karede bu sefer arkadaşı kamera önüne geçip önce kafasını sola çevirerek cevap veriyor, sonra da kameraya bakarak devam ediyordu. İçlerinden birisi sırayla kamerayı tuttuğu halde, sanki çekim süresince sürekli karşılıklı oturuyorlarmış havası veriyorlardı.

Sarı labradorumuz Goldie'yi de filmlerinde kullandılar. Filme ikinci bir köpek karakteri eklemeye karar verdiklerinde Goldie'ye kırmızı bir bandana takarak ilk köpek karakterinden ayrıştırdılar. Pazar akşamı geldiğinde genel olarak bir kısa film yapımını bitirmiş oluyorlardı. Sibel düzenli bir şekilde bu tarz projelere kafa yoruyordu.

Bir gün okulda beden eğitimi dersi sırasında Sibel idari müdürün ofisine çağrılmış. Okul müdürünün yönetici asistanının bir bilgisayar problemi varmış ve birisi Sibel bir baksın tarzı bir öneri getirmiş. Rastlantı bu ya birkaç hafta önce Sibel'e mouse çalışmazsa Alt, Tab ve ok tuşlarını kullanarak bilgisayar menüsüne nasıl komut verebileceğini göstermiştim. Bu kişinin problemi de meğerse buymuş; mouse çalışmıyormuş. Sibel klavye kullanarak bir uzman gibi menülere erişim sağlayıp sistemi yeniden başlatmış (reboot etmiş). Yeniden başlatma mouse'u da çalıştırmış. Böylece dokuz yaşındaki Sibel üç dakika içinde seyreden insanların şaşkın bakışları arasında problemi çözmüş.

Sibel çok iyi bir eğitim alıyordu. Ancak öte yanda Zeynep her gün onu arabayla yirmi kilometre götürüyor ve okul çıkışında da tekrar alıyordu. Onun bu fedakarlığını takdir ediyordum. Bu güçlü başlangıçla Sibel de San Diego'nun eğitim sisteminde tıkır tıkır ilerledi.

* * *

Haziran 1998'de Türkiye'deki kız kardeşim Mine'den bir telefon geldi. Ailecek İstanbul'a yapılan bir gezi sırasında babam bir kalp krizi daha geçirmiş ve hastaneye kaldırılmıştı. Durumu ciddiydi. Hemen bir sonraki uçakla İstanbul'a gittim. Kuzenlerim beni hava alanında karşıladılar. Kuzenlerin evine doğru yol alırken önce babamı görmek için hastaneye gitmemizi rica ettim. Ama o sabah vefat etmişti. Maalesef geç kalmıştım.

Senelerdir görmediğim bir sürü insan ve hiç tanımadığım birkaç uzak akraba da dahil bütün aile fertleri halamın evinde toplandı. Babam her ne kadar laik bir insan olsa da dua ettik. Bir sürü insan anneme, kız kardeşime ve bana başsağlığı dilemek için girip çıkıyordu. Babamın başarıları hakkında kafamda bir sürü fikirler uçuşuyor, etrafta da aynı yönde bir sürü konuşma geçiyordu. Aynı şekilde, karakteri, şakaları ve maceraları hakkında bir takım anılar herkesin dilindeydi. Sersem gibiydim. Hiçbir konuşmayı duymuyordum.

Bir sürü alışılagelmiş adeti yerine getirdik ve en sonunda da cenaze töreni oldu. Tapusu zaten elimizde olan bir mezar alanında büyük-babamın yanına gömdük onu. Ankara'da yaşıyor olsa da annem kendi zamanı geldiğinde oraya gömülmek istediğini söyledi bize. Yaşlı ağaçlar arasında ve bakımlı bir peyzaj içinde güzel ve huzurlu bir mezarlıktı. Harika bir son dinlenme yeri...

Büyükbabam I. Dünya Savaşı sonrasında Türk ve Yunanlılar'ın yer değişimi programının yani mübadelenin bir parçası olarak Yunanistan, Selanik'ten gelmişti. Bu mezarlık göçlerden sonra kurulmuştu ve tapuların çoğu aynı benim atalarımın olduğu gibi Yunanistan'dan göç etmiş kişilere aitti. Cenazeden sonra kızkardeşim Mine'nin gerekli bir ton bürokratik işlemi hallettiği Ankara'ya döndük. Derin düşünceler içinde geçirdiğim birkaç günden sonra da San Diego'ya döndüm.

* * *

Bu arada Yeşil Kart'larımızı (ABD'de oturma ve çalışma izni gibi bazı özel haklar tanıyan Green Card) alalı beş yıl olduğundan vatandaşlığa başvurma hakkımız doğmuştu. ABD vatandaşlığı benim için önemliydi çünkü uluslararası iş seyahatlerim için vizelerimi alırken hâlâ mücadele veriyordum. Babamın ölümünü takip eden günlerde bürokrasiyle uğraşacak hiç takatim yoktu. Vatandaşlık işlemlerini yürütmek için bir avukatla anlaşmaya karar verdim. Göçmenlik konusunda uzmanlaşmış bir avukatı aradım. İlk sorusu, "Problem ne?" oldu. Tereddütümü hissedince, "Vatandaşlığınızı almanıza engel olacak nasıl bir problemle karşı karşıyayız?" diye netleştirdi. "Hiçbir şey, hiçbir problem yok." diyerek açıkladım, "Yeşil Kart'ımızı alalı beş yıl oldu ve vatandaşlık için başvurmak istiyoruz." Cevabı basitti, "Tek yapmanız gereken resmi devlet web sitesine girip başvuru formunu doldurmak!" Biz de nitekim öyle yaptık.

İkimiz de ayrı ayrı vatandaşlık testine girip geçtik ve vatandaşlık yemin töreni için tarih aldık. İşte o kadar meşguldum ki aklıma bile gelmedi gün gelip çatıncaya kadar. O gün törenin olacağı yere gittik. Yaklaşık beş yüz kişinin olduğu büyük bir tiyatro salonu idi. İnsanlar konuşmalar yaptılar ve belli bir noktada bir konuşmacı adı geçen ülkeden olan kişilerin ülke ismi okunduğunda ayağa kalkmasını isteyerek salonda bulunan insanların ülkelerini temsilen ülke isimleri okumaya başladı. Türkiye okununca sadece Zeynep ve ben ayağa kalktık. Meksika okununca neredeyse salonun tamamı ayaktaydı.

Birçok kişi için bu törenin önemli ve unutulmaz olduğunu biliyorum. Ama benim için beklediğimden daha az etkili ve hayal kırıklığı oldu. Tören esnasında kafam işlerle ilgili bir sürü şeyle doluydu. Ama vatandaşlığa kabul belgesini alır almaz derhal ABD pasaportuna başvurdum. O zamandan beri uluslararası seyahatlerim göreceli olarak çok daha kolay oldu.

* * *

İlk baba-oğul seyahatimi Kurt on yaşındayken bir hafta sonu yaptım. Los Angeles'daki satranç turnuvası için San Diego'dan çıkıp iki buçuk saat araba kullandıktan sonra turnuvanın olacağı otele giriş yaptık. Kurt beş yaşındayken satranç oynamayı öğrenmişti ve bir süreliğine iyi gitmişti ama hiçbir zaman işi ciddiye almamıştı. Bu turnuvada çocuklar için bir bölüm vardı. Rekabetçi bir ortamda oynarsa tecrübe kazanır, belki de ilgisi yeniden canlanır diye düşünüyordum. Kurt kendi klasında iyi bir sonuç elde edemedi ama birlikte iyi vakit geçirdik. Ve tabii ki Kurt için babası ile vakit geçirmek, otelde kalmak, dışarıda yemek yemek, havuzda oynamak son derece eğlenceliydi.

2001'de benzersiz bir sergi ABD'ye doğru yola çıkıyordu: "Altının ve Işığın Sarayı: Istanbul, Topkapı Hazineleri." Üç yerde sergilenecekti: Washington, DC; Fort Lauderdale, Florida; ve 14 Temmuz'dan 24 Eylül'e kadar da San Diego Sanat Müzesi'nde. Los Angeles Türk Konsolosluğu Güney Kaliforniya'da yaşayan Türkleri sergiyi desteklemeye çağırıyordu. San Diego bizim şehrimizdi. Zeynep para toplama ve tanıtım için yardım etmek amacıyla gönüllü olmaya karar verdi. Bir etkinlik için evimizi katılımcılara açtı.

Türkiye'den gelen bir grup lise öğrencisi arka bahçemizde folklör gösterisi yaptı. Yaklaşık yüz kişi atıştırmalıklar ve mangal da dahil yiyecek ikramının yapıldığı, konuşmacıların olduğu bu eğlenceli ortamın tadını çıkardı. Zeynep resepsiyon esnasında çok meşguldu. Ben de var gücümle çalışıyor ve lojistik ile ilgili yardımlarda bulunuyordum ama etkinliğin ev sahibi değildim. Bu Zeynep'in rolüydü. Ben de geride durmaya karar verdim. Görünmez oluşum Los Angeles Türk Toplumu'nun saygın (!) bazı üyelerinin Zeynep hakkında yaptıkları küçümser yorumları duymama olanak verdi. Ne yapacağımı bilemedim. Onlarla yüzleşmeli ve olay çıkarma riskini göze almalı mıydım? Yapmazsam bunu Zeynep'e nasıl anlatacaktım? O zamanlar birbirimizle iyi bir iletişim içinde değildik ve bana inanmayacağını düşündüm. Sonuçta Zeynep'e bahsetmemeye karar verdim.

Evin içinde dolanıp etraftan çöpleri toplarken bir kadın bana yaklaşıp konuşmaya başladı. Zeynep'in kocası olduğumu anlayınca, "Aa, bu sizin eviniz mi?" dedi şaşkınlıkla. Cevabım düşünmeye fırsat olmadan otomatik çıktı, "Hayır," dedim. "Büyük bir kısmını ben ödüyorum ama benim evim değil bu." Ağzımdan çıkana inanamıyordum. Kendi evime ait olmadığımı hissettiğimi farkettiğim ilk andı o.

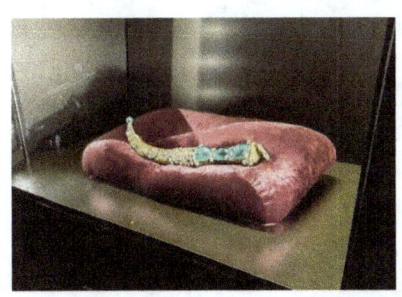

Topkapı Hançeri, bir çetenin hançeri çalmaya çalışmasını konu eden, 1964 yapımı "Topkapı" filminde kullanılmıştı

Güney Kaliforniya'da yapılan birçok para toplama etkinliğinden birisiydi sadece bu, ama San Diego'daki tek etkinlikti ve başarılı da olmuştu. Sergi Temmuz'da açıldı ve çok ziyaretçi gezdi. Hem yerel halk hem de San Diego'yu ziyaret eden turistlere Osmanlı sultanlarının yaşam tarzları hakkında bilgi edinmeleri için eşsiz bir fırsat sundu bu sergi. Normalde birinin bu hazineleri görmesi için Türkiye'ye gidip Topkapı Sarayı'nı gezmesi gerekirdi.

Sergi başarılı olmuştu ve Los Angeles Konsolosluğu Zeynep de dahil bazı gönüllüleri onore etmek için bir resepsiyon tertipledi. Bir de ödül verilecekti. Beraber gider miyim diye sordu. Çıkmaza girmiştim.

Gerçekten de tek yön iki saatlik yolu yapmayı, hem de onunla, ve son-rasında da resepsiyona katılanların ikiyüzlülüğü ve yüzeyselliği olarak değerlendirdiğim bir ortama girmeyi hiç istemiyordum. Daha önce Los Angeles'tan tanıdıkları ile yaptığı görüşmelerde olduğu gibi yolculuğu tek başına yapacağını farz ederek reddettim. Bensiz gitmemeye karar verdi. Daha sonraları yanıldığımı anladım. Biz hâlâ evliydik ve bu etkinlikte eşimin yanında durmalıydım. O gün bugündür bu bencil yanıtımdan pişmanlık duyarım.

* * *

Belli bir süre sonra Catalyst sistemi konusunda ustalaştım. Bu konuda artık bir uzman sayılıyordum. Satış departmanı ne zaman potansiyel bir müşteri adayını bilimsel olarak ikna etme ihtiyacı duysa beni ağır top olarak kullanıyordu. İşim zamanımın yüzde onunu alacak şekilde global olarak seyahat etmemi gerektiriyordu. En sevdiğim desti-nasyonlardan birisi Japonya idi. Ülkenin sözünde durmak, güven telkin etmek, yaşlılara saygı, alçak gönüllülük, sadakat gibi kültürel özellikler-ine hayrandım. Türk köklerimden dolayı bu değerler ile bağ kurabiliyor-dum. Genelde Japonya'ya yılda iki kere seyahat ediyordum. Çoğunlukla yıllık Japonya Kullanıcılar Grup Toplantısı'na katılmak, konferanslarda konuşma yapmak ya da müşteri temsilcileri istediğinde müşteriler ya da potansiyel müşteri adayları ile görüşmek için oluyordu bu seyahatler.

Bu Japonya seyahatlerinden birine hazırlanırken bir farmasötik şir-ket olan Schering-Plough Corporation'de çalışan arkadaşım Dr. Jim Kaminski beni aradı. Aramasına şaşırmadım çünkü aynı toplantıda o da konuşmacı olacaktı ve bazı soruları olabilirdi. Belki de konferans zamanı için akşam yemeği randevusu yapmak istiyordu. Hiçbiri değildi; inanıl-maz üzüntü verici bir haberi paylaşmak için aramıştı. Kısa bir süre önce geç-safha pankreas kanseri teşhisi konduğunu ve hemen bir kemoterapi rejimanına (kademeli uygulama ile iyileşme amaçlayan tedavi) başlamış olduğunu anlattı.

Yıkılmıştım. Önünde yaratıcı ve üretken olarak çalışacağı nice yıllar olan iyi bir bilim insanıydı. Ama bu göreceli olarak genç yaşta artık yaşama savaşı verecekti. Konuşamıyordum. "Doktorum," diyerek devam etti, "Japonya'ya seyahat etmeme izin vermiyor. Prezentasyonum hazır. Benim adıma sunum yapar mısın diye sormak için aradım."

"Bunu yapmaktan gurur duyarım, tabi ki," dememi takiben şirketinin farmakofor modelleme teknolojisini kullanarak nasıl yeni buluşlar yaptığını anlatan prezentasyonunu bana gönderdi. Prezentasyonunda gösterilen bileşikler tescilli değildi. Hatta yakın zamanda yayınlanmıştı.[20] Makalesine yabancı değildim çünkü bir başarı öyküsü ve destekleyip savunmakta olduğum son teknolojinin validasyonu olarak okumuştum zaten. Prezentasyonunun üzerinden gitmek amacıyla birkaç günde bir telefon toplantısı yapar olduk. Yanlız prezentasyonu doğru bir şekilde sunmak için değil aynı zamanda prezentasyon sonrası izleyicilerden gelebilecek soruları yanıtlayabilmem için içeriğini tam olarak anlamam ve öğrenmem gerekiyordu. Telefon toplantımızın en son aldığı kemoterapi uygulamasına yakınlığına göre Jim'in ne kadar acı çektiğini konuşmasından anlıyordum. Onunla konuşmak benim için çok zordu, ama bir kere bilime odaklanınca işler kolaylaşıyordu.

En sonunda Japonya'daki önemli gün geldi çattı. Jim'in konuşmasını sunmak için podyuma çıkıp Dr. Kaminski'nin ailesi ile ilgili bir son dakika acil durumdan dolayı şahsen toplantıya katılamadığı için özür dilediğini anlattım. Kimse yaşam savaşı verdiğini bilmiyordu. Arkadaşım baştan sona eksiksiz bir koçluk yaptığından iyi bir prezentasyon yaptığıma inanıyorum. Toplantının sonunda katılımcılara prezentasyonları derecelendirmeleri için bir anket dağıtılmıştı. En yüksek oy oranını alan iki prezentasyon öne çıkmıştı. En iyisi, beklendiği üzere, Jim'in konuşmasıydı. İkincisi ise farmakofor teknolojisindeki gelişmeleri ele aldığım kendi konuşmam idi. Birkaç ay sonra Jim vefat etti.

* * *

ACS Ulusal Toplantıları bünyesinde çalışmış olduğum iki yazılım şirketi—MDL (1989-1996) ve Accelrys (1996-2005)—için önemliydi. Yazılım şirketleri bu toplantılarda çok sayıda satış kapısı aralama fırsatı yakalar çünkü potansiyel müşteri adayları araçları kendilerinin yabancı olmadıkları bağlamlarda uzmanlar tarafından bizzat kullanarak gösterirken görürler. Biz genellikle fuar alanının dikkat çeken bir lokasyonunda, örneğin ana girişin hemen karşısında, ele geçirilmesi zor, çok büyük bir blok standını[21] tercih ederdik. Yirmi ile otuz bin arasında bir katılımcı sayısı ile ACS Ulusal Toplantıları kimya alanındaki en büyük toplantı olarak bilinir. Medikal, biyoloji ve biyoteknoloji alanlarından da temsilciler katılırdı toplantılara.

ACS katılımımızın temel hedefi pazarlama ve satış olsa da teknik programa dahlimizin de faydalı olacağı kanaatindeydim. Hafta boyunca organize edilen çok sayıdaki sempozyumda ilgilendikleri alanlardaki en son gelişmeler hakkında konuşmalar yapmak üzere dünyanın her yanından bilim insanlarını bir araya getiren bu toplantıların ana amacı teknik program idi. Günün herhangi bir saatinde farklı bölümlerde aynı anda birkaç düzine farklı konferans konuşması paralel olarak yapılıyor olabiliyordu. Öte yandan fuar alanındaki sergi ve standlar katılımcılar için opsiyonel idi. Yaklaşık birkaç yüz satıcı firma fuar alanındaki standlarında fuar ziyaretçilerinin işyerlerinde karşılaştıkları problemlere yönelik çözümler sunuyordu.

Teknik programa katılarak normalde fuar standında yapılan satış konuşmaları ile kafaları bulanmadan ya da hiç bölünmeden müşterilerimiz ve potansiyel müşteri adayları ile bilim içerikli konuşabiliyorduk. Yeni ürünler geliştirildikçe Accelrys'deki bilim insanları normal olarak ilgili sempozyumlarda arada bir makaleler sunuyorlardı ama bu konsepti daha da ileriye götürmek istiyordum. Aklımdaki şey, bilimsel araştırma yapmayı, bilimsel dergi ve bültenlerde makaleler (tercihen bazı müşterilerimiz ile birlikte yazmış olduğumuz) yayınlamayı ve ACS'de farklı farklı birçok ilgili sempozyumda bilimsel prezentasyonlar yapmayı içerecek şekilde daha geniş çaplı bir katılımımız olması ve bu katılımın da çok yönlü olması idi. Böylece ürün müdürlerimin yıllık hedeflerine, yayınlanmak üzere peer-reviewed (bir araştırmacının hazırlamış olduğu çalışmanın aynı alanda uzman diğer araştırmacılar tarafından değerlendirildiği) bilimsel makaleler hazırlayıp vermelerini ekledim. Bildiğim kadarıyla bu sadece benim grubuma özgüydü. Her ne kadar bu onlar için ekstradan çalışma demek olsa da CV'lerini zenginleştirmek adına bu fırsatı takdir etmişlerdi. Bu uğraşı hem şirketteki değerlerini hem endüstrideki statülerini hem de bilimsel saygınlıklarını artırıyordu. İleride iş fırsatlarını değerlendirirken işlerine yarayacak bir uğraşıydı.

Buna ek olarak, ACS'in farklı bölümlerinin liderleri ile istişare etmemin benim için önemli olacağını düşünüyordum. Temel meşguliyet alanımız olan bilgi yönetimi yazılım sistemleri göz önüne alındığında Kimyasal Bilgi Bölümü (Division of Chemical Information) bizimle en yakın ilgisi olan bölümdü.

Bir toplantıda Kimyasal Bilgi Bölümü konuşmalarına katıldıktan sonra hedef dinleyici kitlesinin öncelikli olarak kütüphanecilerden oluştuğunu farkettim. Bu kütüphaneciler genellikle akademik kurumlarda çalışırlar, ama büyük, araştırma tabanlı kimya ve farmasötik şirketleri kendi ihtisas dalları ile ilgili kütüphanelere sahiptirler. Benim kimyasal bilgi vizyonum bilimsel bilgi yönetimi ve uygulamalarını içeren daha geniş bir kapsamla örtüşüyordu. Bölüm liderlerinden birine yaklaşıp teknik programdaki sempozyumun neden sadece kütüphaneciler ya da kimyasal veri tabanları ile ilgili konularla sınırlandırılmış olduğunu, fakat bu veri tabanlarının bilimsel kullanımlarını içermediğini sordum. Cevabı Kimyada Bilgisayarlar Bölümü'nün (Division of Computers in Chemistry) bu tarz konular için daha uygun olduğu yönündeydi.

Cevabı beni tatmin etmedi. Aynı fikirde değildim. Durumdan mutsuz, fikrimi meslekdaşlarım ile paylaştım. Sonra farkettim ki şikayet etmeye hiç hakkım yok çünkü durumu kendi başıma kotarmak için hiç çaba sarfetmemiştim. İşimin bir parçasının ACS Toplantısı fuarlarına katılım olduğunu göz önüne alırsak, ilerideki toplantılarda zamanımı daha verimli yöneterek Kimyasal Bilgi Bölümü teknik programında daha aktif bir role soyunabilmem gerekirdi.

Bölüm komiteleri genellikle ACS teknik programının başlamasından bir gün önce toplanırdı. Ben de bir sonraki ACS toplantısına bir gün erken gittim ve Kimyasal Bilgi Bölümü Program Komitesi'nin toplantısına katıldım. Önümüzdeki üç yıl boyunca gerçekleşecek olan altı ACS toplantısında her bir toplantı için bir sempozyum organize etmek için gönüllü oldum. Bilimsel bilgi yönetimi konusunda altı konu belirlemiştim. Bunları sempozyum başlıkları olarak önerdim. Sonunda, 1998-2001 arasında gönüllü olarak, 2001-2003'te yardımcı program başkanı olarak ve nihayetinde de 2003-2004'te program başkanı olarak Program Komitesi'nde görev yaptım. Senelerce her ACS Ulusal Toplantısı'nda Kimyasal Bilgi Bölümü için en az bir bilimsel sempozyum düzenlendim.

ACS Kimyasal Bilgi Bölümü'nün teknik programı benim katkılarımla evrildi; algoritmalar, uygulamalar, araştırma ve buluşlar gibi yeni konu başlıkları ile zenginleşti. Kimyada Bilgisayarlar Bölümü ile çakışmalar olduğundan sempozyumların diğerinin programında reklamı olması için karşılıklı olarak birbirimizin programlarını destekledik. Program bölüm başkanı olarak benim dönemim biter bitmez genel başkan pozisyonuna aday gösterildim ve seçildim. Bu pozisyon ilk sene "seçilmiş genel başkan", ikinci sene "genel başkan" ve üçüncü sene de "geçmiş genel başkan" olarak üç yıl sürdü. Anlayacağınız Bölüm'ün liderliğinde yaklaşık on yıl ağırlıklı bir katılımım oldu. Bu zaman aralığında Kimyasal Bilgi Bölümü büyüyen bir katılım ve önemli bir görünürlük içerisinde çeşitlilik ve canlılık kazandı. Benim organize etmiş olduğum sempozyumlardan ikisi Kimya ve Mühendislik Haberleri (Chemical & Engineering News)[22],[23] adlı ACS yayınının kapağında çıktı.

ACS'in otuzdan fazla teknik bölümü ve bir sürü alt bölümü olduğunu gözönüne alınca memnuniyetle karışık bir onur duydum.

* * *

Ev ararken kriterlerimizden biri iyi okulların yakınında olmaktı. Nitekim San Diego'nun Torrey Pines Lisesi evimizden kısa bir yürüyüş mesafesindeydi. Okul dört bine yakın öğrencisi ile bir üniversite boyutundaydı. Bölgede çok iyi bir repütasyonu vardı. Oradaki ilk senesinde Kurt basketbol takımına girdi. Her gece okul sonrası sıkı antrenmanları oluyordu. Takımda olacak kadar iyi olduğu halde ilk beşe girecek kadar iyi olmadığından sahaya fazla çıkamıyordu. Basketboldaki rekabet ortamına ayak uydurabilecek yetenekte olmadığını fark etti. Yine de birçok arkadaşı gibi yarım bırakmadı; devam edip ilk senesinin sonuna kadar son derece zahmetli antrenman programına göğüs gerdi.

Sibel Torrey Pines Lisesi'ne başladığında Kurt son senesindeydi ve konuşma ve münazara takımındaydı. Sibel takıma yazılmak için son katılım tarihini kaçırmıştı ama Zeynep koç ile görüştü ve Sibel'i takıma almaya ikna etti. Orada neredeyse taptığı abisi ile yüzyüze gelebilecekti. Bir yarışma esnasında Sibel ve partneri eyalet finallerine katılmaya hak kazanırken Kurt ve partneri turnuvadan elenmişti. Bu ilginç gelişmeyi Kurt olgunlukla karşıladı.

Aradan yıllar geçtikten sonra Kurt Kartal İzci (Eagle Scout) derecesini aldığında küçük kız kardeşi tarafından geçilmiş olmanın ona neler hissettirdiği ile ilgili bir kompozisyon yazmış. İzcibaşı Kurt'un derin ve anlamlı düşüncelerine hayran kalmıştı. Bize yaşından daha olgun olduğunu söylemişti. Ne kadar doğru! Kurt ailede huzur ve barışı sağlayan kişi ve küçük bir kardeşin hayalini kuracağı türden bir abiydi.

* * *

Bir Japonya seyahatim esnasında bir farmasötik şirketinin yazılım sistemlerimizi kullanan kimya grubu ile şahsi bir toplantıya davet edilmiştim. Genelde, Japonya'daki bağlı kuruluşumuzdan bir müşteri temsilcisi ve bir teknik eleman benimle toplantılara gelirdi. Dolayısıyla bu şahsi toplantı talebi garibime gitti. Toplantı yerine vardığımda, beni karşılayıp acele içinde hemen büyük bir toplantı odasına aldılar. Odada ortasında büyük bir ekranın bağlı olduğu bilgisayar ünitesi olan bir masa vardı. Arkamda yarım daire olmuş bir düzine kadar bilim insanı sıralanırken beni—yazılımın gurusunu—bilgisayar ünitesinin önüne, ekranın karşısına geçirdiler.

Ortaya çıktı ki belli bir projedeki klavuz bileşiklerinin ABD'deki bir rakip firma tarafından yapılan patent başvurusunun kapsamı içinde kalacağından endişeleniyorlardı. Bir farmakofor modelini içeren bu patent başvurusundan haberim vardı. Patent yayınlanmıştı ama henüz resmi olarak tebliğ edilmemişti. O zamanlar matematiksel modellemeler patent altına alınamadığından yakın zamanda tebliğ edilmesi de pek mümkün görünmüyordu. Şirketteki bilim insanları patent dökümanlarında yayınlanan detaylardan yararlanarak modelin bir eşini yapabilmişlerdi. Bileşiklerinin modelin etki alanında olup olmadığını kontrol etmemi istiyorlardı. Söz konusu olan her bir bileşiği kontrol ettim. Her bir bileşiği farmakofor modeli üzerinde esnek, üç boyutlu olarak yerleştirdim. Hepsi uyup oturdu. Yani eğer patent tebliğ edilirse bu bileşikler rakip firmanın patent korumasına takılacaktı ve hiçbir değerleri kalmayacaktı.

Zaten o bileşiklerden vazgeçtikleri ve benden sadece son bir teyit almak istediklerinden şüphelendim. Öyle olmasa, bileşiklerini bana göstermeden önce sayfalarca uzunluktaki bir gizlilik sözleşmesine imza atmamı isterlerdi. Ne olursa olsun bana bahşettikleri güven beni onurlandırdı.

Daha sonraki bir Japonya seyahatimde, yeni bir müşteri temsilcisi teknolojimiz hakkında teknik soruları olan bir müşteriyi ziyaret etmemi istedi. Hem bu müşteri temsilcisi hem de müşteri ile ilk defa karşılaşacaktım. Müşteri, müşteri temsilcisi için özellikle önemli birisiydi sanırım çünkü çok gergindi. Yol boyunca müşteriye nasıl yaklaşmam gerektiği konusunda bana bir koç gibi nasihatlar çekti, ne yapıp ne yapmamam konusunda uyardı. Sabırla dinledim, ve en iyi tavrımı takınacağıma söz verdim. Toplantının olacağı yere vardık. Bir düzine kadar bilim insanının büyük bir masanın etrafında oturur beklerken bulunduğu büyük bir konferans salonuna alındık. Yerime oturmamdan bir dakika dahi geçmemişti ki bilim insanlarından birisi, henüz çantamı bile açmaya fırsat kalmadan, son zamanlarda çıkmış olan bir derleme makalemin basılı kopyasını bana uzatarak imzalamamı istedi. Bu hareketten sonra aramızdaki buzlar erimiş olarak gayet samimi, zevkli ve karşılıklı fayda getiren bir toplantıyı tamamladık.

Uzak Doğu ülkelerinden birinde, hava alanında. En sağdaki benim.

Bu arada, Dr. Henry ile arama isabet listelerinin değerlerini derecelendirmek için geliştirmiş olduğum GH-Skoru dikkat çekmeye başlamıştı. Yayınlamamız gerekiyordu. Biz de iki makale üzerinde çalıştık. Birincisi denklemin derivasyonunu gösteren teoriyi açıklıyordu. Bunu Dr. Henry ile ortak yazmıştık. İkincisi ise uygulamalara odaklı idi. Onu da Dr. Marvin Waldman ile ortak yazmıştım. Makaleleri tamamlamak ve sonunda Kimyasal Bilgi ve Bilgisayar Bilimi Dergisi'ne göndermek aylarımızı aldı.

Bunu takip eden birkaç ay daha geçmişti ki Marvin makalelerin akibetini sordu. Editörü arayıp sordum. Özür dileyerek bir süreliğine nereye koymuş olduğunu hatırlayamadığını, ama derhal peer-review için göndereceğini açıkladı. Gecikme beni hayal kırıklığına uğratmıştı. Sonrasında ise öyle görünüyordu ki bu sefer de dergi değerlendirme işlemini aceleye getirmişti çünkü sadece bir ay kadar sonra bir tanesi negatif olmak üzere değerlendiren uzmanların yorumları bana ulaştı. Şu anda karşı çıkmasının sebebini tam hatırlamıyorum ama negatif değerlendirmeyi yapan uzmanın önermemizi anlamamış olmasına ve konuyu irdelemek için kendisi ile kontağa geçmemi tavsiye etmesine üzüldüğümü gayet net hatırlıyorum. Telefonu kapıp hemen aramak istedim kendisini ama telefon numarası yoktu ve imzasından da ismini çıkarmak mümkün değildi. Yani bu meseleyi takip etmek için önce derginin editörünü arayıp telefon numarasını almam gerekecekti.

Bu arada İlaç Tasarımında Kullanılan Farmakofor Kavramı, Geliştir-ilmesi ve Kullanımı konulu kitabın derlemesini yapıyordum ve far-kettim ki o iki makale bu kitaba çok uygundu. Dolayısıyla, derginin baş editörünü aradığımda değerlendiren uzmanın telefon numarasını istemek yerine makaleleri başka yerde yayınlanmak üzere geri çektiğimi bildirdim.

Bir farmakofor kitabı hazırlama fikri Ulusal ACS Toplantıları'ndan birinde farmakofor modelleme alanındaki son gelişmeler konusunda düzenlemiş olduğum bir sempozyumda doğdu. Toplantıdan birkaç hafta sonra bir yayıncı bana ulaşıp sempozyumumdaki konuşmacıları be-nim derlemesini yapacağım bir kitap yazmaya ikna edip edemeyeceğimi sordu. Taahhütün büyüklüğü konusundaki endişelerimden dolayı senelerdir böyle talepleri kesin bir dille reddediyordum ama bu yayıncı çok ısrarcı çıktı. Bir noktada sıkı bir araştırma yaptığını ve başlığında "farmakofor" kelimesi geçen tek bir kitaba rastlamadığını söyledi. Bu bir ilk olacaktı. Beni ikna etti. Ben de buna karşılık aynı şekilde diğerlerini farmakoforlar hakkındaki ilk kitaba katkı sunmak üzere ikna ettim.[24] Hakikaten de yoğun bir çalışma gerektirdi ama çok tatmin edici oldu. En sonunda, 2000 yılında yirmi yedi bölümlü kitap basıldı. Bölümlerin beş tanesinde benim katkım vardı ve iki tanesi de orijinal GH-Skoru makalelerinden oluşuyordu.[25],[26]

Kitaba katkı verenlerden birisi İngiltere'deki University of Sheffield'da saygın bir bilim insanı olan Dr. Peter Willett idi. Kendisi benzerlik aramalarını analiz etmek için kullanılan farklı farklı ölçütleri değerlendirmeyi içeren bir proje üzerinde çalışıyordu ve GH-Skoru'nu çalışmasına dahil etmeye karar verdi. Bu çalışma hakkında 2002'de bir makale yayınladı.[27] GH-Skoru ve "kümülatif geri çekilme" diye adlandırılan bir diğer ölçüt değerlendirdikleri arasında en yüksek performansı gösterenlerdendi. Bu GH-Skoru'na güvenirliği artırdı ve insanlar nedir ne değildir diye sormaya başladılar. Yayınında Willett, GH-Skoru'ndan "Güner-Henry Skoru" diye bahsediyordu. Bu adlandırma tuttu ve yapıştı kaldı. Bir insan bundan şanslı olabilir mi? GH-Skoru'nun yaratıcılarının isimlerinin başharfleri rastlantısal olarak G ve H idi. "Güner ve Henry tarafından geliştirilmiş GH-Skoru" olarak kullanılan atıf "Güner-Henry Skoru" olarak değişti. Otuz yıl önce ileri matematikten nefret eden ve ilk yıl kalkülüs dersinden zar zor C alan çocuk büyümüş ve adını bir matematik formülüne yazdırmıştı.

Yıllar sonra bir ACS Ulusal Toplantısı'nda Güner-Henry Skoru'ndan yaklaşık bir düzine kadar makalede öne çıkan bir şekilde bahsediliyordu. Formül ortağım Dr. Doug Henry sempozyumlardan birinde konuşmacıydı. Konferans başkanı onu "GH-Skoru'ndaki gizemli H" olarak tanıttı. Konferans sırasındaki bir resepsiyonda Kimyasal Bilgi ve

Bilgisayar Bilimi Dergisi'nin baş editörü yanıma yaklaşıp özür dilemek istediğini söyledi. Aşağı yukarı bir on yıl önce dergisine göndermiş olduğum iki orijinal GH-Skoru makalesi için uygun hakemler atamamış olduğunu izah ederek gelecekte makalelerimi tekrar dergisine göndermeyi dikkate almamı rica etti.

* * *

Detroit'e yapacağım bir tavla seyahati için o zamanlar onbeş yaşında olan Kurt'u da yanıma kattım. Akşam yemeği için grup olarak her dışarı çıktığımızda Kurt spor, istatikler ve dedikodular hakkındaki bilgisi ile etrafımızdaki insanları şaşkınlığa uğratıyordu. Bir seferinde hep birlikte restorana doğru arabayla giderken Kurt'un bilgisini ortalığa saçışına şahit olunca ABD tavla sahnelerinde başrolde olan bir oyuncu arkaya dönüp Kurt'a kaç yaşında olduğunu sordu.

Kurt'un genel olarak her türlü spora ilgisi vardı ama özellikle basketbol ile ilgileniyordu. Sanırım bu ilgisi, sonunda, güçlü bir basketbol programı olan Gonzaga Üniversitesi'ni seçmesinin de en önemli sebebiydi. Tabii ki üniversitenin vermiş olduğu mütevazı bir üstün başarı bursunun da etkisi vardı. Artık basketbol oynamamasına rağmen oyuna yakın olmak istiyordu. Bir taraftan değişik değişik işlerde çalışırken Gonzaga'da Lisans ve Yüksek Lisans derecelerini aldı. Yaptığı işlerden birisi ev sahibi takım olarak oynadıkları maçlarda basketbol sahasında bizzat bulunarak basına istatistikler sunmaktı. Gonzaga'dan ayrıldıktan sonra bile birkaç yıl boyunca blogunda her oyundan sonra analizler ve makaleler yazdı.

Bir seferinde de İngiltere'ye yapacağım bir iş seyahatinde o zamanlar on dört yaşında olan Sibel'i yanımda götürdüm. Cambridge'deki ekibim ve yazılım geliştiricileri ile yapacağım rutin bir toplantı seyahati idi. Tipik bir seyahat programında Kaliforniya'dan Pazartesi sabahı ayrılıp Salı sabahı erken saatlerde, Cambridge'e götürmek üzere beni bekleyen bir arabanın olduğu Gatwick Havalimanı'na varıyordum.

Koltuğun arkasını yatırıp Cambridge'e olan üç saatlik yol boyunca kısa bir şekerleme yapıyor, akabinde otelime giriş yapıp duş aldıktan sonra da ofise gidiyordum. Haftanın geri kalanı Cambridge ofisinde çalışarak geçiyordu. Cuma akşamı işten sonra trenle Londra'ya gidip orada bir otele yerleştikten sonra en sevdiğim Türk restoranlarından biri olan Mayfair'deki Sofra Restoran'da akşam yemeği yiyordum. Garsonlar her seferinde beni tanıyıp son gittiğimin üzerinden bayağı vakit geçmiş olduğu yorumunu yapıyorlardı. Sanırım benim oralarda yaşadığımı düşünüyorlardı.

Cumartesi sabahı Leicester meydanındaki yarı fiyatlı bilet satan gişeye gidip müzikallerden birine bilet alıyordum. Sırada beklerken iki oyun seçiyor ve sıra bana geldiğinde en iyi koltuğu alabildiğim oyuna bilet alıyordum. Tek kişi olduğumdan genellikle ön orta gibi harika koltuklar bulabiliyordum. Pazar sabahı da artık San Diego'ya dönüyordum. Cumartesi gecesi konaklama yaparak uçak biletinde büyük bir indirim alıyordum. Bu sayede de Londra'da bir gece fazladan konaklıyor olmama rağmen seyahat masraflarımda tasarruf etmiş oluyordum.

Sibel de bu seyahat esnasında çabucak kendi rutinini oluşturdu. Ben çalışırken otel etrafında vakit geçiriyordu. İşten döndüğümde birlikte Cambridge civarında yürüyor ve akşam yemeği yiyorduk. Bu yürüyüşlerden birisinde, "Nasıl oluyor da halen annemle evlisin?" diye soruverdi.

Zeynep ile boşanmaya kalkmamızın üzerinden on bir yıl geçmişti. O zamanlar Sibel üç, Kurt ise altı yaşındaydı ve henüz okula başlıyordu. Çocuklar için bir arada kalmaya karar vermemizi takip eden zamanlarda evliliğimizin sadece bir formaliteden ibaret olduğunu düşünüyordum. Bu soruyu sorduğuna göre, belli ki Sibel disfonksiyonel bir evlilik içinde olduğumuzu fark etmişti.

* * *

Kaliforniya Üniversitesi San Diego Kampüsü'nde Bilim İnsanları ve Mühendisler için Yöneticilik Programı (Executive Program for Scientists and Engineers - EPSE) diye bir ek program vardı. Hiçbir yönetim tecrübesi olmayan ama artık kariyerlerinde yönetici (ya da potansiyel yönetici) pozisyonuna ulaşmış bilim insanları ve mühendisler için tasarlanmıştı. Yoğun meşguliyetleri olan üst düzey yöneticiler için bir mini-MBA (İşletme Yüksek Lisans Derecesi) gibiydi. Her Pazartesi günü tam gün olarak, bazen de hafta sonları da dahil dokuz aylık bir programdı. Accelrys bana ve geliştirme ekibinde benim mevkidaşım olan Dr. Marvin Waldman'a bu kursu almamız için sponsor oldu. Sadece kurs ücretini ödemekle kalmayıp takip eden dokuz ay boyunca kursa devam edebilmemiz için Pazartesi günleri işten izinli olmamıza da olanak sağladılar.

Ben hem ürün yönetimi ve kimyasal enformatik hem de kimya ürünlerinin pazarlanmasından sorumluydum. Marvin'in alanı ise kimya ürünlerinin geliştirilmesiydi. Böyle olunca Accelrys'deki görev sürem boyunca Marvin ile sürekli istişarede bulunup birlikte çalışır buldum kendimi. Zeki ve üstün analitik yeteneği olan bir kişidir kendisi. Bir sonra piyasaya sürülecek yazılımda hangi özellikleri dahil edeceğimiz konusunda, maliyet ve fayda dengesini sağlamaya çalışarak, neredeyse her zaman kıyasıya bir mücadeleye girerdik. Accelrys bize yatırım yapıyordu artık; belki de bizi şirkette gelecekte alacağımız belli üst düzey yönetim rollerine hazırlamak için. İyi hissettirmişti bu bana. Ne güzel günlerdi onlar... Eskilerde kaldı tabi böyle şeyler.

EPSE benim için çok faydalı oldu. Pazarlama ve satış, fiyatlandırma ve paketleme, liderlik ve yönetim, ekip oluşturma, yönetim ekonomisi, işletme yönetimi ve insan kaynakları da dahil birçok konu işlendi. Öğrendiğim bazı kavramları işte karşılaştığım bazı zorlukları yenmek üzere derhal uygulamaya koyabilmiştim. Örneğin; Cerius-2 diye adlandırdığımız küçük-molekül modelleme ortamımızın gelecekteki yönünü masaya yatırmak için yaratıcı bir beyin fırtınası toplantısı organize ettim. EPSE'deki derslerde öğrenmiş olduğum çeşitli teknikleri kullanarak sistemin geleceği için önceliklerimizin neler olması gerektiğini tespit ettiğimiz verimli bir toplantı gerçekleştirmiş oldum.

EPSE'nin daha cezbedici kısımlarından birisi Capstone diye adlandırılan bir simülasyonlu iş yönetimi yarışmasına katılmaktı. Doğru; çok eğlenceliydi, ama aynı zamanda ekip oluşturma ve yönetme hakkında da çok şey öğretti. Pilotların ve astronotların farklı zorluklarla başetme deneyimi kazanması ve iyi önseziler geliştirmeleri için kullanılan uçuş simülatörleri gibiydi. Burada bir simülasyonlu iş yönetimi egzersizini tamamlamak durumundaydık. Her bir takım zor durumdaki bir 100 milyon dolarlık şirketin "yönetimini üstlenip" simülasyonlu sekiz sene boyunca yönetecekti. Her bir ekip CEO, finans, araştırma ve geliştirme (AR-GE) ve pazarlama ve satış rollerini aralarında paylaşacaktı. Her bir tur (yani her bir simülasyonlu yıl) için her bir ekip üyesi ilgili olduğu alanda birçok kritik karar almak zorundaydı. AR-GE ürün geliştirme kaynaklarını önceliklendirmek, yeni ürünler sunmak ve var olan ürünleri piyasada daha cazibeli kılmak için uyumlu hale getirmek zorundaydı. Pazarlama kararları hangi piyasa segmentlerine odaklanılacağını, fiyatlandırmayı ve hangi üründen ne kadar üretileceğini içeriyordu. Bir de finansal kararlar vardı: yatırımların nerelere yapılacağı, işe alımlar ve işten çıkarışlar, kâr payı verilip verilmeyeceği. CEO da her departmanın kararını gözden geçirip şirketin genel stratejileri ile aynı doğrultuda olup olmadığını kontrol edecekti.

Bizim ekip iyi iş çıkaramadı. Hayal kırıklığına uğramış ve sinirlenmiştim. Genel bir stratejide karar kılmıştık. Departman kararlarını önerme işlemini düzenlemiş ve kararların nasıl sunulacağını belirlemiştik. Bir iş seyahatimden dolayı sınıfta derse katılamayacağımdan benim almam gereken kararları daha önceden kararlaştırdığımız gibi e-posta ile gönderdim. Geri döndüğümde, daha önce aldığımız kararın aksine, tavsiyelerimin değiştirilmiş olduğunu gördüm. Derslerde öğrenmiş olduğumuz Tuckman Modeli izlenmesi gereken sıra ile Forming

(Görev ve Sorumlulukları Oluşturma), Storming (Farklılıkları İnceleme), Norming (Kararların Nasıl Uygulanacağı Üzerinde Anlaşma) ve Performing (Birlikte Performans Yaratma) kategorilerinden oluşur. Biz Norming kategorisine sadık kalmadığımızdan başarısız olduk. Belli ki Storming evresini tamamıyla gözden geçirmemiştik. Oysa ki gerçekten de iyi bir stratejimiz olduğundan yüksek beklentilerim oluşmuştu. Ama bazı ekip üyelerimiz ilk baştan kabul etmiş olmalarına rağmen bizimle aynı gemide olmadıklarından stratejimizi uygulamaya koyamadık.

Bu deneyim her ne kadar hayal kırıklığı yaratmış ve sinir bozucu olsa da benim için grup psikolojisini anlama ve farklı hırsları, yetenekleri, beklentileri ve ihtiyaçları olan insanlarla iş yapma konularında öğretici oldu. Başka şeyler de öğrendim: ihtiyaç olduğunda bir lider gibi duruma nasıl hâkim olunur; hepimizin nasıl birbirimizle çalışmak zorunda olduğumuz; ve de bir ekip disfonksiyonel olduğunda başarısızlığın nasıl kaçınılmaz olduğu.

Bir süre sonra, eğitmenimiz, kursu tamamlamış olduğumuzdan dolayı katılmaya hak kazandığımız bir uluslararası Capstone yarışması olduğu haberini verdi bize. Yarışmak istiyordum; iyi bir strateji ve fonksiyönel bir ekiple sonuna kadar gitmek istiyordum. Marvin'e fikrimi açtım ve kaydolduk. Yarışmanın ilk bölümünde her ekip farklı iş öncelikleri olan beş bilgisayar ekibine karşı yarışacaktı. Capstone, eğitim amaçlı olarak, birbirinin biraz farklı iş stratejileri olan bu sanal bilgisayar oyuncularını yaratırdı. Muhtemelen sanal oyuncular tüm yarışmacılar için eşit bir mücadele şansı oluşturduğundan uluslararası yarışmanın ilk etabı için de bunları kullanıyorlardı. İnsanlardan oluşan her ekip aynı beş sanal bilgisayar oyuncusuna karşı yarışacaktı.

İnsan ekipleri her bir simülasyonlu yıl için iş talimatlarını günde bir kere veriyordu. Gün sonunda sistem her şirket için yıllık raporunu sunuyordu. Bu sekiz simülasyonlu yıl ve sekiz gerçek gün boyunca devam etti. Sekiz günün ardından yarışmanın birinci etabının sonunda şirketlerinin kümülatif kârları ve en son hisse bedelleri baz alınarak ekipler derecelendirildi. En üstteki altı ekip finalist oldu. Finaller bir Cumartesi günü—farklı farklı zorlukları ve iş talimatları ile—her bir simülasyonlu yıl tek bir saate sıkıştırılmış olarak gerçekleşti. Finallerde, altı finalist sanal oyuncularla değil de birbiri ile yarıştı. Sekiz saatin sonunda, Capstone, yine şirketlerin kümülatif kârlarını ve en son hisse bedellerini baz alarak, şampiyon ekibi açıkladı.

Kırk ülkeden yüz kırk altı ekip yarıştı. Her ne kadar acımasız ve gerçek hayatta uygulaması zor olsa da Marvin ve benim hissiyatımız mükemmel bir stratejimiz olduğu yönündeydi. Birinci sene ihtiyacımız olan optimum imalatın üzerinde üretim yapan fabrikaların hepsinin satılmasını ve o fabrikalarda çalışan insanlardan bir kısmının işten çıkarılmasını takiben geri kalan personelin yüzde elli zamlı maaş alarak fazla mesai yapmasını içeriyordu planımız. Fabrikaların satışından ve işten çıkarmalardan kazanacağımız paranın tamamını ve alabileceğimiz maksimum miktardaki tüm kredilerden gelecek nakiti AR-GE'ye yatırım yapmak için kullanarak ilk senemizde üç yeni ürün lanse edecektik. (Kurallar gereği sekiz turun tamamında maksimum üç yeni ürün lansmanına izin veriliyordu.) Üç ürünün tamamını ilk turda lanse ederek bu ürünlerin gelirinden ileriki turların tamamında faydalanıyor olacaktık. Ayrıca, en azından başlangıçtaki birkaç yıl için rekabetçilerimizin çoğundan üç ürün fazlaya sahip olmanın avantajını yakalamış olacaktık. Yeni ürünler bir kere lanse edildikten ve iş yeniden büyümeye başladıktan sonra ilk turda işlerini kaybeden insanları tekrar işe alacaktık. Ve iş daha da büyümeye devam ettikçe işgücünü artıracaktık.

Stratejimiz işe yaradı. En yüksek puanı alan finalist biz olduk. Altı finalist arasından ikisi aynı üniversitendi: Istanbul, Türkiye'den Bilgi Üniversitesi. Finallerde hile yapıp birlikte çalışmış olabilecekleri şeklinde fikir yürüttük ama kısa bir süre sonra vazgeçtik bu fikirden. Zaman aralığı o kadar kısaydı ki nasıl verimli bir işbirliği yapacaklarını hesaplayabilmeyi bir tarafa bırakın, talimatlarını bir araya getirmeye yetecek kadar bile vakit bulmuş olamazlardı. Finallerde tüm kararlar bir saat içinde alınıyor olmalıydı.

Analitik düşünme kabiliyetini göz önüne alarak en zor ve kritik kararları Marvin'in almasına karar vermiştik. Bir saatin kırkbeş dakikasını her bir ürün için üretim seviyesini hesaplamaya ayıracaktı. Piyasanın neyi kaldırabileceğinin; rakip firmaların neler yapacaklarının öngörüsünün; en kârlı fiyat seviyesinin ne olacağının ve rakip firmaların hepsinin yıllık raporlarının analizini yaparak bunu belirleyecek algoritmalar geliştirmişti. Geri kalan herşeyi ben idare edecektim: finans, satış, pazarlama ve AR-GE. Bir saatin son on dakikasında birlikte çalışarak önce her bir departmanın kararını girecek, ardından da o kararlar dizisinin tamamını gözden geçirip hemfikir olduktan sonra bildirimimizi sunacaktık.

Bir saatin sonunda bilgisayar her bir şirketin kararlarını kullanarak satışını, kârlılığını, vb. saptayacak ve bunu takiben de her şirketin yıllık raporunu yazdıracaktı. Aralıksız sekiz saat boyunca bu işlemi yapıyor olacaktık. Marvin parasını kazandığı normal işinde bile bu kadar yoğun çalışmadığını öne sürerek şikayet ediyordu.

Stratejimize karar vermiş olduğumuzdan finallerin başlangıcında zaten ilk yıl talimatlarımız kararlaştırılmıştı ve talimatları hayata geçirmek için ihtiyacımız olan tüm bilgiye sahiptik. İlk yıl sonuçları açıklandığında, herkesinki gayet iyiyken, bizim hisse fiyatlarımız olağanüstü bir şekilde sıfıra yakınlaşarak dibe çakıldı. Sistem bol miktarda yüksek faizli kredi almış olmamızı, fabrikaları kapatmamızı ve insanları işten çıkarmamızı sevmemişti. İkinci senenin sonunda, üç yeni ürün eklenmesi ile piyasanın lideri olarak ilerlemeye başladığımızda, hisse fiyatı tekrar normal seviyelere tırmandı. Stratejimizle ilerlemeye devam ettikçe hisse fiyatı artmaya devam ederek herkesinkinin üzerine çıktı ve sağlam ve kesintisiz bir şekilde liderliği ele geçirdik.

UCSD Extension Students Win Business Simulation Contest

Two San Diego scientists defeated more than 200 other business school competitors in 146 teams to take first place in a recent worldwide business simulation contest. Marvin Waldman, Ph.D., and Osman F. Güner, Ph.D., both participants in the University of California, San Diego (UCSD) Extension's Executive Program for Scientists and Engineers, were named as the most successful business strategists in the 2001 Capstone Business Simulation Competition held on April 28.

Waldman and Güner, R&D and marketing directors from Molecular Simulations Inc. of San Diego, were tested on their ability to effectively run a fictitious multimillion-dollar corporation. In the finals, they spent one day participating in a simulation that mirrored the decisions executives might make while running a company over eight years. They turned a cumulative profit of $249,894,560 for their fictional company, almost $80,000,000 more than their next closest competitors, a team from Istanbul, Turkey.

Capstone Business Simulation, developed by Management Simulations Inc. of Northfield, Ill., trains business people to run a $100 million company the way a flight simulator trains pilots. Each team sets its company's own strategic direction and develops the tactics to drive it forward. In the simulated environment, teams battle for market share and profits for eight simulated years. The UCSD Executive Program for Engineers and Scientists is an intensive nine-month training program for scientists and engineers that uses the Capstone program to help participants see business from a new perspective. Management Simulations

15 Haziran 2001'de haftalık ComputerEdge Dergisi'nde çıkan haber

Yarışmanın ortalarını geçtiğimiz bir noktada rakiplerden birisi fiyat kırarak belli bir segmentte sürekli satışlarımızı baltalıyordu. Can sıkıcıydı bu. Fiyatlarımızı kârlı bir seviyede tutmak zorundaydık. Bu rakip sanki kârlılık umurlarında değilmiş gibi fiyatlandırma yapıyordu. Rakibin hakkından gelmeye karar verdik. Yarışmanın sonundan iki tur önce ürünleri kabul edilen en düşük değerden alt piyasada fiyatlandırdık ve pazarın gerektirdiğinden çok daha fazla üretim yaparak piyasayı kendi ürünlerimize boğduk. O ürünler bizim için kâr getirmeyecekti ama rakiplerimizin tümü, aynı ürünü daha yüksek fiyattan satamayacakları için, son seneye kocaman bir stok (inventory) ile girmek durumunda kalacaktı. İşe yaradı. Yarışmanın son turuna girerken biz hariç herkes zor durumdaydı. Daha önceki turlarda ısrarlı bir şekilde borçlarımızı geri ödemiştik ve hiç borcumuz kalmamıştı. Öte yandan bankada 250 milyon dolar nakitimiz birikmişti. Başka hiç kimsenin bu kadar nakiti yoktu. Nakit değil, sadece kümülatif kâr ve hisse fiyatı final skoruna katıldığından, nakitin tamamını kâr payı olarak hissedarlara dağıtmaya karar verdik. Sonuçlar açıklandığında, bonkörce verilmiş kâr payından dolayı, hisse fiyatımız pay başına 15$'dan 90$'a fırladı. Kazandık! Hem de büyük bir farkla!

EPSE kursunun bir diğer doğrudan sonucu da kurstan edinmiş olduğum materyali grubumdaki ürün müdürleri ve ürün uzmanları için bir workshop (çalıştay) inşa etmek için kullanabilecek olmamdı. MBA sahibi iki kişi hariç ekibimdeki herkes doktora sahibiydi. Harikulâde bilim insanlarıydı ama çoğunun, benim EPSE kursundan önceki halimde olduğu gibi, iş hayatında öğrendiği bir iki şey hariç pek iş becerisi yoktu. Farklı mesleki görevlerinde kullanmak üzere iş kavramlarının temellerini anlamaları için bu workshop onlar için mükemmel bir biçilmiş kaftandı. Workshop o kadar başarılıydı ki her sene tekrarlamaya karar verdim. Nitekim zamanla değişik departmanlardan ürün müdürlerinin de katıldığı üç günlük bir workshop'a evrildi olay. En sonunda da hem bir Capstone eğitimi hem de dünyanın her tarafından şirketin orta seviye müdürlerinin katıldığı bir yarışmayı kapsayan beş günlük bir workshop organize etmeyi başardım.

* * *

Accelrys'deki görev süremin sonlarına doğru sanırım orta yaş krizime girmiş olabilirim. Ve bu, hayatımda kendimi şımartmak adına sahip olduğum tek tük zevklerden biri olan siyah deri koltuklu, üstü açılır, kırmızı bir Mustang formunda tezahür etti. 2005'te yeni bir araba arayışı içindeydim, ama daha önce hiç yepyeni, kullanılmamış bir araba almamıştım. Her zaman, genellikle dört beş yaşlarında, kullanılmış bir araba satın almıştım. Ama parlak kırmızı Mustang'ı görünce muhakkak deneme sürüşüne çıkmalıyım diye düşündüm. Üstünü açtım, galerinin etrafındaki sokaklarda birkaç tur attım ve bu yetti. Kararımı vermiştim; alacaktım. 2004 modeldi yani sadece bir yaşındaydı. Üzerinde on iki bin küsur kilometre vardı ki bu benim standartlarıma göre yeni sayılırdı. Accelrys'deki işimin inanılmaz derecede stresli olduğu bir dönemdi ve zihnimi başka şeylerle dağıtmaya, hayatıma pozitiflik katacak bir şeye ihtiyacım vardı.

Accelrys'de geçirdiğim süre net olarak birçok iyi hatıra biriktirmeme olanak verdi. Orada geçen yaklaşık on yılda hem genel olarak hem de bir bilim insanı olarak gelişme göstermiş, iş yönetimi konusunda da daha derin bir bilgi birikimi edinmiştim. İyi para kazanmış; dünyayı gezmiş; Amerikan vatandaşı olmuş; sahibiymiş gibi hissetmediğim bir ev ve kullanmaktan gerçekten zevk aldığım bir Mustang araba satın almıştım. Çocuklarımın gelişmesine, büyümesine ve mezun olmasına tanık olmuştum. Kısacası, harika vakit geçirmiş ve hatırlamaya değer hayat tecrübeleri edinmiştim.

Ancak gerçek şuydu ki en sonunda pek de onurlu olmayan bir şekilde işten çıkarılmıştım ve sonrasında ne yapacağımı bulmak zorundaydım. Her zaman yeni ilaçlar keşfetmek/ tasarlamak istemiştim. Gelecekteki işim bunu gerçekleştirmeme yardımcı olabilirdi. Bilim insanlarının yeni ilaçlar tasarlamasına yardımcı olacak araçlar geliştirmekte on altı yıl boyunca parmağım olmuştu. Şimdi artık bu araçları kendim kullanıp, o birikimden yararlanarak kendim ilaç tasarlamak istiyordum.

Belli bir süredir aklımdan geçen bir fikir vardı: kontratlı araştırma servisleri sunmak üzere kendi danışmanlık işimi başlatmak. Neden olmasın?

Notlar:

[18] Gün sonunda okul bitince öğrenciler dağıldığında ya da öğle tatili sırasında belli bir süre için cezalı öğrencinin sınıf ya da okuldaki başka bir yerde tutul ması

[19] Mıknatıs okullar ABD'de bazı özel dersleri ya da tamamı özel müfredatı olan okullardır. 'Mıknatıs Okul' (Magnet School) modeli 1960'lı yıllarda oluşturulmuştur. Bu modelin ilk meydana çıktığı yıllardaki amacı, devlet okullarında ırk ayrımcılığının engellenmesidir. Ancak günümüzde Amerika'daki mıknatıs okullar çok daha farklı amaçlara hizmet eder. Son derece seçici olan bu okullar en kalifiye, en başarılı, en çalışkan öğrencileri bünyelerine katmak için çalışır. Sayıları çok az olduğu için de büyük rağbet görürler.

[20] J. J. Kaminski, D. F. Rane, M. E. Snow, L. Weber, M. L. Rothofsky, S. D. Anderson, and S. L. Lin; "Identification of novel farnesyl transferase inhibitors using three-dimensional database searching techniques," *J. Med. Chem.* **1997**, *40(*25), 4103–4112.

[21] Prezentasyon alanı, özel toplantı bölümleri ve görüşme alanı gibi farklı farklı bölümleri olan, birçok standart standa göre çok daha büyük bir alana sahip ve genellikle dört tarafı fuar ziyaretçilerine açık stand şekli.

[22] *Chem. Eng. News* Cover Story – *June 5*, **2000**.

[23] *Chem. Eng. News* Cover Story – *April 29*, **2002**.

[24] Pharmacophore Perception, Development, and Use for Drug Design, Osman F. Güner Ed., Int. University Line, La Jolla, **2000**.

[25] Güner, O. F. and Henry, D. R. "Metrics for Analyzing Hit Lists and Pharmacophores" in *Pharmacophore Perception, Development, and*

Use for Drug Design, Güner, O. F. (Ed.), International University Line, **2000**, 193-211.

[26] Güner, O. F. Waldman, M.; Hoffmann, R.; Kim, J-H. "Strategies in Database Mining and Pharmacophore Development" in *Pharmacophore Perception, Development, and Use for Drug Design,* Güner, O. F. (Ed.), International University Line, **2000**, 213-232.

[27] Raymond, J.W. and Willett, P., "Effectiveness of graph-based and fingerprint-based similarity measures for virtual screening of 2D chemical structure databases" *J. Comp.-Aided Molec. Des.,* **2002**, *16(1),* 59-71.

8

50'den Sonra: Turquoise Consulting'de

San Diego, Kaliforniya, 2006-2010

Accelrys'ten ayrıldıktan sonra, kendi şahıs şirketimi başlatmaya o kadar niyetliydim ki başka şirketlerde iş aramakla pek ilgilenmedim. Sadece tek bir iş görüşmem oldu: Accelrys'in küçük bir rakibi olan Tripos Inc.'de Pazarlama Genel Müdür Yardımcısı pozisyonu için. Onlar da zaten diğer adayı seçtiler. Diğer adayın kim olduğunu öğrendiğimde onlarla tamamen aynı fikirdeydim; iyi bir seçimdi. Onyedi yıl önce MDL'de işe başladığımda o müşteri hizmetlerinden sorumlu Genel Müdür Yardımcısı idi. Çok saygı duyduğum birisiydi.

Bu arada Turquoise Consulting adını verdiğim tek kişilik şahıs şirketim için bir iş planı ve bir iş modeli geliştirmeye odaklandım. İsmimi tescil ettirdim ve kurallara uygun olarak yerel gazetede ilan verdim. "turquoisecons" domain adını satın aldım. Bankada şirket hesabı açtım. Websitemi yapmak için Yahoo'nun küçük işletme paketini satın aldım. Çok iş vardı ama keyif alıyordum.

* * *

San Diego'daki iki katlı evimiz 240 metrekareden biraz fazla bir alandaydı. İkinci kattaki ebeveyn yatak odası eşler için ayrı ayrı konulmuş lavaboların olduğu bir koridor ile karşısındaki giyinme odasına bağlanıyordu. Ayrıca bir makyaj alanı, banyodan ayrı bir tuvalet, banyoda ise büyükçe bir küvet ve ayrıdan bir de duş alanı vardı. Üst katın yarısından fazlasını kaplayan ebeveyn yatak odası ve çocukların odalarının arasında ana banyo vardı. Onun karşısında da küçük bir oda daha vardı. Çocukların yatak odaları üç arabalık garajın üstündeydi ve evin ön tarafına bakıyordu. Ebeveyn yatak odası ise evin arka bahçesine hakimdi. Bu bir dönümlük cennette, yere gömülü bir jakuzi, oturma, yemek ve barbekü alanları, büyük bir hamak, altı tane ağaç ve ayrıca birkaç okaliptüs ağacının olduğu hafif meyilli bir tepecik vardı. Goldie'mizin dış ortamda korunaklı olarak yaşaması için yerleştirdiğimiz "iglo" (igloya benzeyen köpek kulübesi) da etrafı tamamen sıkıca çitlerle çevrili bahçemizdeydi. Bahçenin düz satıhlı alanı rahatlıkla bir havuz yerleştirilecek kadar genişti. Evi alırken bu düşünceyi de göz önüne almıştık ama bakım masrafları ve getireceği sorumluluklardan bahsederek Zeynep'i yapmamaya ikna etmiştim. Tekrar içeriye dönersek; alt katta büyük bir salon, geniş bir oturma odası, yemek masası için ayrılmış ayrı bir alan, bir bar, küçük bir tuvalet ve ayrı bir çamaşır odası vardı.

İlk taşındığımızda mutfak tezgahının üzerinde bir kavanoz kayısı reçeli karşılamıştı bizi. Yanında da önceki ev sahibinden reçelin bahçemizdeki ağaçdaki kayısılardan yapıldığını açıklayan bir not vardı. Bu bereketli ağaçtan Haziran ve Temmuz aylarında bol bol kayısı toplardık. Bir sene, Türkiye'de tatile gittiğimizden ağaçtaki kayısıları her zaman topladığımız zamanda toplayamamıştık. Geri döndüğümüzde ağacın üzerindeki kayısılar kocaman olmuş ve olgunlaşmıştı. İnanılmaz derecede tatlı ve lezzetliydiler. Onca zaman çok erken topluyormuşuz meğerse.

Bir seferinde bir devlet kuruluşundan ön bahçemizdeki çilek guavası ağacına Akdeniz meyve sineğine karşı bir tuzak koymak amacıyla izin istemek için aradılar. Pardon? Çilek nesi ağacı? Böyle bir ağacımız olduğunun farkında bile değildim. Belli ki bir ton garip meyve üreten ve ön bahçeyi mahveden o küçücük karmakarışık körpe fidan yenilebilir bir meyve veriyordu. Ve tadarak öğrendik ki çilek guavaları çok lezzetliymiş. Cahilliğimizden dolayı senelerce bu lezzetli egzotik meyveyi tadmaktan mahrum kalmıştık.

Güzel bir evdi. Seneler boyunca keyifle yaşadık orada. Üst kattaki ebeveyn yatak odası ve çocukların odalarının arasındaki holde, tuvaletin karşı tarafındaki diğer küçük odayı kendime ev ofisi olarak tayin ettim.

* * *

İşim için hangi logoyu kullanmalıydım? WebLab Viewer'ın (kimyasal yapılar çizmek ve bu çizimleri üç boyutlu hale çevirmek için kullanılan PC-tabanlı yazılım) otuz günlük deneme versiyonunu indirdim bilgisayarıma. Biyoloji ve tıp alanlarında belli bir öneme sahip sıradan bazı kimyasalların modellenmiş görüntülerini yarattım. Logomda hangi yapıyı kullanacağıma karar vermek bir ayımı aldı. Sonunda kafein molekülünü seçtim. Bu molekülün insanlar için önemli olduğu su götürmez bir gerçek. İnsanların yarısı gününe tercih ettiği kafeinli içeceği içmeden başlayamaz. Kahve, çay, kola... Diğer yarısı ise "kafeinsiz" pazarını yönlendirir. Kafeini logoma koyup diğer önemli kimyasalları da her sayfada en azından bir ilgili modellenmiş molekül olacak şekilde, genel bir tasarım unsuru olarak, websitemin (https://turquoisec-ons.com/) farklı yerlerine dağıttım.

Yeni işim Turquoise Consulting'in logosu

Turquoise kelimesindeki "i" harfinin noktası yerine, Türkiye'de kişileri, binaları ve işleri kötü şans ve kötü bakışlardan, kısacası nazardan koruduğuna inanılan ve her yerde karşınıza çıkan nazar boncuğu kullandım. Türkiye'yi ziyaret eden turistlerin çoğunluğu hatıra olarak en az bir nazar boncuğu almadan gitmez. Batıl inançlarım yoktur ama kendi işimde aklıma geleni yapma özgürlüğümü sonuna kadar kullanarak bayağı eğleniyordum. E bu durumda da neden Türk köklerimi vurgulamayayım? Görsel tasarımdaki ağırlıklı öne çıkan turkuaz renk de Türk orijinli ve nazar boncuğunun tam ortasından parlak parlak size bakar. Türkiye'nin Akdeniz kıyılarında kayalıklar arasında gizlenmiş kumsal parçalarının hemen önündeki denizde rastlar insan bu renge. Kullandığım fontu da bilinçli olarak seçtim; nispeten Orta Doğu'yu çağrıştıran bir tınıya sahip. Birazcık kimya, kültürel köklerimden bir tutam. Ve işte logom hazırdı!

Şirkete ait resmi evrak şablonlarına da ihtiyacım vardı. Bunun için arkadaşım Lisa Balbes'e başvurdum. Uzun süredir St. Louis'de kendi danışmanlık işini yürütüyordu. Çok cömertce yardımcı oldu. Onun tavsiyelerine uyarak bir sürü hazır döküman topladım ve şirketin antetli kağıdına uyarlayarak karşılıklı gizlilik anlaşması, fatura, ve standart hüküm ve koşullar gibi belgeleri de içeren kendi evraklarımı oluşturdum. Websitem ve evraklarım hazır olduğuna göre artık işim de başlamaya hazırdı. Ellinci doğum günümün tarihi olan 25 Şubat 2006'yı şirketimin başlangıç tarihi olarak seçtim. 50'sinden sonraki hayatım için yepyeni bir başlangıç.

Çalışma hayatımda o zamana kadar iki iş arasında hiç ara olmamıştı. Virginia'daki doktoramdan Alabama'daki doktora sonrasına, Kaliforniya'daki Molecular Design Limited'den Accelrys'e, bütün geçişler tek bir gün bile ara ya da kesinti olmadan gerçekleşmişti. Yani ilk işe girişimden 50 yaşıma kadar geçen sürede hiç işsiz kalmamıştım. Her zaman bir önceki işim daha henüz sonlanmadan bir sonraki işim zaten onaylanmıştı. Accelrys'den ayrılışım hayatımda ilk defa işsiz kalmama sebep oldu. Danışmanlık işimin başlaması ile hayat kitabımda tamamıyla yeni bir bölüm açılıyordu.

* * *

Accelrys'deki son birkaç yılım çok yoğundu. Her zaman toplantılara koşturuyor, işleri bitirmeye, projeleri yetiştirmeye çalışıyor, uğraşıyor, çabalıyor, kafamı kaşıyacak zaman bulamıyordum. Haftada iki kere sabah 07:00'de İngiltere'deki ekibim ile toplantım oluyordu. Orada saat öğleden sonra üç olduğundan konular üzerinde çalışmak için sadece birkaç saatimiz oluyordu.

Şimdi, henüz zamanımı nasıl harcayacağımı hesaplayamamış olduğumdan, bol bol boş zamanım vardı. Hem yeni fırsatlar peşinde koşmanın heyecanını hem de faturaları nasıl ödeyeceğimin korkusunu yaşıyordum aynı anda. Halletmem gereken çok şey vardı. Kolları sıvayıp yeni işim, yeni hayatım üzerinde çalışmaya başladım.

Turquoise Consulting ile, bilgisayar destekli ilaç tasarımı konusunda on beş yılı aşan bir bilgi ve deneyim birikimime güvenerek, farmasötik ya da biyoteknoloji şirketleri için kontrata dayalı araştırma ve/veya danışmanlık yapmak niyetindeydim. Şirketlerde çalıştığım dönemde, başkalarının ilaç tasarımında yazılım araçlarını uygulayabilecekleri metodlar geliştirmeye odaklanmıştım. Şimdi bu araçları ilaç tasarlamak için kendim kullanmak istiyordum.

İşimi başlatmamın üzerinden birkaç hafta geçmişti. Bir Alman firması olan BioSolveIT GmtH'in CEO'su Dr. Christian Lemmen benimle iletişime geçti. Dr. Christian Lemmen'in ortaklığında 2001 yılında kurulmuş olan BioSolveIT GmtH, ilaç tasarımında kullanılmak üzere yazılım araçları ve çözümleri sunuyordu. İşini Amerikan pazarına genişletmeyi hedefliyordu ve işin bu kısmının başına geçecek birini arıyordu. Ben ilgilenir miydim? ABD'deki şirketin kuruluşu için bayağı bir efor harcanması gerekiyordu ama bir kere kurulup çalışmaya başladıktan sonra sağlam bir iş olabilirdi.

Adayda aranan özellikleri sorduğumda, "Hem bilgisayarların devamlılığını sağlayacak derecede bilgisayar bilgisine sahip, hem de Amerikalı müşterilere şirketin ürünlerinin tanıtımını yapabilecek derecede bilim bilgisine sahip; bir taraftan yeterince iş yönetimi deneyimine sahip, diğer taraftan da bilfiil uygulamalı çalışmaları olan bir bilim insanı olan; inisiyatif alabilen, ve kendi kendini motive edebilen birini arıyorum. İlk başlarda bu şube tek kişilik bir şirket olarak başlayacağından işin farklı yönlerini ele alabilecek derecede geniş donanımlı birisi olmasını istiyorum." dedi.

Bu olağanüstü derecede bana uygun bir işti. Görev için aranan özellikler adeta benim sahip olduğum yeteneklerin bir karbon kopyası çıkarılarak hazırlanmış gibi görünüyordu. Öte yandan, kendi danışmanlık işimi daha henüz başlatmışken; herşeyi başlatıp yürütmek için harcamış olduğum onca emek söz konusu iken; ve zaman içerisinde katlanarak artmış bir hevesim varken, bu kadar çabuk Turquoise Consulting'den vazgeçemezdim. Ayrıca, bir tane daha yazılım işini yönetip desteklemektense, gerçekten yeni ilaçların buluşu ve tasarımı ile ilgilenmeyi denemek istiyordum. Çıkmazdaydım. Kariyerimin doğal devamı gibi görünen bu işi istiyordum ama aynı zamanda danışmanlık işime de bir şans tanımak istiyordum.

Dolayısıyla her ikimiz için de kısmi bir kazanç olabilecek, biraz ödün vermemizi gerektiren uzlaşmalı bir anlaşma önerdim. ABD şubelerini çekip çevirecek, yönetecek birini bulmayı önerdim. "Executive Recruitment," yani "Üst seviye yönetim kadrosu elemanı bulma" Turquoise Consulting'in ilk resmi projesi oluvermişti. Tüm evrak işleri ile ben ilgilendim. Ücretin üçte birini baştan avans olarak, ikinci üçte birini en iyi üç adayın iş görüşmeleri tamamlanınca ve son üçte birini de en iyi aday işi kabul edip başlayınca aldım. Birkaç ay içinde projeyi tamamladım.

BioSolveIT yeni ABD Genel Müdürü'ne Turquoise Consulting de çabalarının karşılığı olarak üç ödemeye kavuşmuştu. Aslında hedeflemiş olduğum ilaç buluşu ile alakası yoktu bunun ama sonuçta işti işte. Üstelik de faturaları ödeyen bir iş.

Geriye dönüp baktığımda işi kabul etmeyerek acaba stratejik bir hata mı yaptım diye düşünmedim değil. Benim içim mükemmel bir işti. Hem iş yönetimi deneyimimi, hem bilimsel birkimimi, hem de bilgisayar uzmanlığımı bir arada kullanabilecektim kabul etseydim. Ama sonuçta, işi geri çevirmek bence hata değildi. Gerçekten de CADD yazılım şirketleri için çalışmaya devam etmek istemiyordum. Ben ilaç tasarlamak istiyordum. Ve danışmanlık şirketim sayesinde böyle bir şeyi denemeye fırsatım olacaktı. Üstelik şimdi artık kârlı bir başlangıç da yapmıştım.

* * *

Accelrys'den ayrıldıktan sonra yaptığım ilk şey eve varır varmaz önce kol saatimi ve çoraplarımı çıkarmak, sonra da günlük rahat kıyafetler giyip relax bir moda geçmek oldu. İşteyken her zaman acelem olurdu; mütemadiyen bir toplantıdan diğerine koştururdum; sürekli arabamla bir yerden bir yere yetişmek için yarış halindeydim. Artık iş dünyasından çıktığımdan bir daha hiçbir yere acele içinde gitmeme kararı aldım. Erken yola çıkıp varacağım yere gitmek için bolca vakit ayıracak; eğer çok erken varmışsam etraftaki bir kafede oturup bir bitki çayı ya da başka bir şey içerek zamanı geçirip relax olacaktım. Havanın hemen her zaman yumuşak olduğu San Diego gibi bir yerde üstü açılabilir bir arabam olması yolculuklarımı daha da keyifli kılıyordu. Artık hiçbir yere aceleyle yetişmek zorunda olmadığımdan Mustang kullanmanın keyfini sonuna kadar çıkarabilirdim. Birisi beni sollayıp önüme geçmeye çalıştığında, "Yol senin, buyur! Benim acelem yok." diye aklımdan geçirip yol veriyordum. Bu yaklaşım ile araba kullanmak bir zevke dönüştü.

Bir şirket pazar araştırması yapmak üzere altı hafta sürecek bir danışmanlık işi teklif etti bana. CEO'ya belli bir aşamada artık saat taşımadığımı ve çorap da giymediğimi söylediğimde masanın altından kumaş pantolonumun altına giymiş olduğum parmak arası (flip-flop) terliklerime baktı. "Laboratuvarlara girmediğin sürece flip-floplarını işte giymen benim için problem değil." dedi. Sonunda tekrar çorap giymeye başladım ama bir daha asla kol saati takmadım.

Hayatımın bu döneminde bir günüm tipik olarak şöyle geçiyordu: erkenden uyanıyor, duş alıyor, gündelik rahat kıyafetlerimi giyiyor, hafif bir kahvaltı yapıyor, sabah saatlerinin geri kalanında projelerim üzerinde çalışıyordum. Bazen danışmanlık verdiğim şirketin kendi yerinde çalışmam gerekiyordu, ama çoğunlukla evden çalışıyordum. 12:00 gibi iki saatlik öğle yemeği arası için mola verip arabama atladığım gibi bana mutluluk veren yerlerimden birine gidiyordum. Orada katlanır sandalyemi açıp, bir sandöviç ya da protein barından oluşan öğle yemeğimi soda ya da su eşliğinde yiyor, bir taraftan kitabımı okurken manzaranın da keyfini çıkarıyordum. Yaklaşık bir düzine kadar bana mutluluk veren yerim vardı. Bunlardan bazıları Del Mar'daki manzaralı küçük bir uçurum, San Diego'daki harika kumsallardan birkaçı ve nefes kesici okyanus manzaraları olan tepelerdeki bir iki nokta idi. Her gün duygusal bataryalarımı bu şekilde yeniden dolduruyordum. Sonra eve dönüp ev işleri ile ilgileniyor, köpeği yürüyüşe çıkarıyor, bazen de küçük bir öğleden sonra yürüyüşü yapıyordum. Eğer Sibel okul sonrası evdeyse onunla vakit geçiriyordum. Ama genellikle Sibel öğleden sonraları The Coffee Bean and Tea Leaf'de barista olarak çalışıyordu. Kurt ise Washington Eyaleti'nde üniversitedeydi. Dolayısıyla çocuklarla fazla vakit geçiremiyordum.

Accelrys'de çalışırken ya da iş seyahatlerindeyken Zeynep'i pek göremiyordum. Evden çalışmaya başlayınca günlük kontağımız ve dolayısıyla da sürtüşmelerimiz ve ilişkimizin stresi de arttı. Boşanma üzerinde çalışmaya başlamamızın zamanının geldiği konusunda şüpheye hiç mahal kalmamıştı. Bu konuda hemfikir olduğumuzdan mahkemelerde sürünmemek için boşanma hakemine başvurmaya karar verdik.

Bir boşanma hakemi bulup işlemleri başlattık. Hakem kendi ücretini nasıl ödeyeceğimizi sordu. Normalde ikiye bölüp aylık olarak her iki tarafa da yansıttığını izah etti. Tam burada ilk hatamı yaptım: tamamını benim ödeyeceğimi söyledim. O sıralarda Zeynep çalışmıyordu ve zaten mutfak masrafları vesaire için ona bir miktar para veriyordum. Ama kısa bir süre sonra bir iş buldu ve kendi parasını kazanmaya başladı. Ama o zaman bile hâlâ tüm masrafları ben karşılıyor ve bütün faturaları da ödüyordum. Hakem işinin ehliydi ve gayet verimli bir şekilde çalışıyordu; gerekli tüm bilgileri topladı ve bir boşanma ve mal taksimi anlaşması hazırlamaya başladı.

Bu arada Zeynep ile evi satıp gelecek parayı paylaşmaya karar verdik. Evi alalı on sene olmuştu ve her ikimizin de beş-altı yıl rahat rahat yaşamamızı sağlayacak kadar değer artışı birikimi olmuştu. Ama satışı yapmak için kısa bir zaman aralığı fırsatı vardı sadece. Ev satış piyasası San Diego'ya gelen üst seviye şirket yöneticilerinin yeni işlerine başlamadan önce iyi okulların olduğu yerleşim yerlerinde ev aramaya başladığı Mayıs-Haziran aylarında en üst seviyeye ulaşıyordu.

Anlaştığımız emlak danışmanı ev satış işlemlerini bu kısa satış dönemine yetiştirmek için çok çaba harcadı ama Zeynep sürekli şu ya da bu sebepten işlemi geciktirdiği için yılgınlık içindeydi. Evi sonunda satışa çıkardığımızda, esaslı alıcılar çoktan evlerini almıştı ve talep azalmıştı. Nitekim sezon dışı fiyat kırarak verilen düşük bir teklif aldık. Fakat Zeynep de tam o sırada artık evi satmak istemediğini açıkladı.

O arada tıpkı emlak danışmanı gibi bezginlik içinde olan boşanma hakemimiz de istifasını verdi. Zeynep'in sorularına yanıt vermediğini ve kendisi ile buluşmadığını, dolayısıyla da ilerleme katedemediğini açıkladı. Bu durum ilerlememize sekte vuracaktı ama yürürlükte olan bir boşanma anlaşmamız olduğunu göz önüne alarak San Diego Boşanma Mahkemesi'nde gerekli formları doldurmak suretiyle işlemleri kendimiz bitirebiliriz diye düşündüm. Ancak mahkemeye gittiğimizde benim bütün belgelerim doldurulmuş ve hazırken Zeynep'inkilerin tamamlanmamış olduğunu gördüm. Sinirlenmiştim. Bu bardağı taşıran son damla ile patlamak üzereydim. Bir mahkeme tarihi almak konusunda ısrar ettim. Eğer Zeynep o tarihe kadar gerekli evrakları vermezse, olayı mahkeme yolu ile çözecektik ki bu birikimlerimizin çoğunu avukatlara harcamak demekti.

Boşanmamız üzerinde çalışırken çocuklarımı prosese dahil etmeye karar verdim. Evde olduğundan bu çoğunlukla Sibel olacaktı ama ziyarete geldiğinde Kurt da payını alacaktı. Bir apartman dairesi bulmama yardım edeceklerdi. Böylece ayrılma günümüz gelip çattığında sürpriz olmayacaktı. Kurt eyalet dışında üniversitedeydi ama Sibel'in liseyi bitirmesine bir yıl vardı. Sibel'e benimle yaşayıp yaşamayacağına göre seçmiş olduğum iki mahalleden birine karar vereceğimi izah ettim çünkü bir tanesi onun okuluna çok yakındı. Aksi takdirde San Diego merkezde bir yer seçecektim. Çocuklar kendilerini—ve de beni—internet aramaları yaparak ve bana potansiyel apartmanların linklerini yollayarak bayağı oyalayıp eğlendirdiler. Onlarla gurur duymuştum.

Zeynep'in avukatından telefon geldi bir gün. Süreçte (benim için) beklenmedik bir gelişmeydi. Zeynep'in artık bir avukatı vardı. Evin değeri hakkında hazırlanmış belgeler ve ne yapılması gerektiği konularını irdeleyerek, ben onun sözünü kesene kadar, saldırgan bir şekilde gözümü korkutmaya çalıştı. İfade etmiş olduğu rakamın evin gerçek değerini göstermediğini; düşük rakamlı fiyat kırmaya çalışan bir teklif olduğunu; ve evin gerçek piyasa değerinin çok daha yüksek olduğunu anlattım. Bunu duyunca kalakaldı. Doğru olmayan düşük değer Zeynep'in işine geliyordu çünkü benim hakkımı satın almak istiyordu. Bunu bildiğimi anlayınca tekrar konuşmaya başladığında biraz daha nezaketliydi. Bir teklif oluşturup beni geri arayacaktı.

Bir ay sonra beni aradığında sesi bezmiş gibiydi. Zeynep'in ek taleplerinin şu ya da bu olduğunu, benim ötekini ya da berikini ödemem gerektiğini falan anlatıyordu. Bu konulara çözüm getirmek için kendisiyle çalışmaktan mutluluk duyacağımı ancak öne sürdüğü şartları kabul etmemi takip eden birkaç hafta içinde, aynen şu anda olduğu gibi, ek taleplerle yeniden arayacak olduğunun şüphesi içinde olduğumu ve sürekli artan taleplerle uğraşmayacağımı ifade ettim. Başka talep olmayacağını ve Zeynep'in şu an belirlenmiş taleplerinin karşılanması durumunda imzayı atacağını söyledi.

Boşanma anlaşmasını mahkeme tarihinden bir gün önce imzaladık. Anlaşma daha önceki boşanma hakeminin hazırladığı dökümanın hemen hemen aynısı idi. Tek temel fark ilk sayfadaki hakemin isim ve adresinin yerine avukatın kendi isim ve adresini koymuş olmasıydı. Zeynep ev üzerindeki hakkımı satın aldı. Sibel Zeynep ile kalacaktı ve ben onsekizinci doğum gününe kadar çocuk nafakası ödeyecektim. Ve konu kapandı.

Her şerde bir hayır vardır misali bu şekilde gelişen bir boşanmanın faydası da vicdanımı rahatlatmış olmam oldu. Zeynep'in boşanma sürecine sürekli ket vuruyor olması bu konuda duyduğum suçluluk duygusundan kurtulmama sebep oldu. Zaten sonucuna da bakınca kendi kendini idare edebilecek mi diye kaygı duymama da gerek kalmadı. Bir işi ve gayet avantajlı getirileri olan bir boşanma anlaşması vardı elinde.

* * *

Sibel inanılmaz derecede yetenekliydi. Matematik SAT Sınavı'nda mükemmel bir puan (800 üzerinden 800) almasına rağmen sosyal bilimler içerikli bir üniversiteye gitme konusunda ısrarcıydı. Dört dil konuşabiliyordu ve kendi kendini eğitmiş bir sanatçıydı. Kararından vazgeçirmek ve nispeten daha düşük olan eyalet içi öğretim ücretini ödeyebileceğimiz ve çok kuvvetli üniversitelerin bulunduğu Kaliforniya'da kalmasını sağlamak için verdiğimiz tüm uğraşlara rağmen

Amerika'nın Doğu Yakası'nda bir üniversiteye gitmek istiyordu. Boston College'ı (Bu üniversite yine Boston'da olan Boston Üniversitesi'nden farklı bir okuldur.) seçti.

Sibel ile Boston College'ın o güzel kampüsüne doğru bir yolculuk yaptık. Kurt'un Gonzaga'sı gibi bir Cizvit üniversitesiydi. Temiz bir kampüsü vardı. Tepelerde yerleşik olduğundan kampüs etrafındaki çok basamaklı merdivenler iyi bir egzersiz yapma fırsatı verecekti. Kafeteryada da sağlıklı yiyecek seçenekleri sunuluyordu. Sibel'in oradaki çalışmaları esnasında kampüsten keyif alacağını düşündüm. Anne babalarının yardımı ile taşınmakta olan iki oda arkadaşı ile karşılaştığımız yatakhane odasını bulduk.

Gerekli malzemeleri (çarşaf, yastık, kıyafet, kalem, kağıt, hesap makinesi ve diğer şahsi şeyler) almak için birkaç dükkana gidip alışveriş yaptıktan sonra yatakhaneye geri döndük. Oda arkadaşları yerleşmişlerdi. Biz de çabucak Sibel'i yerleştiriverdik. Bir gün daha orada kalıp kampüs civarında iyi yemek yenilebilecek restoranları belirledikten sonra küçük kızımı orada bırakarak San Diego'ya döndüm. Sonraki zamanlarda yaptığımız Skype görüşmelerinde havanın ne kadar soğuk olduğundan şikayet ediyordu. Üstüne giyecek bir kat daha kalmadığını söylüyordu ve daha sadece Ekim ayındaydık! Kaliforniya'da doğmuş büyümüş birisi olarak kış şartlarına hazır değildi. Eninde sonunda sağlam kış kıyafetleri edinip soğuktan şikayet etmeyi bıraktı.

Birinci yılın sonuna doğru Sibel Boston College'da mutlu olmadığına karar verdi. Nedenini sorduğumda, "Fazla beyaz, fazla imtiyazlı, fazla tiki... Ve kampüste dolaşan insan tiplemelerinden gerçekten hoşlanmıyorum." diye açıklama getirdi. Ayrıca oda arkadaşları ile de anlaşamıyordu. İkinci senesi için Connecticut College'a girince, "Gelip taşınmama ve yerleşmeme yardım eder misin?" diye sordu. Küçük kızımın hâlâ bana ihtiyacı vardı.

Farklı etnisite ve renkteki Amerikalı ve yabancı öğrencilerin olduğu Connecticut College'ın daha çeşitlilik gösterdiği kesindi. Kampüs, ikibin sekizyüz kilometre karenin üstünde bir alana yayılmış bir arboretum şeklindeki doğal güzellik ile çevriliydi. Doğa yürüyüş parkurları, ormanı ve gölü vardı. Boston College'ın mermerden yapılmış tapınak misali mimarisi ile tezat oluşturuyordu. O güzel kampüsü mükemmele yakın bir şekilde uyum içinde doğal çevresiyle içiçe geçmişti. Sibel oradaki birçok öğrenci gibi tek başına kalabileceği bir yatakhane odası ayarlamayı başardı. Dolayısıyla Boston'daki gibi oda arkadaşı problemleri ile uğraşmak zorunda kalmayacaktı.

Kampüs yakınlarında devasa bir mağaza olan Walmart'ı fark edince ihtiyacı olan herşeyi bir yerden alabileceğimiz için sevindim. Meğer ne kadar yanılmışım! Sibel Walmart'ı boykot ediyor olduğunu söyledi çünkü çalışanlarına iyi maaş vermiyormuş. Hal böyle olunca da ihtiyaçlarını tamamlamak için bütün gün o dükkan senin bu dükkan benim dolaşıp durduk. Buradaki insanların canayakınlığından ve kampüsün doğal ortamından dolayı bir kere yerleştiğinde çok daha iyi hissetmeye başlamıştı bile.

Connecticut College'da üçüncü yıl derslerini alırken bir öğrenci değişim programından yararlanarak bir okul sömestirini İtalya'nın Perugia bölgesinde geçirdi. Sonra UNESCO'nun Dünya Su Değerlendirme Programı'nda yaz stajı yaparak İtalya'da kalmaya devam etti. Bu program sayesinde toplamda sekiz ay daha kaldığı İtalya'dan akıcı bir şekilde İtalyanca konuşarak döndü. İtalya'da yaşadığı deneyimleri, içinde bulunduğu ortamları günlük olarak yazarak değil de eskiz defterine çizerek yansıtmıştı. Her sene yapılan Umbria Jazz Festivali esnasında bir bankta oturup müzisyenleri çizmişti. O kadar yaptığı işe odaklanmıştı ki gelip geçen turistlerin arkasında durup çizimlerine baktığını fark etmemişti ilk başta. Farkında olmadan festivalin bir parçası oluvermişti.

* * *

Boşanma işlemleri sonlanınca San Diego'da bir apartman dairesinde tek başıma yaşamaya başladım. Bir gün duş alırken küvetin içinde büyük, zayıf, upuzun bacaklı bir örümcek gördüm. Üzerine su atarak kaçırmaya çalıştım ama uzaklaşıp kuru kalmayı başardı. Yokmuş gibi davranıp duşuma devam etmeye karar verdim. Kurulanırken fark ettim ki hâlâ orada. Bu noktaya kadar hayatta kalmayı başardığından dolayı yaşamayı hak ettiğine karar verdim. Böylece uzun süren bir birliktelik başladı. Ona "George" ismini verdim.

Sibel'in bende kaldığı bir zamandı. Banyodan gelen bir çığlık duydum. Kafamın bir tarafında düştüğü ve bir tarafını kırdığı korkusuyla banyoya koştum. Ayaktaydı ve küvete doğru büyük örümceğin olduğu yeri işaret ediyordu. İyi olduğunu görünce rahatlamıştım. Onu George ile tanıştırdım. "Onun burada olduğunu unut ve duşunu al. George su serpintilerinden nasıl kaçacağını biliyor." diye şakalaştım. Örümcek George 2010 yılında Türkiye'ye ilk geri dönüşüme kadar apartmanda benimle mutlu bir hayat sürdü.

* * *

Bir farmasötik şirketinden kontratlı araştırma projesi almam üç yıl aldı. Küçük çaplı bir işletmenin ihtiyacı olan böyle önemli bir iş olmadan devam etmesi için aşırı uzun bir süreydi bu. O süre içinde, böyle bir iş yerine, kısa dönem araştırma projeleri, danışmanlıklar, pazar araştırmaları ve bazen sadece honoraryum şeklinde verilen küçük getirileri olan bilimsel workshop ve sunumlar yaptım. Demekki farmasötik şirketler adına kontratlı olarak araştırma yapmayı içeren bol kazançlı projeler yapma vizyonum biraz fazla hayal gücü içeriyordu. Sınırlarımın farkına vardım. Araştırma yapmak konusunda çok hevesliydim ama yeni iş çekmek için gerekli olan pazarlama ve iş geliştirme konularında vakit harcamaktan nefret ediyordum. Zannediyorum tek kişilik şahıs şirketlerinde birçok kişi bu problem ile karşı karşıya kalıyordur.

Sadece danışmanlık yaparak sürdürülebilir bir kazanç elde edemeyeceğimi anlayınca yeni hobim brici kullanarak ek gelir elde etmenin bir yolunu buldum. Briç oynamayı gençlik çağlarımda Türkiye'de öğrenmeye başlamıştım. Oyunu sevdiğim halde hiçbir zaman ciddi bir uğraş haline gelmedi ve zaman içerisinde de becerilerim soldu gitti. Ellinci doğum günüme kadar durum böyleydi. Kendi işimi başlatınca esnek bir programım oldu. Gençken brici ne kadar sevdiğim aklıma geldi. Oyunu baştan öğrenmek ve belki de daha ciddiye almak için iyi bir zaman olduğunu düşündüm. Yakınlarda derslerin de olduğu bir briç kulübü aramaya başladım. Bir tane bulur bulmaz kurslarına yazıldım ve briç kariyerim başlamış oldu.

Deklarasyon kutularını (bidding boxes) görünce ilk şokumu yaşadım. Daha önce hiç görmemiştim ve deklarasyon sürecini ne kadar kolaylaştırdığını izleyince hayrete düşmüştüm. Deklarasyon sistemlerinin kendisi bir sonraki süprizdi benim için. Yabancı bir dil gibiydiler. Gençlik yıllarımda Goren diye bir sistem öğrenmiştim ama artık kimse o sistemle oynamıyordu. Oyuncuların çoğu hayatlarında duymamıştı bile.

Bazı dersler almaya ve başlangıç seviyesinde briç oyunlarında oynamaya başladım. Kısa bir sürede daha iyi olmaya başlamıştım. Başlangıç seviyesindeki oyunlarda en sevdiğim oyun partnerlerinden birisi bir muhasebeci olan Susan idi. 15 Nisan vergi beyannamesini vermenin son günüydü. Önceki üç ay boyunca çok yoğun olduğundan oyuna gelemiyordu. Aylar sonra kulübe döndüğünde beni sorunca başlangıç seviyesindeki arkadaşlar artık büyüklerle büyük odada oynadığımı söylemişler. Onun yokluğunda başlangıç seviyesi oyunlarında oynamak için belirlenen 50 masterpoint limitini aşmıştım. Aynı satrançta olduğu gibi briçte de bir oyuncunun resmi oyunlardaki puanları kaydedilerek devamlı bir derecelendirmeye katılıyordu. Bu satrançta "derecelendirme (rating)", briçte ise "masterpoints" olarak adlandırılır. Ne kadar çok kazanırsanız o kadar çok masterpoints biriktirirsiniz. Oyunlar belli bir yelpazede masterpoint'ı olan oyuncularla sınırlandırılarak oyunu hâlâ öğrenmekte olan serçelerin daha yüksek puanlı şahinlere yenilmesinin önüne geçilir.

Kısa süre sonra artık düzenli olarak haftada üç dört kere oynar oldum. Tutarlı bir şekilde devamlı oyunumu geliştiriyordum. İlerleme kaydettikçe daha güçlü oyuncularla partner olmaya ve kulüp turnuvalarında arada sırada galibiyetler toplamaya başladım. Ayrıca "bölgesel" ve "seksiyonel" turnuvalarda oynamak için seyahat etmeyi gerektiren yeni partnerlik teklifleri de geliyordu bu daha ciddi üst seviye oyuncularından.

Kendimi oyuna yeniden kanalize edişimin üzerinden altı ay geçtiğinde artık insanlar yanımdan geçerken bile beni tebrik eder oldu. Her ne kadar sebeplerini bilmesem de övgü dolu sözlerini zarif bir şekilde kabul ettim. Bir önceki hafta kazanmış olduğum oyundan dolayı aldığımı farzediyordum bu kutlama sözcüklerini. Methiyeler böyle bir süre devam etti. Belli ki bilmediğim başka birşeyler vardı. İlk başlarda sormadığım ve sanki takdirlerinin sebebini biliyormuş gibi davrandığım için artık sormak için çok geçti. En sonunda Kuzey Amerika Masterpoints yarışmalarındaki konumum ile ilgili olduğunu fark ettim.

Başlangıç seviyesi briç oyunlarını oynamaya Kasım 2005'de başlamıştım. İki ay sonra yıl sonunda 2.7 masterpoints'im vardı. Amerikan Kontrat Briç Ligi kişilerin masterpoints'lerini takip eder ve her yılın başında oyuncuları sınıflara ayırır: 0-5 masterpoints arası yeni başlayanlar ve 5-20, 20-50, 50-100, 100-200, vb. aralıklarında artarak diğer sınıflar. 2006 yılına 2.7 masterpoints ile başlamış olduğumdan Çaylak sınıfına giriyordum. Amerikan Kontrat Briç Ligi bütün Kuzey Amerika oyuncularının konumunu Briç Bülteni'nde yayınlar. Ben Çaylak kategorisinin birincisiydim. Birinciliğimi 11 ay korudum. Sene sonuna bir ay kala Kanadalı bir oyuncu beni geçti ve ikinci oldum. Seneyi ikincilik pozisyonunda bitirmem farklı fırsatlara kapılar açacak bir "briç rezümesi" başlatmam için yeterliydi. 2007'nin sonu itibariyle artık bir kulüp direktörü ve briç öğretmeniydim. Tescilli bir kulüp direktörü olarak tasdikli briç oyunları organize edebilir ve oyundaki oyuncu sayısına bağlı olarak komisyon alabilirdim. Ayrıca akredite olmuş bir öğretmen olarak da öğrettiğim dersler üzerinden öğrenci ücretlerinin yarısını alabilecektim (kulüp de diğer yarısını alıyordu.)

Lisanslı direktör olduktan sonra San Diego'daki büyük bir kulüpte oyunlar yönetmeye başladım. Akredite briç öğretmeni olarak briç dersleri vererek de ayrıca gelir yarattım. Danışmanlık işim zorluklar içinde kıvranırken bu aktivite ek gelir sağlamak açısından ilaç gibi geldi. Bir sene vergi beyannamem briçten danışmanlık işinden daha fazla gelir elde ettiğimi göstermişti. Bu briçte ne kadar iyi olduğumu göstermekten çok danışmanlık işimin ne kadar kötü gittiğini gösteriyordu.

Briç kalem San Diego'daki Adventures in Bridge (Briç Maceraları) isimli büyük bir kulüptü. Her sene ABD'deki en aktif kulüplerden biri seçiliyordu. Bazı günler üç ayrı odada üç ayrı oyun aynı anda oynanıyordu; küçük odada başlangıç seviyesi oyunu (0-50 masterpoints); orta büyüklükteki odada orta seviye oyunu (499 masterpoints altında kalan oyuncular, ya da Life Master[28] olmayanlar); ve büyük odada da açık oyun. Ben Çarşamba öğleden sonra ve Cuma sabah oyunlarını yönetiyordum. Cuma oyununa bir kahvaltı büfesi dahildi. Ortalama yirmi masa, yüzün üzerinde oyuncu ve genellikle iki bölüm ile bayağı kalabalık oluyordu.

Yakın mesafede yaşadığımdan herhangi bir masada oyuncu ya da belli bir çift için ikinci oyuncu eksikliği yaşanması durumunda olduğu gibi, gerektiğinde çağrılacak kişi listesindeydim. Bir akşam üzeri briç kulübündeki patronum aradı. Belli bir oyunda çiftlerde eksik oyuncuyu tamamlamak üzere yarım kalmış bir masaya katılıp katılamayacağımı sordu. Aksi takdirde, her turda bir çift oynamadan beklemek zorunda kalacaktı. Patronum her zaman yarım masaları doldurmak isterdi çünkü aksi durumda her turda bir çift kenarda kalırdı. Vaktim müsaitti. Oyuna katıldım. Patronumla partner olup iki çekici hanıma karşı oynadık. Kulübün sahibi olan patronumun varlığı ve eğlenceli misafirperverliğinin katkısı ile son derece zevkli geçen oyunda harika vakit geçirdiler.

Oyunculardan biri olan Sevilla'nın gözünün ucuyla beni kestiğini farkettim. Mükemmel bir oyuncuydu. Uzun boylu, ince yapılı, esmerdi. Bu kombinasyon beni cezbetti. O bakışta bir romantiklik olabilir miydi? Yakın zamanda boşanmış birisi olarak bonservisi elinde olan bir oyuncuydum. Ama neredeyse otuz yıldır hiç kimseyle çıkmamıştım. Bu günlerde nasıl oluyordu ki bu işler?

Çıkma teklifi yapmak üzere tüm cesaretimi topladım ve Sevilla ile çıkmaya başladık. Partner olarak oynamaktan da zevk alıyorduk. Benim 400'lük acemi puanıma karşılık onun 2,500 masterpoints'i olduğundan sadece açık oyunlarda oynayabiliyorduk. Nispeten daha büyük bir oyunda biz kazandık. Hayretler içindeydim. Güçlü oyuncularla karşı karşıya kalmıştık; 15,000 masterpoints üzerinde puana sahip bazı büyük ustalara karşı oynamıştık. Bunu iyi bir işaret olarak algıladım. Birbirimizden hoşlanıyorduk ve ilişkimiz yavaş yavaş ilerledi. En iyi zamanlarımızda artık neredeyse birlikte yaşar olmuştuk. Vaktimizin bir kısmını bende bir kısmını da onun evinde geçiriyorduk. Kulüpte çalışma günlerim olduğunda haftanın birkaç günü bende kalıyordu zira ben Adventures in Bridge'e daha yakın oturuyordum. Onun yönettiği oyunları sırasında da onun kulübüne daha yakın olmak için haftanın birkaç günü ben onda kalıyordum. Encinitas'da küçük bir briç kulübünün sahibiydi Sevilla ve oyunları organize edip oynatmak için ona yardım ediyordum.

Briç oyunumuz da iyi gidiyordu ama arada bir belli bir oyunda ayrı düşünüyorduk. Esneklik göstermek yerine bir pozisyonu korumak için neden saplanıp kaldığını anlamıyordum. Güçlü bir oyuncuydu. Arada bir riski göze alabilirdi. Ama bildiğini okuyordu. Bu birçok kere oldu.

Bir gün, tüm gelir ve masraflarını kaydederek oluşturmuş olduğu bir gelecek projeksiyonu gösteren bir hesap çizelgesi gösterdi bana. Birkaç sene önce boşanmıştı ve nafaka alıyordu. Briçten gelecek olan tahmini geliri ile birlikte bu nafaka hesap çizelgesine kodlanmıştı. Otomatik hesaplamalar yapıp "eğer" senaryoları üzerinden projeksiyonlar yapabiliyordu. Örneğin; Doğu Yakası'nda bir medikal araç gereç şirketinden kira getirisi olan endüstriyel bir bina satın almıştı. O işi satarsa ne olurdu? Kira gelirinin kaybı finansal durumunu nasıl etkilerdi? Nafaka çekleri bittiğinde ne olurdu? Bu senaryoların hepsi hesap çizelgesindeydi. Şaşkınlık içerisindeydim. Kanaatimce hiçbir ölümlü böylesine sofistike bir hesap çizelgesi yapamazdı.

Bu arada briç masasındaki tartışmalarımız arttı. İlişkimiz altı ayını tamamladığında ve ayrılmaya karar verdiğimizde öğrendim ki disleksikmiş.

Şimdi anladım! Briç kurallarına sıkı sıkıya bel bağlamasını ve o hesap çizelgesini! Evet, insanların çoğu böyle bir hesap çizelgesi hazırlayamazdı ama disleksik birisi yapabilirdi. İnsanlar genelde disleksiyi öğrenme ve okuma güçlüğü ile bağdaştırsa da benim aklıma upuzun bir disleksik ama büyük başarılara imza atmış insanlar listesinden bir çırpıda Thomas Edison, Albert Einstein ve Leonardo da Vinci gelir. Disleksisi olan insanlara inanılmaz bir saygım var.

Yaklaşık altı bin yıl önce disleksik insanların çoğunlukta olduğu ve bu durumda da "normal" sayıldığı konusunda bir fikir gelişti bende. Alfabelerin icadı ve gelişimi ile türümüzün verimli bir şekilde okumayı sökmesi yaklaşık iki bin yılını aldı. Toplum okumayı kolayca öğrenenleri artan bir şekilde normal olarak algılamaya başladı. Beyinlerimiz genetik olarak okumak üzere kodlanmamıştı. Gerekli yetenekleri öğrenmek için yeni nöral bağlantılar ve yollar oluşturmak zorundaydık. Bu bağlantılar gelecek nesillere aktarılan genlerde olmadığı için her jenerasyon okumayı sıfırdan başlayarak öğrenmek durumunda kalıyordu. Disleksik insanlar dominant olan sağ beyinlerini daha çok kullanırlar. Böylece çağrışım ve ilişkilendirme konularında verimlidirler ama kolayca okuyamazlar.

Artık çocuklarımıza doğumlarından sonra geçen beş altı yıl içinde okumayı öğretebiliyoruz. Okuma yeteneği gelecek jenerasyonlara aktarılmazken disleksi aktarılır. Belki de doğa ne yaptığını biliyordur. Diğer herkes gibi her disleksik insan da kendine özgüdür. Ancak genelleme yapıldığında sağ beyinlerinin dominant kullanımından dolayı disleksik insanlar daha yaratıcı, çözüm yaratma konusunda daha becerekli ve kalıpları (paternleri) ayırt etme konusunda diğer insanlara göre daha yetenekli olma eğilimindedirler. Büyük şeyler başarabilirler. Özellikle de onlar için saldırgan olmaktansa besleyici olan bir okul ortamı yaratılırsa...

Briç sınıflarımdan birinde disleksik bir öğrenci olduğunu fark ettim. Bir elin değerini hesaplamakta güçlük çekiyordu. Dersten sonra elin değerini ölçebileceği bir akış çizelgesi geliştirdim onun için. Kesin çizgilerle yapılandırılmış bu süreci kullanarak bir eli doğru bir şekilde değerlendirebilirdi. Sınıfa test etmek için bazı eller verdiğimde, öğrencilerin çoğu on seferden dokuzunda (%90) ve çok hızlı bir şekilde doğru cevapları buluyordu. Disleksik öğrencimin ezberlediği akış çizelgesini kullanarak eli değerlendirmesi daha uzun bir süre alıyordu ama her seferinde (%100) doğru cevabı buluyordu.

Bu arada, hâlâ sadece Ulusal ve Bölgesel turnuvalarda kazanabileceğim 0.4 Altın masterpoints'e ihtiyacım olsa da, Life Master olmak için gerekli toplam masterpoints miktarını geçmiştim. O büyük turnuvalarda oynamak için seyahat etmediğimden dört ay boyunca bu statüde kaldım. Sonunda pes ettim. Benim gibi altın masterpoints'e ihtiyacı olan bir kadın—farz edelim ki ismi Mary—ve çok güçlü briç oyuncuları olan bir çift ile dördümüz bir araya gelerek turnuvaya katılacağımız Las Vegas'da bir daire kiraladık. Tamamıyla dayalı döşeli; büyük bir mutfağı, üç yatak odası ve jakuzisi olan daire gayet güzeldi. Turnuvanın ilk gününde yıkıcı bir ekip oyununda oynadık ve finallere kaldığımızdan her birimiz 13 altın masterpoints'den bir tık fazlasını topladık. Dolayısıyla hem Mary hem ben turnuvanın daha ilk gününde Life Master olduk.

Ertesi gün, açık bölümde, sabah ve öğleden sonra olmak üzere iki seanslı bir oyunda oynadık. İhtiyacımız olan altın puanları zaten kazanmış olduğumuzdan üzerimizde baskı hissetmeden, relax bir şekilde oynadık ve harika zaman geçirdik. Muhtemelen tam da bu yüzden kendimizde (örneğin 700 ya da 1000 masterpoints altı limitli bölüm yerine) açık bölümde oynama cesaretini bulduk. Açık bölümde muhtemelen en düşük derecelendirme kategorisinde kalacaktık. Sabah seansında ortalarda bir yerde yer aldık. Bu bizim için iyi sayılırdı. Oyunda liderlik pozisyonundaki takım ABD'deki en iyi oyunculardan birisi olan Mark İtabashi ve partneri olan öğrencisinden oluşuyordu. O zaman İtabashi'nin otuzbeş binin üzerinde masterpoints'i vardı. Öğleden sonra seansında, ilerleyen saatlerdeki bir turda, bu ürkütücü derecede zorlu takıma karşı oynadık. Öğrencinin yaptığı hatalar sağolsun, bütün şaşkınlığımıza rağmen, iki düşük oyun tahtası (bord) verdik onlara (başka bir deyişle o iki bordun oyuncuları içinde en iyi çift bizdik). Turnuva bitişinde genel durumumuz ortalarda, bizim için saygın bir yerdeydi ve daha da fazla altın masterpoints kazanmıştık. Fakat günün en önemli gelişmesi İtabashi'yi birincilik koltuğundan düşürmüş olmamızdı.

Başarımızın sarhoşluğu içinde eteklerimiz zil çalıyordu. Daireye geri döndüğümüzde diğer çift yoktu. Muhtemelen bir akşam seansında oynuyorlardı. Jakuziyi denemeye karar verdik fakat mayolarımız olmadığından çıplak girdik. Bu ortam yakın zamanda girişimde bulunduğum ikinci romantik ilişkiye kapı açtı. Pek uyumlu değildik ama turnuvadaki başarılı performansımızın coşkusu güçlü bir afrodizyak etkisi yapmıştı. Bu ilişki sadece altı hafta sürdü.

Altı rakamı ile ilgili bende bir şey var sanırım. Boşanmış biri olarak yaşadığım ilk ilişki altı ay, ikincisi altı hafta ve üçücüsü de yaklaşık altı yıl sürdü. Her üçü de briç kulübündendi.

Biriyle çıktığınız zaman her iki tarafın da karşı tarafı etkilemeye çalıştığı ve bir taraftan karşısındaki insanı tartmaya çalışırken diğer taraftan yüzeysel bir şekilde rol kestiği ilk buluşmalar beni iğrendiriyor. Halbuki briç kulübünde insanlar zaman içerisinde birbirini gözlemleyerek ve bazen de stres altındayken izleyerek doğal olarak tanıyor. Yapmacık ilk buluşmalara ne gerek var! Yani boşandıktan sonraki ilk üç ilişkimin hepsinin briç kulübünden insanlarla olması pek de sürpriz sayılmazdı.

Vicki başlangıç seviyesi sınıflarımdan birinde öğrenciydi. Uzun boylu, kısa kahverengi saçlıydı. Çok güzel bir gülüşü vardı. Renkli çerçeveli okuma gözlükleri takıyordu. Sınıfta aktifti. İkinci ardıl sınıf derslerini de aldı. Bu derslerin bitiminden sonra bir süre ortalıkta görmedim onu.

Bir gün, daha önceden ayarlanmış bir oyun için kulübe gittiğimde, oyun partnerimden bir son dakika angajmanı yüzünden o gün oyuna gelemeyeceğini bildiren bir not aldım. Başka birinin de benim gibi bir partnere ihtiyacı var mı diye sormak için kulüp direktörünü ararken Vicki odaya girdi. Partneri var mı diye sordum... ve yoktu. Benimle oynamak ister mi diye sordum... ve kabul etti. İyi bir oyundu ve bu deneyimden hoşlandı. Oyundan sonra arabasıyla beni evime kadar bırakmayı teklif etti. (Kulüp evime yürüme mesafesinde olduğundan ben arabamı getirmemiştim.) Yukarı birşeyler içmeye gelmek ister mi diye sordum ve hiç beklemediğim bir şekilde evet dedi. Birbirimizin varlığından ve arkadaşlık etmekten hoşlanmıştık. Böylece aralıklı olarak altı yıl süren ilişkimiz başlamış oldu.

* * *

2008'de, gemi turlarında, yiyecek ve kalacak yer karşılığında(!) briç öğretmeye ve tasdikli oyunlar oynatmaya başladım. Briç oynama ve öğretme, ve misafir eğitmen olma karşılığında bedava bir gemi turu! Zaman içerisinde kulüplerde briç oynamayı bıraktım ama gemi turlarında öğretmeye devam ettim. 12. Bölüm'de detaylı anlattığım üzere 2016'da dünyanın etrafını yüz onbir günde kateden bir gemi turunda yetmiş bir tane ders verdim ve bir o kadar da tasdikli oyun oynattım.

Gemi turunda briç oyunları

Gemi turundaki bir briç direktörü olarak tura bir misafir davet edebiliyordum. Gemi turlarından birinde Sibel de bana katıldı. Bu "Kutsal Topraklar" gemi turu Yunanistan'ın Piraeus Limanı'nda başladı. Yunanistan'ın Santorini ve Patmos adalarına uğradıktan sonra Türkiye'de Kuşadası; İsrail'de Hayfa ve Aşdod; Mısır'da İskenderiye ve Port Said; ve en sonunda da İtalya'da Sorento ve Roma'da durdu. Sibel'le birlikte olmak çok iyiydi. Daha önceden nasıl oynanacağını öğretmiş olduğumdan briç oyunlarına katkıda bulunabiliyordu. Eşimle ayrıldığımızda ve boşanma işlemleri sürerken Sibel her iki haftada bir hafta sonu benimle kalıyordu. Ayrıca Pazartesi akşamları da birlikte vakit geçiriyorduk. Bu Pazartesi akşamlarında önce akşam yemeği yiyor, sonra da birlikte kulübe gidip briç oynuyorduk.

Oyunun temelini bildiği için gemide oyunda eksik oyuncu olduğunda kurtarıcımız oluyordu ve öğleden sonraki tasdikli oyunlarda da boşlukları doldurabiliyordu. Gemi turuna, uğradığımız yerlerdeki gezilere, 'fine dining' kapsamındaki kaliteli yemeklere ve gösterilere bayıldı. Sibel daha üçüncü sınıf öğrencisiyken Torrey Pines Lisesi'ndeki konuşma ve münazara takımının ortak kaptanıydı. Halbuki genelde kaptanlık görevi dördüncü yani son sınıf öğrencilerine verilir. Düşüncelerini tane tane ve açıkça ifade edebildiğinden ve genel olarak bilgili bir insan olduğundan akşam yemeklerinde, özellikle çevre sorunları ile ilgili sofistike konuşmaları ile masamızdakileri etkiliyordu.

Kutsal Topraklar Gemi Turu esnasında Sibel ile Santorini'deyken

Kurt da bir seferinde benim briç gemi turlarımdan birine katıldı. O zamanlar artık Utah Üniversitesi'nde tarih alanında doktorasını yapan bir yetişkindi. Doktora çalışmaları esnasında birçok işte yarı-zamanlı olarak çalışıyordu. Çoğunlukla Salt Lake city civarındaki community college'larda[29] geçici öğretim üyesi olarak çalıştığından profesörvari ve cilalanmış bir konuşma stili edinmişti. Gemi turundaki akşam yemekleri boyunca masa arkadaşlarımızı derin politika ve tarih bilgisi ve yorumları ile büyülüyordu.

Gemi turlarında Sibel ya da Kurt olduğunda arkama yaslanıp çocuklarımın etrafımızdaki insanlardan aldığı saygı ve övgüyü seyrediyordum. Bu komplimanların bazıları sızıp bana kadar ulaşıyordu. "Böyle harika çocuklar yetiştirmek için birşeyleri doğru yapmış olmalısınız." diyordu insanlar. Gerçek şu ki anneleri Zeynep her zaman onların iyiliğine konsantre olmuştu. Zayıf evliliğimize rağmen onun çocuklarımıza olan adanmışlığını her zaman takdir etmiştim.

Kurt ile

Herkesin ölmeden önce yapmak istediklerini içeren bir listesi vardır. Benim listemde yukarılarda bir yerlerde salon dansları (ballroom dancing; çift olarak yapılan danslar) vardı ama hep savsaklamıştım. Buna uygun olmadığımı düşünüyordum. Fazla kiloluydum ve muhtemelen aynı zamanda da fazla sakardım. Ama elliden sonraki hayatım rahatlık alanımın dışındaki şeyleri denemeyi içeriyordu. En sonunda, San Diego'da, yeni başlayanlar için bir salon dansları dersine yazıldım. Relax bir moda geçip işin keyfini almaya başlamam için birçok ders geçmesi gerekti. İlk başlarda, sadece birkaç başlangıç hareketi bildiğimden ve hâlâ yabancılık hissettiğimden, ilgili özgür dans partilerine katılmadım. Ama zaman içerisinde dans konusunda rahatladım. İyi dans eden Vicki ile bazı dans partilerine katıldık.

Vicki ayrıca bir gemi turuna da katıldı benle. Los Angeles çıkışlı ve varışlı, "Meksika Rivierası" diye adlandırılmış kısa bir gemi turuydu bu. Yanaştığımız limanlardan başlayan ve Meksika'nın kıyı şeridindeki şehir ve kasabaları ziyaret eden geziler çok hoşumuza gitti. Bir gece, gemide, küçük bir dans alanı olan ana atriyumda salon müziği çalıyordu. Birkaç çift dans ediyordu. Atriyumda üç ya da dört kat vardı. Yolcular her katın kenarındaki korkuluklara dayanmış olarak müziğin keyfini çıkarırken dans eden insanları seyrediyorlardı. Vicki dans edenlere katılmamızı önerdi. Tam sahneye doğru yönlenirken çaça müziği başladı. En sevdiklerimizden biriydi! Bu tanıdık ritimlere ayak uydurarak dans ettik ve çok eğlendik. Ertesi gün öğle yemeğinde masamızdaki insanlardan bazıları bizi tanıdı ve bir önceki gece dans edenler içinde en iyi çiftin biz olduğumuzu söyledi. Bu da Vicki'nin mükemmel olduğunu gösteriyordu çünkü salon danslarında seyirciler her zaman kadını takip eder; erkeğin rolü sadece kadını öne çıkarıp göstermektir.

* * *

Pazartesi akşamları briç kulübünde bir Pro-Am (hem profesyonellere hem de amatörlere açık) oyunda oynamaya başladım. Pazartesi akşamları Sibel ile sosyalleşme zamanım olduğundan, o da kulübe geliyordu ve küçük odadaki başlangıç seviyesi oyunlarında oynuyordu. Başka bir başlangıç seviyesi oyuncusu ile iyi bir oyun partneri ilişkisi kurmuştu ve oyunların birçoğunu kazandılar. Pro-Am oyununda her bir çift bir mentor ve bir danışandan oluşuyordu. Benim mentorum San Diego Eyalet Üniversitesi'nde (San Diego State University) bir biyoloji profesörü olan Dr. Jeremy Fields idi. Uzun boylu, esmer tenli ve gözlüklüydü. Yaklaşık 3,000 masterpoints'i vardı. Sanırım Karayip Adaları'ndan birisinden geliyordu ama hangisinden hatırlamıyorum. Pazartesi geceleri oyunum hakkında kritikler yapıp önerilerde bulunurdu. Oyunun sonunda her bir bord'un (oyun tahtasının) üzerinden gider ve en iyi oyunları görmeye çalışırdık. Jeremy'den çok şey öğreniyordum. Ayrıca arada antrenman maçları da yapıyorduk, ama esas Pazartesi geceleri sıkı bir eğitim ve rehberlik alıyordum ondan.

Genellikle Sibel oyununu bizimkinden önce bitirirdi ve yanımıza oturup Jeremy'nin bord'ları analiz etmesini dinlerdi. Başlangıç seviyesi oyunu da aynı bord'ları kullandığından analizler Sibel için de faydalı oluyordu.

Bir gün, Jeremy'nin bir doğa parkurunda bisikletini sürerken kalp krizi geçirdiğini duydum. Bisikletinin yanına oturmuştu, fakat etraftan geçen çok az insan olduğundan birisi birşeylerin ters gittiğini anlayıp müdahele edene kadar, çok kritik bir süre boşa geçmiş ve hastaneye ulaştırılması ve tedaviye başlanması gecikmişti. Jeremy konuşma yetisini ve sağ elinin fonksiyonunu kaybetmişti. Bunu öğrendiğimde yıkıldım. Evinde ziyaret ettim kendisini. Fakat üzüntüyle şahit oldum ki konuşma terapisi aldığı halde ancak çok büyük bir efor sarf ederek iletişim kurabiliyordu. Ne demek istediğini tahmin etmeye çalışıyordum ve o da onaylıyor ya da onaylamıyordu. Küçük bir ilerlemeydi ama bu şekilde biraz iletişim kurabilmiştik.

Medikal alanda çalışan bir İngiliz çift de Jeremy'nin briç aşkını paylaşıyordu. Bazı fiziksel aktiviteler ve oyunlar denemek için dördümüz her iki haftada bir Jeremy'nin evinde buluşuyorduk. Sözlü iletişim mümkün olmadığından zihinsel durumunu değerlendirmek için domino gibi oyunlar oynuyorduk. Hepimizi yeniyordu. En sonunda briç oynamaya başladığımızda iyi oynuyor görünüyordu. Jeremy ile bir sonraki Pazartesi gecesi gidip Pro-Am oyununda oynamaya karar verdik. İngiliz çift İngiltere'ye gidiyordu ve orada olamayacaklardı.

Jeremy'yi evinden aldım ve kulübe gittik. Onu yeniden görmek herkesi çok mutlu etti. İyi bir oyun çıkardık ve üçüncü olduk. İngiliz çift İngiltere'de iken kulübün websitesi üzerinden sonuçları takip etmişti ve bu kadar iyi bir sonuç elde ettiğimiz için mutlu olmuşlardı.

* * *

Elli üçüncü doğum günümdü. Hava olağanüstü güzeldi. Hava içeri dolsun diye ön kapıyı açtım. Bulaşıkları yıkamakla uğraşırken Kurt çıkageldi. Şehirdeydi ve doğum günüm için uğrayacağını bekliyordum. Vicki ile beraber hep birlikte vakit geçirecektik. Kısa bir süre sonra Vicki de geldi. Doğum günüm için bir sürpriz aktivite organize ettiklerini açıkladı. Arabaya binip yola koyulduk. Arabayı Vicki kullanıyordu. İkisi de sürprizin ne olduğunu söylemiyordu.

Güneye, Meksika sınırına doğru gidiyorduk. Sınıra yakın büyük bir outlet alışveriş merkezi vardı. Hedefimizin orası olduğunu düşünüyordum. Tijuana'dan önceki son çıkışı geçince paniklemeye başladım. "Nereye gidiyoruz? Meksika'ya giremeyiz! Pasaportum yanımda değil!" diye karşı çıktım. Kurt arka koltuktan uzanıp pasaportlarımızı uzattı. Vicki pasaportumu çalan Kurt ile işbirbirliği yapmıştı belli ki. Rosarita'da kahvaltı ile başlayıp Ensanada'da öğle yemeği ile devam eden çok eğlenceli bir gün geçirmiştik Meksika'da. Akıllardan çıkmayacak harikulade bir doğum günü sürprizi olmuştu. Eve döndüğümüzde gecenin bir yarısı olmuştu.

Vicki ile

Birkaç ay sonra, Vicki'nin doğum günü yaklaşırken, onun bana vermiş olduğu sıradışı doğum günü armağanı ile boy ölçüşecek bir şey yapma konusunda kararlıydım. San Diego Körfezi'nin karşısındaki bir yarımada olan ve golf sahaları, sahilleri ve Hotel Del Coronado'su ile ünlenmiş Coronado'ya bir gezi ayarladım. Öğleden sonrayı, aralarında başrollerini Marilyn Monroe, Jack Lemmon ve Tony Curtis'in paylaştığı, 1959 yapımı Bazıları Sıcak Sever (Some Like It Hot) filminin de olduğu birçok filmin çekildiği Hotel Del'in karşısındaki sahilde geçirdik. İnce ve yumuşak kumundan dolayı orası San Diego bölgesinin en iyi plajı sayılabilir. Çıplak ayakla yürümek için mükemmel bir yer... Sahildeki eğlencemizin ardından Coronado'da akşam yemeği yedik. Ve nihayet sıra esas sürprizime geldi: çikolata kaplı çilekler, bir şişe kırmızı şarap ve muhteşem bir gün batımı eşliğinde Venedik usulü bir gondola gezisi. Harika bir vakit geçirdik birlikte. Sonrasında, Vicki Facebook'da fotoğraflar ve hayatının en romantik gününü yaşamış olduğu mesajını paylaştı.

* * *

2009 yılında danışmanlık işimde önemli bir ilerleme oldu. Johnson & Johnson Pharmaceuticals bana bir kontratlı araştırma pozisyonu teklif etti. En sonunda! İşimde yapmak istediğim işte tam da buydu! Belki de her şeye rağmen, günün sonunda, Turquoise Consulting iyi bir yere gelecekti.

Notlar:

[28] Briçde Life Master (Hayat Ustası) olabilmek için 500 üzerinde masterpoints puanı toplamak gerekir. Bu puanlar değişik renkler ile kategorize edilir. Kulüp turnuvalarında siyah; seksiyönel turnuvalarda en az 75 gümüş; bölgesel ya da ulusal turnuvalarda da en az 100 kırmızı ve altın renk masterpoint alınması gerekir. Yani yanlızca yöresel kulüplerde oynayarak Life Master olunamaz. Büyük turnuvalara katılmak üzere seyahat edip kırmızı ve altın renkli puanlar da alınması gerekir.

[29] Community College'lar (Toplum Kolejleri) en genel tanımı ile öğrencilere yüksek öğrenim sağlayan kamu kurumlarıdır. Ancak çok zaman bu öğrenim sonunda tam lisans veya lisansüstü akademik dereceler yerine sertifikalar, diplomalar ve önlisans dereceleri verilir. Bu kolejlerin aynı zamanda öğrencileri belirli iş ve mesleklere hazırlamak üzere meslekî veya beceri temelli bir yaklaşımı da olabilir. Ayrıca, Community College'lar bir üniversitede okumayı hedefleyen öğrenciler için hazırlık ve yatay geçiş programları da sağlar. Bir taraftan dört yıllık bir üniversiteye geçiş öncesi geleneksel akademik dersler (matematik, tarih, vb.)

verirken aynı zamanda iş arayanlara özgeçmiş yardımı gibi programları da sunar.

9

J&J Pharmaceuticals'da

La Jolla, Kaliforniya, 2009

La Jolla, Kaliforniya'daki Johnson & Johnson Farmasötik Araştırma ve Geliştirme Ltd. Şti. (Johnson & Johnson Pharmaceutical Research & Development, LLC), yani kısaca J&J, moleküler modelleme ekibi üç aylık bir araştırma işi için kontratlı olarak beni işe aldı. Danışmanları olarak projenin güncel aktif bileşikleri hakkındaki bir takım güvenlik kaygılarını gidermek adına bazı yeni, biyolojik olarak aktif birimleri bulmalarında ekibe yardım edecektim. Farmakofor modelleme uzmanlığımın yanında tam da bu tarz bir problemi ele almaya yönelik farklı yeteneklerim vardı. Ancak J&J'deki ana üç boyutlu (3D) arama yazılımı en son çıkan farmakofor modelleme yazılımı, yani Schrödinger, Inc.'in Phase'i idi. Bu sisteme aşina değildim. Schrödinger, Inc.'de Phase'i geliştiren temel kişi Accelrys'in Catalyst'ini geliştirenlerden biriydi. Kavram aynı olduğundan öğrenmem daha kolay olacaktı. J&J'de patronum olacak kişi işe başlamadan önce lokal Schrödinger ofisinde yazılım eğitimi almamı organize etti. Yazılımı öğrenmek için bir haftamı memnuniyetle ayırdım. MDL'den Accelrys'e geçtiğimde nasıl ki MACCS-3D'den Catalyst'e yani bir üst modele geçiş olduysa, Phase de Catalyst'ten bir üst modele geçişti. Diğer bir deyişle, J&J'deki işime başlamadan en son jenerasyon teknolojiyi öğrenmiş oldum.

* * *

Sadece haftaya yepyeni bir başlangıç olduğu için değil, aynı zamanda büyük hafta sonu işlerimin bitmesi ile arama sonuçlarının hazır olması anlamına geldiğinden; ve de yeni sonuçların araştırmaya yeni bir soluk aşılamasından dolayı, Pazartesi'ler en sevdiğim gündü, özellikle de sabah saatleri. Phase eğitimimi iyi değerlendiriyordum. J&J'in şirket veri tabanı Phase formatında elimizde vardı ama 4,345 kilometre ve üç zaman dilimi ötede, Philadelphia'da tutuluyordu fiziksel olarak. Bir farmasötik şirketinin kurumsal tescilli moleküller veri tabanı en değerli varlıklarından biridir; kurumsal hazinesi de denebilir. Sanırım veri tabanını La Jolla'ya gönderme konusunda çekinceleri vardı. Yeni bir ilacın geliştirilmesinin ortalama on altı yıl aldığı ve bir milyar dolardan fazla bir maliyeti olduğu göz önüne alınırsa kurumsal veri tabanlarındaki kimyasal yapıların İsviçre bankalarındaki fiziki altın hesapları gibi korunmaları da normaldir. Bu durumda veri tabanına bulunduğu yerde, Philadelphia'da erişim sağlamam gerekecekti.

Bu coğrafi ayrılık üstesinden gelmemiz gereken ilk zorluktu. Çözüm olarak J&J Philadelphia'daki hesaplamalı kimya grubu ile benim için arama işlerimi bir komut satırı arayüzü (ekranda bilgisayar kodlaması kullanarak komutların yazıldığı boş alan) üzerinden yönlendirebileceğim bir hesap oluşturdu. Güvenli bir bağlantı üzerinden komut dosyamı Philadelphia'ya gönderip işleri orada başlatacaktım. İşler bitince sonuçları La Jolla'daki bilgisayar üniteme indirecek ve lokal ortamımda analiz yapacaktım. Dolambaçlı ama uygulanabilir bir çözümdü bu. Her günün sonunda ayrılmadan önce küçük arama işleri gönderecektim. Ertesi sabah sonuçları indirip işime devam edecektim. Böylece Philadelphia bilgisayarını kullanımım herkesin evinde olduğu akşamlarla sınırlı olacağından kimsenin çalışmasını etkilemeyecekti. Ama Cuma akşamları tüm hafta sonu devam edecek daha büyük işler gönderebilecektim. Hafta sonu sonuçlarını lokal bilgisayar üniteme indirip her ne yeni açılım sunuyorsa keyfini çıkardığım Pazartesi sabahlarını iple çeker oldum.

Bu farmakofor aramaları çok zaman alabilir ve kaynakları bol bol kullanabilir. 3D yapısal aramaları veri tabanındaki bileşikleri ve her bileşik için farklı farklı konformasyonları göz önüne alarak farmakofor modeli ile karşılaştırır. Yazılımın veri tabanındaki tüm konformasyonları yinelemesi tamamlanınca, bu sefer isabete çok yaklaşmış olanları esnek bir şekilde karşılaştırır (yani veri tabanında olmayan bir modele uyumlu yeni bir konformasyon olabilir mi diye görmek için döndürülebilir bağlarını eylem anında büküverir). O esnek koca bileşikleri değerlendirmek oldukça çok zaman alırdı. Araması yapılan veri tabanının belli bir segmentindeki bu esnek koca bileşikler ne kadar çoksa işlem süreci de o kadar fazla hafızaya ihtiyaç duyuyor ve o kadar da uzuyordu.

Bir Pazartesi sabahı merdivenlerden aşağı laboratuvara doğru gidiyordum. Moleküler modelleme laboratuvarının neden yeraltında olduğunu hep merak ederdim. Bana hep elektromanyetik alanları bloke etmek için kullanılan bir Faraday kafesi gibi gelirdi. Bir zaman sonra cep telefonumun pilinin neden gün sonunda hep bitiyor olduğunu keşfettim. Sürekli uydu bağlantısı aradığından enerjisini tüketiyordu. Yeraltında olduğumuzdan bağlantı yapamıyordu herhangi bir uyduya. Dijital moleküler hazinelerini güven altına almak için muhtemelen bilinçli olarak Faraday kafesine çevrilmişti. Bunu anladıktan sonra artık laboratuvara girmeden hep telefonumu kontrol edip kapalı olduğundan emin oluyordum.

O gün laboratuvarın giriş kapısını açtığımda bir gariplik sezinledim. Havada elle tutulur derecede bir gerginlik vardı. Herkes yaptığı işi bırakıp bana bakmaya başladı dik dik. Patronuma sorarcasına bakınca bana ofisini işaret etti.

Neler dönüyordu? İşten mi atacaklardı beni? Beni çıkarmaları kontratımda kalmış olan süreden çok daha fazla vakitlerine mal olurdu. Hem niye böyle bir şey yapsınlardı ki? İlerlememden gayet memnunlardı. Şaşkına dönmüş bir şekilde patronumun ofisine gittim ve eliyle gösterdiği sandalyeye oturdum. Philadelphia ofisinden ana sunucu bilgisayarlarında yürüttüğüm işler ile ilgili bir sürü telefon mesajı aldığını söyledi.

Yürüttüğüm hafta sonu işlerinden birisi Pazartesi sabahı olduğunda hâlâ devam ediyordu. Daha büyük ya da daha esnek bileşikler vardı sanırım bu partide. Dolayısıyla da daha fazla kaynağa ihtiyaç olmuştu. Patronum iş komutlarımı yüklediğim bilgisayarın herkesin bağlı olduğu ve günlük aktivitelerini yaptığı ana idari bilgisayar olduğunu açıkladı. Büyük ihtimal benim iş hem hafıza hem de disk alanından alması gerekenden daha fazlasını alarak bilgisayarın diğer bölümlerindeki kaynaklardan çalmaya başlamıştı. Philadelphia'da insanlar işlerine gidip e-postalarını kontrol etmek için hesaplarına girdiklerinde sistem çok yavaşmış. Bilgi teknolojileri (IT) ekibinin işlerine başlamaya çalışan bir sürü sinirli insandan tonlarca telefon ve e-posta mesajı aldığını ve neler olduğunu anlamaya çabalamalarını gözümün önüne getirebiliyordum.

Osman diye değişik isimli birinin bilgisayardaki kaynakların çoğunu meşgul ettiğini görünce ilk anda bir siber saldırıya maruz kaldıklarını düşünmüş olabileceklerinden inşallah IT'den birisinin Kaliforniya'daki La Jolla grubundan Osman diye bir danışmana kendi lokal veri tabanlarına erişim için bir hesap açmış olduğunu hatırlaması uzun sürmemiştir diye düşünmüştüm kendi kendime. Nitekim kısa bir süre sonra kompütasyonel kimya grubundan olan Osman'ın başlatmış olduğu işin kendi işlerini sürdürebilmek için gerekli olan bilgisayardaki kaynakları meşgul ettiğini anlamışlar tabi. Ama ilk anda La Jolla ofisini aramaya kalksalar bile zaman farkından dolayı telefona cevap verecek kimseyi bulamayacaklardı. Şansıma patronum işyerine vardığında Philadelphia'daki işim sonunda bitmişti ve zaptettiği kaynakları zarif bir şekilde serbest bırakmıştı. Kısa bir süre sonra Philadelphia'da her şey normale dönmüştü.

Patronum artık bu ana bilgisayarı projelerim için kullanma iznimin olmadığını söyledi. Uygulamaya dökülen bu serzenişi haketmiştim; küçük bir sert uyarı sayılırdı. Artık ilerideki işlerimi Philadelphia'da araştırmaya adanmış farklı bir bilgisayara yönlendirme direktifini verdi. Böyle bir seçeneğimin olduğunun farkında bile değildim. İşlerimi yönlendirebilmek için Schrödinger'deki destek birimini arayarak o spesifik sunucuya nasıl erişim sağlayacağımı öğrendim. Ev sahibime sıkıntı vermiş olduğum için kötü hissetmiştim.

J&J'deki işimi başarıyla sonuçlandırdım. Çalışma dönemimin sonunda J&J'e kendi veri tabanlarında mevcut olan yaklaşık bin bileşiğe yakın olan spesifik biyolojik aktiviteleri değerlendirmelerini tavsiye ettim. Benim tavsiye ettiğim bileşikleri 1536 derin bölmeli bir plakaya koyup,[30] ultra-modern robotik bir Yüksek Verimli Tarama (High Throughput Screening - HTS) sistemi kullanarak biyolojik etkenliklerini test edip doğruladılar. Kendilerinin olan kurumsal veri tabanını araştırdığımdan, her ne kadar çoğu onlar tarafından bilinse de, sonraları öğrendim ki o bileşiklerin neredeyse yarısı aktif çıkmış. Ancak benim listemdeki birkaç yeni aktif bileşik onların aktif olmasını beklemedikleri ve bu durumda artık peşine düşebilecekleri bileşiklermiş. Bunlar araştırmalarını destekleyip canlandıran mükemmel bulgulardı. J&J'deki iş arkadaşlarım destekleyiciydiler ve orada geçirdiğim kısa zamandan gerçekten zevk aldım.

* * *

Bu kontratlı işten kazandığım para ödenmeyi bekleyen faturalarımın hepsini ödemeye rahat rahat yetti. Üstüne bir de bonus olarak iki çocuğumu oradaki aile bireylerimizi ziyaret etmek üzere bir aylığına Türkiye'ye götürmeme yetecek kadar da arttı. Her zamanki gibi çocuklar bu geziye bayıldı. Lezzetli Türk yemekleri; büyükanneleri, halaları ve kuzenleri ile bir araya gelip iletişim kurmak; plaja inip yüzmek; tavla oynamak ve sahil boyunca uzun yürüyüşlere çıkmak... Tüm bunlarla eğlenip harika vakit geçirdiler. Vicki de bir haftalığına Marmaris'e geldi. Onun Türkiye'ye ilk gelişiydi. Birlikte çok eğlendik. Hayat güzeldi.

J&J'deki deneyimim çok değerliydi. Nihayet gayet aşina olduğum sofistike makineleri kullanarak doğrudan, aktif bir ilaç araştırmasına katılımda bulunmuştum. Sonunda anlatıp öğrettiklerimi pratiğe dökebilmiştim. Bu tarz işleri uzmanlık alanım yapıp başka danışmanlık fırsatları yakalamak üzere bu başarılı deneyimi farklı şirketlere sunup kendimi pazarlayabilirdim. Kanıtlanmış bir başarı geçmişi ile iş modelimi bu yeteneğimi öne çıkartacak şekilde yeniden düzenleyebilirdim. Kuşkusuz artık yeni kapılar açılacaktı. Türkiye'den döndüğümde J&J'deki eski patronumdan geri aramamı isteyen bir mesaj vardı telefonumum mesaj makinesinde. Çalışma alanımı tüm şifrelerim ve iki bilgisayarım da dahil olmak üzere aynen bıraktığım gibi koruduklarını ve eğer ilgilenirsem, yeni bir üç aylık dönem için daha tekrar işe almak istediklerini iletti. Danışmanlık işimi stabilize etmek için tam da aradığım şey buydu. Bana uyacağını söyledim. Kontrat talebini New Jersey'deki merkeze gönderdiler. Zaten daha önceden bir kere incelenmiş olduğumdan kontratın hızlı bir şekilde gönderileceğini bekliyorlardı.

Ama hiçbir dönüş olmadı. Sonradan öğrendim ki J&J üst yönetimi stratejik bir karar alarak tesadüfen tam da benim çalışmış olduğum alandan çıkmayı uygun bulmuş. Zamanlamam berbattı. İşimin tam da büyüme ve refaha doğru yönlenmeye yüz tuttuğunu düşündüğüm bir sırada aslında başlangıca dönmüştüm. Artık yoluma devam etmenin vakti gelmişti.

* * *

Aklımda hep ABD'deki emekliliğimi takiben Türkiye'ye dönmek vardı. O zamanlar on üç sene daha geçmesi gerekiyordu bunun olması için. Ama, sabit bir gelirim olmadan o zamana kadar ABD'de kalamayacağımı düşünmeye başladım. Alternatif olarak, sadece altı yıl sonra, emeklilik yatırımlarımdan (Devredilebilir Bireysel Emeklilik Hesabı) tırtıklamaya başlayabilirdim. Yani, sadece altı yıl daha kendi kendimi idame ettirebilirsem sonrasında kendime bir maaş ödeyebilecektim.

Ya da, danışmanlık şirketimi Türkiye'ye taşıyabilirdim! Böylece çekirdek ailem dışındaki aileme yakın olabilir ve daha düşük geçim maliyetleri olacağından rahatça yaşayabilirdim. Yeni iş modelim Türkiye'deki farmasötik ve biyoteknoloji şirketleri için yeni ilaç klavuz örnekleri tanımlamak üzerine kurulabilirdi.

ABD'de daha fazla iş yaratmak için kendime 1 Ocak 2010'a kadar vakit tanıdım. O vakte kadar yeni bir kontratlı araştırma işi bulamazsam San Diego'daki işi kapatacak ve Türkiye'ye taşınacaktım. Kendime tanıdığım süre göz açıp kapayana kadar oltaya tek bir balık bile takılmadan geçiverdi. Her şeyi ayarlayıp hazırlıklarımı tamamlamak üç ayımı aldı. Mobilyalarım, ev eşyalarım, elektroniklerim, mutfak teçhizatı ve giysilerim içinden satabildiklerimi sattım, geri kalanını da yakınlarımızdaki hayır kurumlarına bağışladım. Türkiye'ye gönderdiklerim yaklaşık bir düzine tablo, yirmi beş kutu kitap, birkaç tek tük eşya ve diğer şahsi eşyalarımdan ibaretti. Apartmanımı boşalttıktan sonra uçuş tarihime kadar yaklaşık bir ay Vicki ile kaldım. Kol saatimi Kurt'a verdim, ama flip-floplarımı yanıma aldım. Ankara'ya tek yön bir bilet aldım ve Nisan'da ayrıldım.

Notlar:

[30] Bir araştırmacı Yüksek Verimli Tarama (High Throughput Screening - HTS) kullanarak çok sayıda farklı kimyasalı robotlar aracılığıyla çok sayıda derin bölmeleri olan bir plaka üzerindeki her bir bölmeye yerleştirme imkânı bulur. J&J'in aynı plaka üzerinde eşzamanlı olarak 1536 farklı kimyasala kadar biyolojik test yapabilme kapasitesi olan en son model gelişmiş bir robotik sistemi vardı.

10

Turkuaz Danışmanlık'ta

Ankara, Türkiye, 2010-2012

Türkiye yolculuğum kolay geçti. Yerleşmek ve zaman farkına—Kaliforniya saatinden on saat ileride olan Türkiye saatine—alışmak için kendime birkaç gün tanıdıktan sonra çalışmaya başladım. Yapılacak ilk iş Turquoise Consulting'in Türk versiyonu olarak Turkuaz Danışmanlık isimli şirketi ayağa kaldırmakdı. Muhasebeci bir arkadaşım şirketin kuruluşu konusunda yardım etti. San Diego'da şirket kuruluşu sadece birkaç haftamızı almıştı. Buradaysa bürokrasiyle uğraşmak birkaç ayımızı aldı. Websitemin sayfalarının bir kopyasını oluşturup Türkçeye çevirdiğim metinleri yerleştirdim. Turquoise Consulting web sayfalarını iki dilli yapmak için bayağı mesai harcadım. Logomdaki nazar boncuğu Danışmanlık'taki "ş" harfinin noktası oluverdi.

Türkiye'deki danışmanlık işimin logosu

Daha önce yapmış olduğum işleri bilen akademik çevrelerdeki arkadaşlarım Türkiye'ye "kesin dönüş" yapmış olmamı sevinçle karşıladı.

Bazıları beni yerel konferanslara konuşmacı olarak davet etti. Henüz kurulmuş danışmanlık işimin reklamını yapmak için iyi fırsatlardı bunlar. İnsanlardan iyi tepkiler alıyordum. Ankara'daki bir konferansta oturum başkanı olmuştum. O zamanlar Illumina Inc.'te Kurumsal Bilişim Başkanı (CIO) olan eski patronum Scott Kahn'ı biyomedikal alanındaki son gelişmeleri sunması için davet ettim. Konferanstan sonra ona Ankara'yı gezdirdim. Özellikle Anadolu Medeniyetleri Müzesi'nden çok etkilendi. Scott ile hasret gidermek iyi gelmişti.

Ankara'da bu toplantılara katılan bilim insanları işimi Türkiye'ye taşımış olmamdan duydukları memnuniyetleri ile birlikte Türkiye'de farmasötik endüstrisine yeni bir odak noktası getirilmesine yardımcı olmak üzere benim yeteneklerime ne kadar ihtiyaç olduğunu dile getiriyorlardı. Ne yazık ki Türkiye sektöründeki büyük firmaların çoğunluğu daha büyük uluslararası farmasötik şirketlerinin yan kuruluşu idi. Bu ana şirketlerin araştırma merkezleri de başka yerlerdeydi ve Türkiye'de kurulacak bir tane daha araştırma merkezine pek ihtiyaçları varmış gibi görünmüyordu. Geneline bakıldığında yeterince hevesli insan vardı ama pek gerçek iş fırsatı yoktu. İş geliştirme ve pazarlama konularındaki isteksizliğim de durumu daha da ağırlaştırıyordu. Yine de endüstriden bazı üst kademe yöneticileri ve bilim insanları ile görüşmek için çaba harcadım. Daha genç bilim insanları ilaç tasarımı ve buluşu ile ilgilenmek istiyordu ama bu toplantılardan pek bir şey çıkmadı. 2010 itibarıyla Türk farmasötik sektörü benim gibi birisine pek hazır görünmüyordu. Başarıya yönelik zamanlamam ve gelecek olasılıkları zayıftı.

* * *

Bu arada, eskisinde evli olduğum yazılı olduğundan yeni bir Türkiye Cumhuriyeti kimlik kartına başvurdum. Formu doldururken boşanmış olduğumu özellikle belirttim. Yeni kart geldiğinde hâlâ evli yazıyordu. ABD'de boşanmamız sonuçlanmış olmasına rağmen Türkiye kanunlarına göre Zeynep ile hâlâ evli sayılıyordum. ABD'deki boşanmanın Türkiye kanunlarına göre geçerli sayılması gerektiğini kanıtlamak üzere bir avukatla anlaştım. ABD'den aldığım belgelerin çevirisini yaptırdım. Bu süreç kapsamında imzalaması için Zeynep'e bazı evraklar gönderecceklerdi. "Zeynep formları gözardı ederse ne olur?" diye sordum. Üç ay sonra yeniden gönderirlermiş. "Ya sonra ne olur?" Bu sefer evraklar Los Angeles'taki konsolosluğa gönderilir ve herşeyin tahkiki ve teyidi istenirmiş. İşlemlerin takibini avukatıma bıraktım. Bir yıl sonra evliliğimiz artık Türkiye'de de sonlanmış oldu.

* * *

Danışmanlık işim yeni favorim Phase'i de içerek şekilde küçük moleküllü bir modelleme sistemi olan Maestro'ya dört aylık bir yasal erişim izni (lisans) olarak Schrödinger'den gelen bir destek aldı. Karşılığında yazılımların Türkiye'deki muhtemel müşteri adaylarına gösterilmesi istendiğinde bu servisi sağlayacaktım. Yazılım için gerekli lisans ücretlerini karşılayamayacağımdan enteresan bir çalışma yapmak için sadece dört ayım vardı. Bu iş o zamanlar tüm zamanımı alıyordu. Enzim bir mutasyon tarafından modifiye edilmeden önce ve edildikten sonra, bir enzimin aktif bölgesine uyacak bileşikler tasarlayıp tasarlayamayacağımı değerlendirmek istedim. Amaç bu tarz mutasyonların sebep olduğu ilaç direncinin bertaraf edilmesiydi. Başarılı olmak ilaç direncine karşı dirençli ilaçlar tasarlayabileceğimiz anlamı taşıyordu. Örneğin; mutasyona uğramaya meyilli ve daha önceki virüs varyantları üzerinde etkili olduğu bilinen tedavilere yanıt vermeyen yeni bir virüs ile savaşırken böyle bir çözüm kritik olabilir.

Phase'i kullanarak bu kavramı ispatlamaya soyundum. İlintili enzimler üzerinde iki farklı aktif bölgeyi inhibe eden bileşiklerden oluşan bir listeyi değerlendirdim. Eğer bu iki farklı bölge aynı bölgeler olarak başlıyor ve bir tanesi bir mutasyona uğrayarak değişiyorsa, her iki bölgede de aktif olan bir bileşiği tespit ederek ilaç direncine karşı bir çözüm üretebiliriz.

Kavramın ispatı için fosfodiesteraz-4 (FDE-4) olarak adlandırılan bir enzimin aktif bölgesine bağlandığı bilinen bir seri ve FDE-3'e bağlandığı bilinen diğer bir seri olarak bileşikleri temsil eden bir dizi farmakofor modeli geliştirdim. Sonra, aktif bölgelere uyabilen ve her iki reseptörün tamamlayıcı özelliklerine uyum sağlayabilen bileşikleri elde etmek için bazı modelleri üstüste bindirerek birleştirdim. Beklendiği üzere her iki reseptörü de etkenleştirecek birkaç bileşik elde ettim. Bu beni müthiş heyecanlandırdı. Aslında bu sadece kavramın ispatı idi ama muazzam bir potansiyele işaret ediyordu.

Yeni bir mutant virüs varyantı üzerinde etkisiz hale düşmüş bir antiviral ilaç hayal edin. Örneğin AIDS'e sebep olan HIV virüsünü hedef alan ilaçların durumunda olduğu gibi... Ligandın (efektörün) aktif bölgesindeki geometride oluşan bir değişiklikten dolayı aktivitesini kaybeden bu şekilde tasarlanmış bir ilaç, bu durumda kıvrılıp mutant virüsün değişmiş aktif bölgesine bağlanabilir ve—değişmiş bölgenin hâlâ aktif olması şartı ile ki bu kolayca test edilebilir—etkisini sürdürebilir. Bu tarz ilaçların virüs ve bakterilerin çoklu varyantlarına karşı etkili olabilecek birçok potansiyel uygulaması bulunmaktadır. Bunun bariz bir örneği virüsün devamlı olarak mutasyona uğrayıp zaman zaman daha tehlikeli ve daha bulaşıcı varyantlara dönüştüğü Covid-19 pandemisidir. Daha önceki bir varyantın tedavisinde kullanılmak üzere geliştirilmiş tedavi yöntemleri yeni bir varyant üzerinde de etkili olmaya devam etse idi hastalığın yeniden ortaya çıkışını önleyebilir ya da en azından mimimuma indirgeyebilirdik.

Dört aylık yasal kullanım iznimin süresi doldu. Projeyi tamamlamayı süresiz olarak erteledim. Ancak kendime eğer araştırmayı tamamlasaydım ve sonuçlarını da bilimsel bir dergide "Bir virüsü alt edebilir miyiz?" gibi hafif nükteli bir başlıkla yayınlasaydım ne olurdu diye hayal etme özgürlüğünü tanıdım.

* * *

Ellimden sonraki hayatım hep yapmak isteyip de bir türlü vakit ya da enerji (ya da cesaret) bulup da yapamadığım şeyleri denemeyi içeriyordu. Örneğin; benden hiç beklenilmeyecek bir şey olduğu halde, ilk defa amatör bir tiyatro oyunu için seçmelere katıldım. Seçmelerde çok kötüydüm ama yine de erkekler korosunda konuşması olmayan bir geri plan rolünü aldım. Performanslardan keyif aldım ama olay bittiğinde benim de işim bitmişti tiyatro oyunculuğuyla. Beklediğim kadar eğlenceli değildi. Ama denediğim için mutluydum. Yapılacak işler listesinde bir maddenin daha üzeri çizilmişti.

Ankara'da işleri yoluna koymakla uğraşırken Vicki iki haftalığına beni ziyarete geldi. Kapadokya'ya düzenlenmiş bir grup turuna katıldık. Yaklaşık yirmi Türk ile birlikte küçük bir otobüste seyahat ediyorduk. Rehberimiz ziyaret ettiğimiz sit alanları ve müzeler ile ilgili zengin ve enteresan bilgiler verdikçe ben de Vicki'ye tercüme etmeye çalışıyordum. En önde oturduğumuzdan aralarda rehberimiz Vicki ile İngilizce konuşarak sorularını yanıtlıyordu.

Tur inanılmazdı. Kapadokya bölgesi peri bacaları, yeraltı şehirleri ve dağlık kayaların içine oyulmuş yaşam alanları ve kiliselerden oluşuyordu. Erken dönem Hristiyanlık için bir benzeri daha olmayan tarihi ve kültürel bir mirası yansıtıyor bölge. Örneğin; Romalılar M.S. 1. Yüzyıl'da her yerde Hristiyan kiliselerini sistematik olarak imha ettiği halde Kapadokya'dakiler dağların içinde gizli kaya mağaraları şeklinde ayakta kalmış.

Vicki Kaliforniya'ya döndükten sonra birkaç kere Skype ile görüştük. Bir süre sonra da belli oldu ki uzak mesafe ilişkimiz sürdürülebilir değildi. Türkiye'ye kesin dönüş yapmış olduğumdan da ilişkimizi sonlandırdık.

* * *

Ankara'da bir kulübe yazıldıktan sonra tavla ile meşgul olmaya başladım. Bu aktif kulüp aynı ABD'deki gibi vidolu tavlayı destekliyordu. Vidolu tavlanın Ankara ve İstanbul'daki büyük kulüplerdeki popülaritesi artıyordu. Binlerce yıldır Ortadoğu'da vidosuz oynanmakta olan klasik tavladan ayırt etmek için modern tavla deyimini kullanıyorlardı. Ankara kulübünün liglerinde ve turnuvalarında oynamaya başladım. Arada bir küçük turnuvaları kazandığım oldu. Farklı şehirlerde oynamak üzere kulüpten bir grup olarak birlikte seyahat etmeye başladık. Kıbrıs'taki bir turnuvada ben de oynadım ama iyi bir sonuç elde edemedim. Partnerimle birlikte çiftler şampiyonasını kazandığımız İstanbul'da ise çok daha iyiydim. ABD'deki turnuvalarda para kazanırdım ama Türkiye'de para ödülleri pek yaygın değildi. İşin içine para girdiğinde belki de kumar gibi görülüyordu. Onun yerine ödül olarak başka maddi şeyler veriliyordu. Nitekim İstanbul'daki şampiyonada her ikimize de birer geniş ekran plazma televizyon verdiler.

Türkiye'de elde ettiğim en iyi dereceyi Antalya'da gerçekleşen Akdeniz Açık Turnuvası'nda aldım. Dördüncü turda Gürcistanlı bir oyuncu beni ana turnuvadan eledi. Yarı finale kalarak partnerimle çiftler turnuvasında daha iyi bir sonuç elde ettik. Fakat her zaman aynı fikirde olmuyorduk. Çatışan değerlendirmelerimiz ortaklığımızı zedeledi. Oyunun belli bir noktasında rakiplerimiz ezici bir şekilde üstünlük sağladılar. Partnerim sinirlenip masayı terk etti. Her zaman yaptığı gibi dışarıya sigara içmeye gittiğini farzettim. Ama bu sefer hiç geri gelmedi. Ama eşi, buna rağmen, takımımızla dayanışma içinde masada kalarak oyunu izlemeye devam etti. Bir şekilde oyunu çevirdim ve biz kazandık. Ertesi gün oynanacak olan finallere kalmıştık.

Dördüncü turda beni açık turnuvadan elemiş olan Gürcistanlı oyuncu teklerde turnuva birincisi oldu. Çiftler turnuvasında finale kalan rakip takımda da o vardı aynı zamanda. Partneri de Belçikalı idi. Son oyun başa baş geçen 11 puanlık bir oyun oldu. Skor 9-9 iken vido teklifini erken yapmak istedim. Bu noktada vido çekme hakkına sahip olmak rakip için avantajlı değildi çünkü bir kere daha vido çekemeyecek-lerdi. Kim kazanacak olursa olsun farketmeksizin, iki puanlık bir vido, 11 puanlık bir oyunda 9-9 olan oyunun sonucunu belli etmeye zaten yetiyordu. Ama, partnerimin aynen daha önceki bir oyunda benzer bir durumda yaptığı gibi, bu fikre karşı çıkacağı beklentisi içindeydim. Bu durumda da partnerim sigara içmek için çıkınca vido çektim. Vido ikide ve skor da 9-9 olduğundan, bu son oyun olacaktı. Hem oyunu hem de şampiyonayı kazandık. Bir sürü övgü ve kupaların yanında birer de lap-top bilgisayar kazanmıştık. O bilgisayarı senelerce kullandığımdan onca çaba da boşa gitmemiş oldu.

Akdeniz Açık Turnuvası çiftler final oyunu. Ben sağda siyah şapkalı olanım.

Bu arada, her ne kadar Türk farmasötik ve biyoteknoloji şirket-lerinden kontratlı araştırma adına bir iş yakalayamasa da Turkuaz Danışmanlık beni akademik işbirliği fırsatlarını kovalamaya teşvik etti. Hacettepe Üniversitesi'ndeki bir grup fenilketonüri (PKU) hastalığını araştırıyordu. Bu ender rastlanan ama ciddi genetik hastalıkta yanlış kat-lanmış fenilalanin hidroksilaz vücudun fenilalanini parçalama yetisini devre dışı bırakır. Normal enzim vücudun fenilalanin metabolizmasını yönetir. Başka bir deyişle, bu genetik hastalığa yakalanmış insanlarda metabolize edilemez. Özellikle et, yumurta ve süt ürünleri gibi protein zengini yiyeceklerde bulunan fenilalanin, PKU hastalığı olanların kan-larında hızlıca zehirleyici seviyelere ulaşır.

Yeni doğmuş bebekler rutin olarak PKU hastalığı testine tabi tutulurlar. Bu genetik hastalığı taşıdığı tespit edilenlere hayat boyu devam etmek üzere, yüksek proteinli yiyeceklerin tamamen çıkarıldığı bir diyet verilir. Tedavi yapılmazsa PKU beyinde kalıcı hasara sebep olur ve geri alınamaz bir şekilde zeka geriliğine, öğrenme güçlüğü ve diğer kognitif problemlere yol açar.

Dünya genelinde ortalama olarak her 100,000 kişiden 6.67'sinde PKU vardır. Bu yazının hazırlandığı esnada elde edilebilen istatistklere göre en düşük yaygınlık Finlandiya'da (her 100,000 kişiden 0.50'sinde), en yüksek ise Türkiye'dedir (her 100,000 kişiden 38.46'sında). Türkiye'nin PKU hastalığına karşı yeni tedaviler geliştirmeye başlaması ve hatta bunu önceliklendirmesi için önünde açık seçik duran bir sebep vardı.

Hacettepe Üniversitesi grubu ile birlikte Türkiye Bilimsel ve Teknik Araştırma Kurumu'na (TÜBİTAK) PKU'nun ilaçla tedavisi için üç yıl sürecek bir araştırma teklifi verdik. Hacettepe ekibi, laboratuvar ortamında fenilalanin metobolizmasının çalışıp çalışmadığının değerlendirilebileceği bir yöntem bulmuştu. Bu sayede benim önereceğim yeni potansiyel örneklerin biyolojik aktivitelerini test edebilirlerdi. Turkuaz Danışmanlık'a ödenecek küçük bir komisyon karşılığında yanlış katlanmış enzimin doğru katlanmasına yardım ederek fenilalanin hidroksilaz enzimini tamir etme potansiyeli olan ve şaperon ligandları olarak adlandırılan yeni, biyolojik olarak aktif küçük molekülleri bulacaktım. Bu düşük bütçeli proje Türkiye'de yaygın olan bir sağlık problemine potansiyel olarak yüksek oranda bir tedavi sunabilirdi. TÜBİTAK böyle bir projeyi havada kapar diye düşünüyordum. Projeye fon sağlayacaklarından o kadar emindim ki reddettiklerinde hayretler içinde kaldım. Bardağı taşıran son damlaydı bu. On iki ayda tek bir kontrat bile yapmamış olmak benim için yetmişti.

Danışmanlık işini üç aylık bir sürede kapattım ve yapacak başka bir şey bulmaya çalıştım. Bitmişti. İşsizdim. Bir kere daha. Erken emeklilik fikrini kafamda evirip çevirdiğim ikinci sefer olacaktı bu.

* * *

Artık yine boş vaktim olduğundan briç direktörü olarak katılacağım birkaç gemi seyahati ayarladım. Para almayacaktım ama misafir eğitmen olarak iki kişilik bedava gemi turları vereceklerdi. Bir gemi seyahatine San Diego'nun hemen kuzeyindeki Encinitas'da bir briç kulübü işleten ve iyi bir briç oyuncusu olan arkadaşım Sevilla'yı davet ettim. Boşanmamı takip eden zamanlarda altı aylığına kız arkadaşım olmuştu ve sonrasında da arkadaş kalmıştık. Gemi seyahati esnasında briç derslerimi sevmişti. Bu dersleri kendi kulübünde verir miyim ve oyunlarının bazılarına yardım eder miyim diye sordu. Yapacak başka fazla bir şeyim olmadığından kabul ettim. Evinde kalabileceğimi söyleyerek briç oyunlarından gelecek gelirden komisyon vermeyi teklif etti. Eli açık davranmıştı; öğreteceğim derslerin tüm gelirini bana bırakacaktı. Böylece geçici olarak ABD'ye geri taşınmış oldum.

Encinitas'da Sevilla'ya briç kulübünü işletmesinde yardım ederek ve dersler vererek dört ay geçirdim. Sevilla'nın kulübündeki düzenli oyunculardan birisi beş altı sene önce öğrencim olmuştu briç derslerinde. Türkiye'ye dönüşümden önce Adventures in Bridge'de briç öğretirken kızıyla birlikte başlangıç seviyesi derslerime katılmıştı. Kızı bir Japon farmasötik şirketinin ABD şubesinin CEO'su ile evliydi. Onun yardımıyla belki son bir kere bir farmasötik işinde şansım olabilirdi. Damadına gönderebileceği kısa bir teklif yazısı yazmamı önerdi. Belli ki çok meşgul bir insandı ama Japonya seyahatlerinden birinde, o uzun yolda, okuma imkânı bulabilirdi.

Teklifimde vaad ettiklerimi detaylandırmıştım. Şu veya bu donanım ve yazılımın sağlanması ile birlikte kompütasyonel bir tesis kuracaktım. Bu tesis ayağa kalkıp işlemeye başlayınca da kendi ilgi alanları içerisinde kalacak terapötik kategorilerde yeni potansiyel örnekler keşfedebilirdim. Belli amaçlar doğrultusunda ilk üç ay ücretsiz çalışmayı teklif ettim. Üç ayın sonunda belirlenen hedeflere ulaştığıma ikna olurlarsa düzenli olarak çalışmak üzere işe alınacaktım. Elli altı yaşındaki birinin iş bulmasının ne kadar zor olduğunu bildiğimden oltanın ucuna bedava çalışma yemini asmıştım. Öğrencim beni geriye aradığında damadının benim heyecanımı paylaşmadığını gördüm. Şirketin Bilişim Teknolojileri (IT) bölümündeki açık pozisyona başvurmamı salık veriyordu.

İş bulmanın zor olduğunu söylerken spesifik olarak iz bırakacak, dünyayı daha iyi bir yer haline getirebilecek bir iş bulmaktan bahsediyorum. IT departmanındaki bir iş son derece saygın bir konum. Ama bana özgü yeteneklerimi medikal bilimine önemli katkılar yapabilmek için kullanmayı umut ediyordum. Bu tarz işler bulmak çok zordu. Her ne kadar bütün şirketler yaşa bağlı olarak ayrımcılık yapmadıklarını iddia etseler de benim perspektifimden bakıldığında işe alımlarda göz önüne alınan bir kriter olduğu görülüyordu. Elliden sonraki hayatımda yeni bir iş bulmakta çok zorlandım.

O sıralarda eski arkadaşım Phil Bowen'dan hal hatır soran ve kendi hayatı ile ilgili bilgiler veren bir e-posta aldım. Atlanta, Georgia'daki küçük bir özel üniversiteye geçmiş. Bir "İlaç Tasarımı Merkezi" kurmak üzere onay ve fon almış. Merkezi ayağa kaldırmak için kendisine yardım edip etmeyeceğimi soruyordu. Merkezle ilgili yardım etmek ve bazı ilaç tasarımı projelerini gerçekleştirmek için araştırma görevlisi olarak birkaç yıllığına kendisine katılmayı kabul ettim. İlaç tasarım projeleri kısmı benim için çekiciydi. En sonunda, yeni, biyolojik olarak aktif kimyasal birimlerin buluşu ile uğraşıyor olacaktım. J&J'de yaptığım iş gibiydi ama tescilli olmadığından sonuçları yayınlayabilecektik.

Encinitas'dan sonra Türkiye'ye dönmüştüm. Atlanta'daki iş haftada dört gün ve yarı zamanlı idi. Ancak toplamda tam zamanlı bir işin %80'i gibi bir zaman ayırmak gerekiyordu. Temelde, birincisinden yirmi yıl kadar sonra gerçekleşecek olan ikinci doktora sonrası araştırma atanmam sayılırdı bu. Kısa bir süre sonra Phil evrak işlerini tamamlayıp iş teklifini gönderdi. Bir kere daha ABD'ye geri dönüyordum.

11

Mercer Üniversitesi'nde

Atlanta, Georgia, 2012-2015

Ağustos 2012'nin ortalarına doğru sadece iki bavul ile Atlanta'ya indim. Mercer Üniversitesi kampüsünden yaklaşık bir buçuk kilometre uzaklıkta möbleli küçük bir apartman dairesi kiralayıp yerleştim. Mercer, ana kampüsü Macon, Georgia'da olan özel bir üniversite. Eczacılık Bölümü ve Phil'in olduğu Atlanta kampüsü nispeten daha küçük ve yüksek lisans programlarının olduğu birkaç bölümden oluşuyor.

Pazartesi sabahı apartmanımdan Atlanta kampüsüne olan bir buçuk kilometreden biraz fazla mesafeyi yürüdüm. Hava nemli ve sıcaktı. Sıcaklıkla başedebilirim ama iş neme gelince... Kampüse vardığımda sırılsıklam olmuştum. Ne kadar da güzel bir ilk izlenim bırakacaktım! Phil şehir dışında olduğundan İnsan Kaynakları'nı (İK) bulmak durumundaydım. İK'da konuştuğum kişi vizemi görmek istedi ama Amerikan pasaportumu görünce işlemler kolaylaştı. Evrak işlerini tamamladıktan sonra anahtarlarımı teslim etti ve İlaç Tasarımı Merkezi'nin kurulacağı alana götürdü beni. Ortalık kutularla doluydu. Ufak bir efor sarfederek laptopuma yer açmak üzere bir masayı boşalttım. Sonrasında Mercer ağında yerimi almak için gerekli e-posta açmak gibi bir sürü küçük işi tamamladım.

Atlanta'daki hazırlıklarıma yardım etmek istediğinden Vicki Labor Day[31] haftasonunda ziyaretime geldi. Kiralamış olduğu arabayla oradan oraya gidip ihtiyaçlarım için alışveriş yaptık ve arabam olmadığından kendi başıma yapamayacağım bazı diğer ufak tefek işleri hallettik. Vicki'nin bu düşünceli davranışını takdirle karşılamıştım.

En sonunda laboratuvardaki bütün kutular kaldırıldı. Artık etrafta hareket edebilir hale gelmiştim. Alt yapıyı tamamlamak üzere işe koyuldum. Kompütasyonel araştırma laboratuvarının elektrik hatları binanın geri kalanından ayrı döşenecekti. Üç kişi için çalışma alanı olarak üç ayrı bölme ve büyük bilgisayar (bize ait özel sunucu) için de genel bir çalışma alanı oluşturduk. Her bir çalışma alanında güçlendirilmiş bir PC olacaktı. Büyük renkli yazıcı, bilgisayar sunucusuna ayrılan yerin yanına yerleştirilmişti. Phil farklı farklı moleküler modellerin ekran görüntülerini bastırıp çerçevelere yerleştirmişti. Onlar da duvaralara hoş bir şekilde asılınca oda prezentabl bir bilgisayar laboratuvarına benzemeye başladı. Yazılım şirketini (Schrödinger) arayıp küçük molekül modellemesi, makromoleküler modelleme ve farmakofor model yaratımına uygun Phase uygulaması için gerekli tüm ihtiyaçları kapsayacak şekilde sistem gereksinimlerinin neler olduğunu öğrendim. Ana sunucumuzun 32 merkezi işlem birimi olacaktı ki bu onu çok güçlü yapıyordu. Ayrıca hızlı çalışmasını sağlayacak bol miktarda hafızası ve üzerinde bir sürü veri tabanı oluşturabileceğim çok sayıda büyük sabit sürücüleri (hard drive'ları) olacaktı. Büyük bilgisayar laboratuvara getirilince ağa bağladık. Artık işe koyulmaya hazırdı. Bir de yanına elektrik kesilirse bölünmeden çalışabilsin diye büyük aküler takınca herşey tamamlandı.

Kompütasyonel laboratuvar için donanım hazırdı. Gerekli yazılımı elde etmek için ise bayağı bir yaratıcılık gerekti. Yazılımın maliyeti donanımla karşılaştırıldığında önemli derecede fazlaydı. Hemen kullanabileceğim bir bütçe olmadığından yazılım firmasını arayıp kullanmak istediğim tüm uygulamaları kapsayan dört aylık bir değerlendirme lisansı aldım. Kurulumu yapılınca bir taraftan bütçe görüşmeleri sürerken yazılımı test edip gerekli düzenlemeleri yapabilir ve bazı işleri başlatabilirdim.

Farmakofor modellemede herhangi bir verimli iş çıkarabilmek için üç boyutlu (3D) yapısal veri tabanlarına ihtiyacımız vardı. Bir ticari ürün veri tabanı siparişi verdik fakat iyi bir başlangıç noktası olmaktan öte bir işe yaramadı. İstediğim veri tabanlarını derhal oluşturmaya başlamalıydım. Öngörücü modeller kullanırken veri tabanları ne kadar kaliteliyse sonuçlar da o kadar kaliteli olur.[32] Genel kullanıma açık olan Sigma/Aldrich kimyasallar kataloğunun Yapı/Veri dosyasını (SD dosyası) indirdim ve işlemleri kurup değerlendirme yapmak için Phase formatında inşasına başladım. İlgilenilen kimyasallar için gelecekte başka yapısal veri tabanları inşa etmeyi de planlıyordum. Bunların içinde piyasada bulunun ilaçlar, geliştirme safhasındaki geleceğin potansiyel ilaçları, ticari kimyasal kataloglarındaki diğer kimyasallar ve bilinen kimyasalların yayınlanmış veri tabanları da olacaktı. Tüm bunları Phase'de kullanabileceğim bir formata dönüştürmeyi önceliklendirdim. Bu veri tabanı oluşturma çalışması hemen başladı ve benim Atlanta'da kaldığım tüm süre boyunca yaptığımız bütün diğer işlerle parallel olarak devam etti. İki buçuk yıl sonra Mercer'da işim biterken sekiz milyondan fazla bileşik içeren bir seri veri tabanı oluşturmuştuk.

Laboratuvarda işleri yürütürken bir haftalık bir ara kullandım ve Kaliforniya'da Vicki'yi ziyaret ettim. Birkaç yıl önce her zaman birlikte gittiğimiz yerleri ziyaret etmek ve eski güzel günleri anmak eğlenceliydi. Bu aynı zamanda ilişkimizi tekrar gözden geçirmek için bir fırsattı. Sonuçta, ben Türkiye'de yaşadığımda on olan aramızdaki zaman dilimi farkı her ne kadar sadece üç zaman dilimine düştüyse de hâlâ işlemeyen uzun mesafeli bir ilişkiydi bu. Samimi olmak gerekirse, aslında sanırım artık o zamanlar "hasarlı ürün" halindeydim. Boşanmak için harcamış olduğum onca emekten ve onca zamandan sonra bu ilişkiyi daha ileriye götürmek üzere söz verip bağlanacak gücü kendimde bulamadım. Vicki ile bu sorunlarda hemfikirdik. Bu bizim son ayrılışımız olacaktı.

* * *

İşbirliği fırsatlarını değerlendirmek için Phil ile birlikte Mercer öğretim üyeleri ile görüşmelere başladık. Laboratuvar tamamıyla ayağa kalkıp çalışmaya başladığında ise niyetimiz İlaç Tasarımı Merkezi amaç ve hedefleri doğrultusunda işbirliklerini dışarıdan üniversitelere de yaymaktı. Bu arada sistemi değerlendirmek ve pürüzleri çözmek için bedava lisansımızın geçerli olduğu dört aylık pencerede bitebilecek küçük bir projeye ihtiyacım vardı. Mercer'daki bilim insanlarından birisi paralitik kabuklu deniz hayvanı zehirlenmesi (Paralytic Shellfish Poisoning - PSP) üzerinde çalışıyordu. Bizimle işbirliği yapmaya hevesliydi. PSP, insanlar genellikle midye ya da istiridye olmak üzere kabuklu deniz hayvanları yediklerinde oluşur. Bu zehirlenmenin ana sebebi kabuklu deniz hayvanlarının beslendikleri deniz yosunlarının absorbe etmiş oldukları toksinlerdir. Bu toksinden yüksek miktarda yemiş olan insanlar ciddi rahatsızlıklara yakalanabilir, hatta ölebilirler. Kısacası, ilk projemiz paralitik kabuklu deniz hayvanı zehirlenmesi için ilaç bazlı tedavi arayan bir proje oldu.

PSP'ye katkısı olan bilinen tüm kimyasalların yapılarını toplayıp farmakofor modelleri geliştirmeye başladım. Deneysel ekip yeni kimyasalları değerlendirmeye hazır değildi. Bu durumda da hangi modellerin bilinen zehirlere seçici olduğunu anlamak için ben zaman ayırdım. Küçük bir tuzaklı veri tabanı hazırladım ve bilinen zehirlerle tohumları ektim. Bu veri tabanında arama yapmak için geliştirmiş olduğum çok sayıdaki farmakofor modelini kullandım. Dr. Henry ile birlikte Molecular Design Limited'de iken geliştirdiğimiz GH-Skoru'nu (Ek III'e bakınız) kullanarak aday bileşikler için sonuçları değerlendirdim. Her bir farmakofor modelini titiz analizlerden geçirerek isabet listelerini GH-Skorlarına ve bazı diğer kriterlere göre önceliklendirdim. Bir kere en iyi modelleri tespit ettikten sonra onları ticari olarak herkesin kullanımına açık olan kimyasalların olduğu veri tabanları ile karşılaştırdım. Dikkatli bir şekilde bunları da önceliklendirdikten sonra deneysel ekibe satın almaları ve test etmeleri için birkaç kimyasal önerdim. Bu arada da değerlendirme lisansının süresi bitti ve yazılım sistemlerini lisanslandırmak için gerekli bütçemiz hâlâ yoktu.

PSP'nin ilk harfinin açılımındaki "paralitik" boşuna orada değil. Bahsi geçen toksin üst solunum yollarında bir paralize (felç) sebep olur. Bunu, kas hücreleri ve nöronlar gibi uyarılabilen hücrelerde, açılıp kapanabilen düğmelere benzeyen, sodyum kanallarını bloke ederek yapar. Düğmenin yeniden çalışmasını sağlayacak ve böylece kanalı bloke eden toksinin yerine bloke etmeyen başka bir maddenin yerleştirilmesini tetikleyecek küçük moleküllü bir ilaç bulmayı denedik. Doktorlar metanol zehirlenmesini tedavi etmek için buna benzer bir kavram kullanırlar. Hastaya büyük miktarda etanol (bildiğiniz votkaya benzer) verirler. Etanol molekülleri metanol ile yer değiştirir ve akabinde de toksik etkisi olan metanol idrar yolları üzerinden vücuttan dışarı atılır.

Bu durumda, PSP'yi tedavi etmeye uygun bir molekül bulabilmek için aday ilaç molekülünün sodyum kanallarına bağlandığını göstermek durumundaydık ki toksik madde ile yer değiştirebilsin. Ama bir problem ile karşılaştık. Deneysel ekibin kimyasalları test etme yöntemi, bu kimyasalların bir reseptör bölgesine nasıl bağlanacaklarını gösteren ve biyolojik olarak önemli derecede bir reaksiyona yol açacak modelleme yöntemimiz ile uyuşmuyordu. İşi son derece basite indirgeyerek anlatmak gerekirse, bu aynı bir maymunu erik ve kayısı arasındaki farkı anlamak üzere eğitip plumcot (kayısı ve erik karışımı bir meyve) vererek testini yapmaya benziyor. Deneysel ekip ile iyi bir iletişim kurmamış olduğumuzu görmekten ve özellikle de enzim inhibasyonunu test etmek için bir yöntemimiz olmayışından büyük hayal kırıklığı yaşıyordum.

Gelecekteki işbirliklerimizde, işe koyulmadan önce her ekip üyesinin rolünü tek tek netleştirecektik. Fakat içinde bulunduğumuz zamanda, deneysel ekip önerilen bileşiklerin biyolojik aktivitesini değerlendiremediği için, proje devam etmeyecekti. Daha ilk projemizde, dört aylık harıl harıl çalışmamın boşa gitmiş olmasına çok sinirlenmiştim. Ama en azından sistemi çalıştırmamıza ve yazılım değerlendirmesi devresi süresince bazı küçük veri tabanları oluşturmamıza olanak sağlamıştı.

Bütçe onayını beklerken de boş durmadık. Phil, Tıbbi Kimyada Güncel Konular Dergisi (Current Topics in Medicinal Chemistry Journal) için toksikliğin (ADME/Tox. Burada ADME, adsorpsiyon (yüzeye tutunma), distribüsyon (dağılım), metabolizma (bileşiğin karaciğerde parçalanması) ve ekskresyon (idrar yollarından boşaltma) kelimelerinin baş harflerinden oluşur.) değişik yönlerini bilimsel olarak öngörebilme çerçevesi içinde bir değerlendirme makalesi yazmayı taahhüt etmişti. İşe başladıktan sonra makaleleri ikiye ayırmaya karar verdik. Phil makaleyi kuantum mekaniği perspektifinden yazdı,[33] ben ise farmakofor modelleme perspektifi ile hazırladım.[34]

Yapılması gereken işler listemdeki maddelerden birisi farmakofor kavramının çıkış noktasını araştırmaktı. Farmakofor modelleme uzmanlık alanım olduğundan literatürde konunun orijini hakkında birbiri ile çelişen savların üzerine gitmeyi ve hatta belki de bu çelişkili durumu bir sonuca bağlamaya çalışmayı kendime görev edinmem gerekirmiş gibi hissediyordum. Bir süredir bunu yapmayı zaten istiyordum ama sivil bir birey olarak yayınlanmış makalelere erişimim kısıtlıydı. Böyle bir proje bazıları yüzyıldan daha eski olan yüzlerce makaleyi gözden geçirmek anlamını taşıyordu. Makale başına istenen 25$ ile 50$ arası ücreti bir birey olarak karşılayamazdım. Halbuki birçok makaleyi kapsayacak şekilde geniş bir erişim izni olan bir üniversitenin görevlisi olarak bu makaleleri şimdi hiçbir ücret ödemeden indirebilir ve gözden geçirebilirdim. Aramaların çoğunluğu çevrimiçi yapılabiliyordu. Çoğu zaman da ihtiyacım olan makalelerin elektronik versiyonlarını almak için Kütüphanelerarası Ödünç Verme (Interlibrary Loan) sistemini kullanıyordum.

Bu mükemmeldi. Altyapı çalışmaları yavaş yavaş ilerlerken Phil ve ben bu vakti farmakofor kavramının çıkış noktası hakkındaki çelişkiyi çözmek amacıyla bilimsel bir dedektiflik çalışması hakkında yazı yazarak değerlendirecektik. Tamamlamak bir yılımızı aldı ama yaptık. Makale de yayınlandı.[35] Dr. Paul Ehrlich'in (tıp dalında 1908 Nobel Ödülü sahibi) 1898'de bu kavramı yarattığını kanıtladık. Dr. Ehrlich'in kavramı yarattığı açık bir şekilde görüldüğü halde makalelerinden hiçbirinde farmakofor terimini kullanmadığı da netti. Çağdaşları farmakofor terimini kullanırken kendisi toksofor terimini tercih etmişti. Bu da bizim makalemizle çözüme ulaşan kavram kargaşasına yol açmıştı. Belki de Dr. Ehrlich kendi bebeğinin ismini başkalarının vermesinden hoşlanmamıştı.[36] Yayınlamış olduğum tüm makaleleri gözümün önüne getirdiğimde en gurur duyduğum makalem budur.

* * *

Connecticut College Uluslararası İlişkiler Bölümü ve yardımcı branş olarak da Antropoloji Bölümü'nden mezun olduktan sonra uluslararsı ilişkiler konusunda kariyerine başlamak üzere Sibel Washington DC'ye taşındı. Bir taraftan staj için bir yer ararken DuPont Circle'daki gösterişli bir İtalyan restoranında servis elemanı olarak işe başladı. Sonra resepsiyonist olarak başka bir işe girdi, ama DC'de olmaktan mutlu değildi.

Benden harika üniversite yıllarım ve en zor zamanların testinden geçmiş arkadaşlıklarım hakkında hikayeler duyarak büyümüştü. Zorluklarına rağmen hayatımın en hatırlanmaya değer günlerinin onlar olduğunu ve o arkadaşlıkların hayat boyu sürdüğünü biliyordu. Üniversite yıllarında Sibel'in böyle bir şansı hiç olmamıştı. Birinci yılının sonunda Boston College'dan yine bir yıl kaldığı Connecticut College'a geçmişti. Connecticut'dayken bir sömestir boyunca kalmak üzere İtalya'ya gitmiş ve sonra okulunu bitirmek üzere Connecticut'a geri dönmüştü. Üniversite hayatı boyunca oradan oraya gitti, ekstra dersler aldı ve hep çalıştı. Öyle olunca da sosyalleşmeye zaman ayırmaya vakti kalmıyor ve uzun süreli arkadaşlıklar kuramıyordu. Hayatında eksikliğini duyduğu şeyin iyi arkadaşlıklar kurabileceği anlamlı bir üniversite yaşantısı olduğunu söyledi. Bunu telafi etmek için okula geri dönmeyi istiyordu ve master yapmaya karar verdi. Güçlü bir uluslararası odağı olan bir üniversitede sosyal bilimler master'ı yapmayı hedefliyordu. Altı tanesi ABD'de, bir tanesi de Almanya'da olan programlar belirledi. Freiburg Üniversitesi'ndeki Küresel Çalışmalar Programı'na (Global Studies Program) başvurdu ve daha ABD'deki programlara başvurma fırsatı bulamadan kabul edildiği haberi geldi.

Bu arada Connecticut College'daki önemli profesörlerden birisi referans mektubu yazmak üzere müracaat edeceği Amerikan üniversitelerinin listesini istedi. Öğrencilerin en çok korktuğu ve çekindiği sert profesörlerdendi. Ders sırasındaki tartışmalar esnasında onunla çatışmaktan çekinmeyen tek öğrenci olan Sibel'e çok saygı duyuyordu. Bundan dolayı da Sibel için referans mektubu yazmayı kabul etmişti. Sibel, Almanya'daki Freiburg Üniversitesi'nin yaptığı teklifi kabul ettiğini ve artık onun referans mektubu yazmasına gerek kalmadığını açıklayıp özür dileyerek kendisine şans dilemesini istedi. Profosörden gelen cevap beni göz yaşlarına boğmuştu. Sibel'in kendi şansını her zaman kendisinin yarattığını ve bu nedenle hiç kimseden şans dilekleri beklemesine ihtiyacı olmadığını ifade etmişti.

Cazip bir üniversite hayatı yanında Küresel Çalışmalar Programı Sibel'e dünyayı gezip değişik kültürleri deneyimleme fırsatı verdi. Master programının merkezi Almanya'daki Freiburg Üniversitesi idi. İlk sömestiri Almanya'da bitirdikten sonra, ikinci sömestiri Güney Afrika'daki Cape Town Üniversitesi'nde, üçüncüyü ise Hindistan'ın New Delhi şehrindeki Jawaharlal Nehru Üniversitesi'nde (JNU) alacaktı. Takiben dünyanın bir yerinde üç aylık yaz stajını yapıp Freiburg'daki son sömestirinde master tezini yazmak için Almanya'ya dönecekti. Farklı ülkelerde farklı üniversitelere devam ederek okul hayatını yürütmeye, ve bu arada da farklı kültürlerle içiçe yaşamaya bayılmıştı. Onu yeniden böylesine heyecanlı ve mutlu görmek harikaydı.

* * *

Bütçemiz sonunda onaylandı. İstediğimiz yazılım paketleri için üç yıllık lisans aldık. Değerlendirme döneminde sistemi daha önceden kurma ve farklı uygulamalar üzerine eğitimler alma fırsatını yakaladığımız için hiç vakit kaybetmeden büyük bir şevkle hemen işe koyulduk. Eş zamanlı olarak iki, bazen de üç farklı proje üzerinde birden çalışıyorduk sürekli. Her bir proje farklı bir aşamada olduğundan aynı kaynaklar için yarışmıyordu. Mercer Üniversitesi İlaç Tasarım Merkezi'nde yürütmüş olduğumuz çalışmaların çeşitliliğini sergileyebilmek amacıyla, yayınlanmış olan dört ayrı projenin özetini aşağıda sunuyorum.

* * *

Psikedelik olmayan serotonin agonistleri – potansiyel depresyon tedavisi için

Mercer Üniversitesi'ndeki bu dahili proje serotonin 2A (5-HT$_{2A}$) reseptör agonistlerine bakıyordu. Hâlihazırda varolan bazı depresyon ilaçları daha fazla etki için ya daha fazla serotonin sağlayarak ya da üretilenin bulunduğu noktada daha uzun süreli kalmasını sağlayarak—ki bu onları serotonin "agonistleri" yapar—belli tipteki beyin hücrelerinin çalışmasını teşvik etmeyi kolaylaştırıcı bir nörotransmiter olan serotoninin varlığına odaklanır. Bu yollardan birisini kullanarak çalışan bazı psikedelik bileşiklerin depresyona karşı etkili olduğu gözlemlenmiştir. Ancak bu fayda psikedelik olma dezavantajı ile birlikte gelir. Bu durumda, amaç halüsinasyon yaratıcı etkileri olmadan arzu edilen iyileştirici etkiye sahip bir bileşik bulmak ya da yaratmak olmalıydı.

Psikedelik etkileri olan ve olmayan serotonin agonistlerini ayrıştırabilecek bir farmakofor modeli geliştirebileceğimize inanıyorduk. Sonrasında bu modeli, terapötik olarak kullanılabilme potansiyeli taşıyan yeni bileşikler arayıp bulmak için kullanacaktık. İki bileşiğin değerlendirmesi ile başladık: psikedelik olmayan 5-HT$_{2A}$ reseptör agonisti lisurid, ve psikedelik 5-HT$_{2A}$ reseptör agonisti liserjik asit dietilamid (LSD).

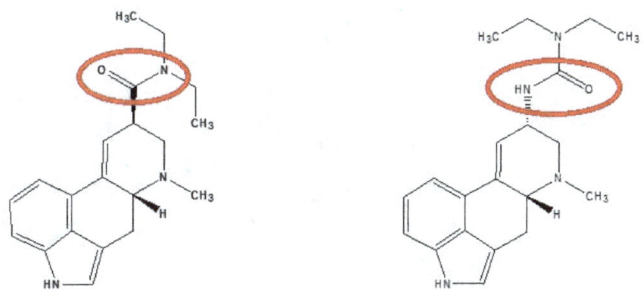

Solda LSD ve sağda Lisurid; kırmızı ile çizilmiş alanlar, büyük terapötik etkisi olan küçük yapısal farklılığı göstermektedir.

Bu iki bileşik arasındaki son derece küçük yapısal farklılık amid grubunun pozisyonunda bulunur (şekilde kırmızı eliptik çizgiler içinde kalan alan). Her iki bileşik de serotonin agonistleridir. Ancak LSD halüsojenik iken lisurid değildir. Bir ilaç olarak lisurid (Dopergin) temel olarak migreni iyileştirmek için kullanılır çünkü aynı zamanda bir dopamin agonistidir. Ayrıca son zamanlarda Parkinson hastalığında da kullanılması öngörülmüştür. ABD'de Gıda ve İlaç Dairesi (Food & Drug Administration - FDA) tarafından onaylanmamıştı ama bazı başka ülkelerde piyasada bulmak mümkündü. Bu proje için lisurid ile ilgilenmemizin sebebi sadece LSD'ye olan yapısal benzerliğine rağmen psikedelik etkisi olmamasına dayanıyordu. Bu özelliklerinden dolayı projenin ilk farmakofor modeline baz alınmak üzere lisurid ideal bir bileşikti. LSD ile birlikte değerlendirerek farklılık yaratacak bir özellik bulmayı umut ediyorduk.

Lisurid yapısını kullanarak bir farmakofor modeli geliştirdik. Hem lisuridi hem de LSD'yi farmakofor modeli ile esnek bir şekilde üst üste bindirip karşılaştırdığımızda ilginç bir resim ortaya çıktı. Lisurid farmakofor modelinin bütün özellikleri ile eşleşmeyi başarmıştı. LSD ise diğer tüm özelliklerle uyum sağladığı halde hidrojen bağlı akseptör bölgesi (şekilde koyu pembe ile gösterilmiştir) ile eşleşemiyordu.

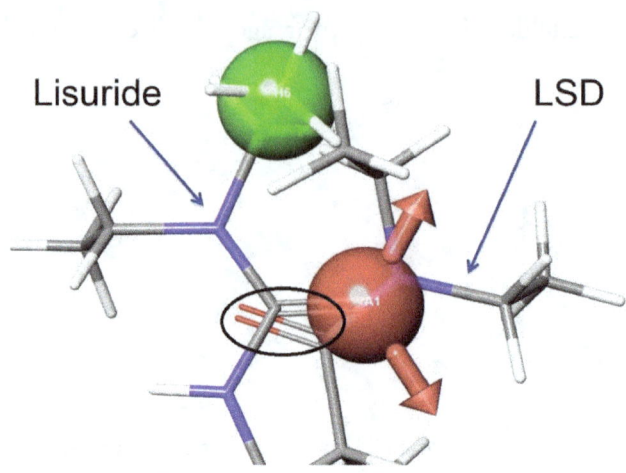

Lisuride　　　　　　　**LSD**

Bu şekil, ve özellikle siyah elips ile işaretlenmiş alan, LSD'nin karbonil oksijeninin aksi istikamete yönelerek koyu pembe ile gösterilmiş olan H-bağlantısı akseptör bölgesini kaçırdığını gösterir.
Dipnot 37'de belirtilmiş izin ile yeniden basılmıştır. Copyright © 2019 Elsevier Inc.

Bu farmakofor modelini kullanarak birçok yapısal veri tabanını taradık ve bileşiklerin farmakofor modeli ile sağlam bir eşleşme yaptığından emin olmak için isabet listelerini detaylı bir şekilde dikkatlice inceledik. En önemlisi, psikedelik etkiyi bloke eden H-bağlantısı akseptör bölgesi (LSD'nin uyum sağlayamadığı özellik) ile eşleşmeleriydi. Bilinen ilaçlar veri tabanını taradığımızda halüsojenik yan etkisi olmayan potansiyel serotonin agonistleri olarak bazı bileşikler tespit ettik.

Kalp yetmezliği ve yüksek tansiyon için kullanılan bir beta blokeri olan carvedilol bu modelle elde edilen bileşiklerden biriydi. Bilim insanlarının başka bir amaca uygun hale getirebilecekleri kullanımdaki bir ilaç olduğundan bu bileşiğin biyolojik olarak test edilmesine karar verdik. Eğer gerçekten de halüsojenik yan etkisi olmayan bir serotonin agonisti olduğu tespit edilirse potansiyel olarak depresyon, bağımlılık veya diğer serotonin ile ilgili rahatsızlıkların tedavisinde kullanılabilirdi. İlaç tasarımında, var olan bir ilacı kullanıldığı alanın dışındaki başka bir amaca uyarlamak tercih edilen bir yöntemdir, çünkü yeni bir kimyasal birimin aksine, bileşik zaten çok sıkı güvenlik değerlendirmelerinden geçmiştir.

Bu durumda da test edilmemiş bir aday ile karşılaştırıldığında geliştirme maliyetleri açısından önemli miktarda kazanç sağlar.

Çalışma arkadaşlarımız carvedilolun serotonin agonisti aktivitelerini doğruladı. Ayrıca halüsojenik etkiyi tetiklemediğini de kanıtladılar. Bu çalışma için fikrî mülkiyet koruması (patent) peşine düşmedik. Onun yerine, çalışmamızı halkın erişimine açmaya karar verip kompütasyonel ve deneysel detaylarını yayınladık.[37] Farmasötik serotonin agonistleri potansiyel olarak şu hastalıkları iyileştirmek için kullanılabilir:

- Migren baş ağrıları
- Depresyon
- Anksiyete
- Şizofreni
- İlaç bağımlılığı

* * *

AKT inhibitörleri çalışması – potansiyel kanser tedavisi için

P13K/AKT büyümeyi regüle edici moleküler bir reaksiyon mekanizması yoludur. İnsanlarda görülen birçok kanser türünde bu yol fazlasıyla aktive olur.[38] AKT bu yoldaki bir enzimdir. AKT inhibitörleri olarak adlandırılan bir çeşit ilaç adayının AKT'nin fosforilasyonunu azalttığı gösterilmişti.[39] Fosforilasyondaki bu azalma tümör hücrelerinin çoğalmasında oluşan bir azalma ile ilintilendirilmişti. Hedefimiz başka yerlerde geliştirilmekte olandan daha iyi atribüleri olan yeni bir sınıf AKT inhibitörleri üretmekti.

AKT'nin bilinen inhibitörlerinden birisi kırmızı ateş karıncasının defans olarak fışkırttığı zehirden elde edilen doğal bir kimyasal olan solenopsin idi. Solenepsinin yapısını baz alarak bir farmakofor modeli geliştirdik. Akabinde veri tabanımızdaki binlerce bileşik ile karşılaştırdık. Çalışma sonucu model ile eşleşen ama molekül ebadı gibi diğer kriterleri karşılamayan birçok steroid bulundu. Ancak isabet listesindeki küçük ebatlı bileşikler arasında yapısal olarak solenepsine benzeyen birkaç bileşik vardı ve bunlardan üç tanesi biyolojik olarak test edilmişti.

Solenopsin

Üç bileşiğin her birinde ya bir heterosiklik halka sistemi üzerinde ya da onun muadili olan bir açık zincir fonksiyonel grubunda olan uzun bir karbon yan zinciri bulunur. Biyolojik laboratuvar testleri her üçünün de AKT reaksiyon mekanizması yolu inhibitörleri olduğunu konfirme etti. Bu laboratuvar deneyleri bileşiklerden birinin H2009 diye adlandırılan spesifik tipteki bir akciğer karsinomu (bir çeşit kanser) hücrelerinin çoğalmasını önemli derecede inhibe ettiğini gösterdi.[40] Bu bileşiğin küçük bir dozu (nanomolar seviyesinde) hatırı sayılır bir biyolojik etki yarattığından potansiyel bir ilaç adayı olabileceği akıllara geldi. Önce çalışmanın detaylarını içeren bir makale,[41] sonra da bir değerlendirme makalesi[42] yayınladık.

Aşağıdaki kanser türlerinden birini taşıyan hastalar potansiyel olarak böyle bir tedaviden fayda görebilirler:

- Akciğer
- Göğüs
- Yumurtalık
- Prostat
- Mesane
- Kolorektal

* * *

Nörodejeneratif hastalıklar için potansiyel tedavi – Alzheimer, Parkinson ve Huntington

Merkezin deneyimi ve kredibilitesi artınca birbirimizin tamamlayıcı güçlerinden yararlanmak için dışarıdan üniversiteler ile işbirliği yapmaya başladık. Bu projede Georgia Üniversitesi'nden bir grup ile işbirliği yaptık.

Kinurenin moleküler reaksiyon mekanizması yolunun triptofanın katabolizması (yıkımı) için temel bir rota oluşturduğu ve birçok nörodejeneratif hastalıkta anahtar rol oynadığı keşfedilmişti. Bu reaksiyon mekanizması yolundaki kinurenin monooksijenaz enzimi (KMO) özellikle dikkat çekicidir çünkü işini yaparken toksik moleküller ortaya çıkarır. Reaksiyon mekanizması yolundaki en son bileşik olan kuinolinik asit (QUIN) nörotoksiktir. Ancak KMO enzimi reaksiyonundan önceki bileşik olan kinurenin (KYNA) nörokoruyucudur. KYNA'nın QUIN'ye olan oranı önemli bir ölçüm olarak kabul edilir, çünkü sağlıklı bireylerde nöro-koruyucu olarak faydalıdır (daha fazla KYNA); nörodejenaratif hastalık taşıyanlarda ise sakıncalıdır (daha fazla QUIN).

KMO'yu inhibe eden bir bileşik nörotoksik QUIN oluşumunu hafifletip, KYNA/QUIN oranını artırabilir. UPF 648 adlı bir bileşik üzerinde çok çalışılmış bir KMO inhibitörüdür. Ancak istenmeyen yan etkileri olduğundan ilaç olarak kullanıma elverişli değildir. Hidrojen peroksit üretimini yirmi katı artırdığından zararlı oksidatif strese yol açar (bir sonraki örneğe bakınız). Buna rağmen, UPF 648, KMO inhibitörleri geliştirilmesinde önemli bir model olarak kullanıldı çünkü UPF 648 ile kolayca elde edilen maya-KMO'su insan KMO'larına benzer. UPF 648'in enzime bağlı konformasyonunu kullanarak bir farmakofor modeli geliştirdik. Bu model sayesinde de birkaç potansiyel inhibitör elde ettik. Ek I bu farmakofor modelini geliştirmek ve onu kullanarak yeni aktif bileşikler elde etmek için kullandığımız adımların detaylarını içerir.

KMO enzim inhibasyonu içeren triptofan metabolizmasının bir bölümü

Düşük KYNA/QUIN oranına bağlı olarak oluşan nörotoksisite, kaşiflerinin isimleri ile anılan üç nörodejeneratif hastalığın—Huntington, Alzheimer ve Parkinson—yanısıra aşağıdaki hastalıklarda da oluşur:

- Epilepsi
- Nöropsikiyatrik bozukluklar
- İnme
- Bağışıklıkla ilgili diğer hastalıklar

KMO inhibisyonu vasıtasıyla triptofan metobolizmasını hafifletebilen yeni bir ilaç potansiyel olarak bu hastalıkların tedavisinde kullanılabilir. Aktif moleküllerin keşfinin detaylarını ve bunların biyolojik testlerinin sonuçlarını yayınladık.[43] Konunun peşini bırakmayıp daha sonra meslektaşlarım ve ben KMO inhibitörleri ile ilgili kapsamlı bilgi içeren güncel bir değerlendirme makalesi ile de takibimizi sürdürdük.[44]

Çok yakın bir zamandaki yeni bir gelişme KMO inhibitörlerinin yaşlanma ve uzun ömürlülük ile potansiyel bir bağını kurdu. Daha önce bahsi geçmiş olan KYNA/QUIN oranı bu çalışmada ölçütlerden birisi olarak kullanılmıştır. Bu yeni buluş üzerinde daha çok çalışılması gereklidir ancak şu anki güncel araştırma nörotoksik nihai ürün QUIN'in beyinde yaşa bağlı olarak arttığını güçlü bir şekilde işaret etmektedir.[45]

* * *

Oksidatif stres için potansiyel tedavi

Bu araştırma dört üniversitenin işbirliği ile gerçekleşti. Mercer olarak biz yeni kimyasal birimleri tespit ettik. Emory Üniversite'sindeki kardiyoloji grubu biyolojik testleri yürüttü. Tennessee'deki Union Üniversitesi'ndeki ekip klavuz bileşiklerin analoglarını (karşılaştırılabilir moleküller) sentezledi. Son olarak Howard Üniversitesi'ndeki ekip de (ben Mercer'den ayrıldıktan sonra) moleküler modelleme ve analizin ikinci tur yinelenmesinde rol aldı.

Hastalıkların birçok döneminde önemli bir rol oynar oksidatif stres. Fonksiyonlarını yerine getirirken hücreler doğal olarak iki zıt tipte molekül oluştururlar: serbest radikaller ve antioksidanlar. Serbest radikaller hücre içindeki diğer moleküllerle—DNA gibi—kolayca bağlanabilen eşleşmemiş elektronları olan ve bu bağlanma sonucu da yıkıcı bir sonucu olan moleküllerdir. Antioksidanlar serbest radikallerle bağlanabilir ve onları hareketsiz kılabilirler. Oksidatif stres serbest radikallerin (ve Reactive Oxygen Species - ROS diye adlandırılan ilgili bir reaktif oksijen türünün) antioksidanlara olan oranında büyük bir dengesizlik olduğunda oluşur. Bu serbest radikallerin ve ROS'ların çok fazla üretilmesi, kalp rahatsızlığı, arterit (eklem iltihabı) ve diyabet gibi enflamasyona bağlı birçok hastalıkla ilintilendirilmektedir.

Vücudu patojenlerden korumak için Nox4 de dahil Nox enzimleri (NADPH Oksidaz enzimleri) bir ROS olan hidrojen peroksit (H_2O_2) üretirler. Hidrojen peroksit bir taraftan patojenlerle savaşa yardım ederken diğer taraftan, eğer vücuttaki diğer moleküller tarafından uygun bir şekilde hafifletilmezse, insan hücrelerine zehir etkisi gibi zarar vere-bilir. Bizim ilgi alanımız serbest molekülleri hafifleterek Nox4'ün kan dolaşımına hidrojen peroksit salınımını azaltacak yeni kimsayal birimler araştırmaktı.

Bir liganda bağlı hedef enzimin 3D yapısına erişimimizin olduğu ve bağlı ligandin 3D yapısını farmakofor modelleri inşa etmek için kullan-abildiğimiz yukarıdaki çalışmanın (KMO inhibitörleri) aksine enzime bağlı bir ligand kristal yapısı olmadığı için Nox4 inhibitörleri projesinde böyle bir imkânımız yoktu. Bilinen aktif bileşiklerin ortak paternlerini bularak farmakofor modelleri oluşturmak zorundaydık.

Ek II farmakofor modelini nasıl geliştirdiğimiz ve aktif bileşikleri nasıl elde ettiğimiz hakkında detaylar verir. Bulduğumuz aktif bileşikler arasından klavuz molekülleri nasıl optimize ettiğimizi yayınladık.[46] Sonrasında da bir değerlendirme makalesi takip etti.[47] Bu sefer ayrıca fikrî mülkiyet (patent) korumasına da başvurduk.[48]

Eğer klavuz bileşiğimiz eninde sonunda oksidatif stresin tedavisi için kullanılan bir ilaç haline gelirse potansiyel olarak örneğin aşağıdaki tıbbi durumların tedavisinde kullanılabilir:

- Böbrek ve akciğer fibrozisi
- Kanserde hücre çoğalması
- İnme sonrası beyin hasarı
- Kardiak hipertrofi ve kasılma disfonksiyonu
- Diabetik nefropati
- Artirit (eklem iltihabı)
- Osteoporoz
- Periferik sinir yaralanması
- Ateroskleroz (damar tıkanıklığı)
- Anjioplasti sonrası restenoz
- Anevrizma (kan damarlarında anormal genişleme)

- Akciğer hipertansiyonu
- Leprekonizm

Nox4'ü inhibe edecek bir ilaç sadece hastalığın medikal işaretlerini ya da semptomlarını değil altında yatan sebeplerin de tedavi edilmesini öne çıkaran görüşe iyi bir örnek teşkil edecektir. Örneğin; antiasit tarzı ilaçlar fazla mide asitinden kaynaklanan mide rahatsızlığı semptomunu tedavi eder. İlaç semptomları yok edebilir. Hatta o semptomlara yol açan mide asitlerini de nötralize edebilir. Ancak fazla mide asitinin altında yatan gerçek sebebe/sebeplere yönelik hiçbir şey yapmaz. Örneğin; böyle bir sebep bakteriyel bir enfeksiyona dayalı ülser olabilir. Böyle bir senaryoda, hastalığın altında yatan sebep olan ülser için tedavi bir antibiyotik kullanımı olacaktır ki bu hem semptomların yok olması hem de iyileşme anlamı taşır. Buna benzer olarak, kan basıncını düşürücü antihipertensif ilaçların, kolestrol seviyelerini düşürücü statinlerin, ağrıları dindiren ağrı kesicilerin tamamı hastalıkların medikal işaretlerine (yüksek kan basıncı, artmış kolestrol seviyesi) ya da semptomlarına (ağrı) yönelirler ve çoğu bu medikal işaretler ya da semptomların altında yatan sebebi göz ardı eder.

Aynı şekilde, Nox enzimleri fazladan hidrojen peroksit salınımı yaparak oksidatif strese yol açtıklarında ortaya çıkan yorgunluk, hafıza kaybı ve bilinç bulanıklığı (beyin sisi) için doktorlar semptomları ortadan kaldırmak amacıyla hidrojen peroksit ile reaksiyona geçerek nötralize etmek üzere antioksidanlar reçete edebilirler. Bu yaklaşım sadece medikal işareti (yükselmiş hidrojen peroksit) ve oksidatif stres semptomlarını hedefler. Ayrıca pratikte uygulaması çok zor olan yüksek bir doz gerektirir ve çok da işe yaramaz. Halbuki Nox4'ü inhibe edecek bir ilaç altta yatan biyokimyasal mekanizmaya ulaşarak işin ta en başından hidrojen peroksit salınım oranını düşürür. Böylece oksidatif stresi önleyip antioksidan ihtiyacını da ortadan kaldırır. Esas hastalığı tedavi eder.

* * *

Mercer Üniversitesi'nin Atlanta kampüsünün harika bir doğa parkuru vardı. Neredeyse her öğlen arasında orada tempolu yürüyüş (power walk) yapardım. Sık ağaçlı bir ormanın içinden tepelere tırmanarak ilerleyen beş kilometrelik patika sayesinde iyi bir kardiyo egzersizi yapabiliyordum. Kuvvetli fırtına olduğunda bazı ağaçlar düşüp patikaları kapatınca geçici bir süre parkur da kapanıyordu. O durumlarda parkurun yeniden açılmasını sabırsızlıkla beklerdim çünkü bu güzel doğal alanda Atlanta'da geçirdiğim en keyifli anlardan bazılarını yaşamıştım.

Bu arada, Mercer Üniversite kampüsünün yakınlarındaki salsa kulübünün önünden ne zaman geçsem acaba salsa öğrenmenin vakti geldi mi diye kendi kendime sorardım. Salsa kulübüne yazılacak cesareti kendimde ancak Atlanta'da geçirdiğim sürenin sonlarına doğru bulmuştum. Ne var ki o zaman da oradan ayrılma zamanım gelmişti.

* * *

Atlanta'da iki buçuk üretken yıl geçirdim. Başarısızlığa uğrayan ilk proje (paralitik kabuklu deniz hayvanı zehirlenmesi) hariç bütün diğer projeler biyolojik olarak aktif bileşiklere ulaştı. Accelrys'te kendimi tükettikten sonra sadece keyif aldığım şeyler yapmak istemiştim. Danışmanlık işime başladığımdan beri de yeni ilaç tasarımları yapmak istemiştim. Bu hem bildiğim bir şey hem de keyifle yapacağım bir şeydi. Ve öyle de yaptım. Mercer'daki çalışma dönemimim sonunda bu önemli maddeye listede tik atabilirdim.

Bunu başarmış olarak kendime tekrar yazılım firmalarında çalışma fırsatlarını göz önüne alma izni verdim. Ama sadece zevkle yapacağım işler için.

Notlar:

[31] ABD'de her Eylül ayının ilk Pazartesi günü, işçilerin ekonomik ve sosyal haklarını dile getirmek amacıyla kutlanan İşçi Bayramı.

[32] Veri tabanı oluşturulması sadece iki boyutlu yapıların 3D konformasyonlarına dönüştürülmesinden ibaret değildir. Aynı zamanda bileşiklerin totomerizm, stereokimya, konformasyonal esneklik ve iyonizasyon evrelerine ilişkin konuları da ele almayı gerektirir.

[33] Bowen, J. P.; Güner, O. F. "A Perspective on Quantum Mechanics Calculations in ADMET Predictions" *Curr. Top. Med. Chem.,* **2013,** *13*(11), 1257-1272.

[34] Güner, O. F.; Bowen, J. P. "Pharmacophore Modeling for ADME" *Curr. Top. Med. Chem.,* **2013,** *13*(11), 1327-1342.

[35] Güner, O. F.; Bowen, J. P. "Setting the Record Straight: The Origin of the Pharmacophore Concept" *J. Chem. Inf. Model.,* **2014,** *54* (5), 1269–1283.

[36] Dr. Ehrlich'in farmakofor terimini hiçbir zaman kullanmamış olduğu gerçeği kavramı yaratıp geliştirmediği anlamı taşımaz. Bunun benzeri bir senaryo Albert Einstein'ın 1905 tarihli meşhur makalesine dayandırılarak foton kavramını geliştiren kişi olarak anılmasında görülür. Benzer bir şekilde Albert Einstein hiçbir zaman foton terimini kullanmamıştır (kendisi "enerji kuantumları" olarak bahsetmiştir). Gilbert Lewis çok seneler sonra, 1926'da, bizi "foton" kelimesi ile tanıştırmıştır. Bildiğim kadarıyla, bundan sonra bile, Einstein yayınlarında ve sunumlarında bu terimi kullanmayı reddetmiştir.

[37] Murnane, K. S.; Güner, O. F.; Bowen, J. P; Rambacher, K. M.; Moniri, N. H.; Murphy, T. J.; Daphney, C. M.; Oppong-Damoah,

A.; Rice. K. C., "The adrenergic receptor antagonist carvedilol interacts with serotonin 2A receptors both *in vitro* and *in vivo,*" *Pharmacology, Biochemistry and Behavior,* **2019,** *181,* 37–45.

[38] Reaksiyon mekanizması yolu belli bir biyolojik sonucu elde etmek için aşama aşama ilerleyen bir seri biyokimyasal reaksiyonun tümüne verilen addır. Aşamaların her birinde spesifik moleküllerin rolü vardır. Enzim denilen moleküller bu reaksiyonları hızlandırır.

[39] Fosforilasyon fosfat molekülünün enzime transferidir. Temel olarak enzimin harekete geçmesi için onu hazırlayacak olan aşamadır.

[40] Uko, N. E.; Güner, O. F.; Barnett, L. M. A.; Matesic, D. F.; Bowen, J. P. "Discovery and biological activity of computer-assisted drug designed Akt pathway inhibitors," *Bioorg. Med. Chem. Lett,* **2018,** *28,* 3247-3250.

[41] Uko, N. E.; Güner, O. F.; Bowen, J. P.; Matesic, D. F. "Akt Pathway Inhibition of the Solenopsin Analog, 2-Dodecylsul-fanyl-1,-4,-5,-6-tetrahydropyrimidine," *Anticancer Research,* **2019,** *39,* 5329-5338.

[42] Uko N.E.; Güner O.F.; Matesic D.F.; Bowen J.P. "Akt Pathway Inhibitors," *Curr. Top. Med. Chem.* **2020,** *20*(10), 883-900.

[43] Phillips, R. S.; Anderson, A. D.; Gentry, H. G.; Güner, O. F.; Bowen, J. P. "Substrate and inhibitor specificity of kynurenine mono-oxygenase from *Cytophaga hutchinsonii,*" *Bioorg. Med. Chem. Lett.,* **2017,** *27*(8), 1705-1708.

[44] Hughes, T.D.; Güner, O.F.; Iradukunda, E.C.; Phillips, R.S.; Bowen J.P. "The Kynurenine Pathway and Kynurenine 3-Monooxy-genase Inhibitors," *Molecules,* **2022,** *27*(273), 1-26.

[45] Solvang, S.-E.H.; Hodge, A.; Watne, L.O.; Cabral-Marques, O.; Nordrehaug, J.E.; Giles, G.G.; Dugue, P.-A.; Nygard, O.; Ueland, P.M.; McCann, A.; Idland, A.-V.; Midttun, O.; Ulvik, A.; Halaas, N.B.; Tell, G.S.; Giil, L.M. "Kynurenine Pathway Metabolites in the Blood and Cerebrospinal Fluid Are Associated with Human Aging," *Oxidatixe Medicine and Cellular Longevity*, **2022,** Article ID 5019752, 15 pages

[46] Xu, Q.; Kulkarni, A. A.; Meleveetil, S.; Hussein, D.; Brown, D.; Güner, O. F.; Reddy, M. D.; Watkins, E. B.; Lassègue, B.; Griendling, K. K.; Bowen, J. P. "Design, synthesis, and biological evaluation of inhibitors of the NADPH oxidase, Nox4," *Bioorg. Med. Chem.,* **2018***, 26,* 989-998.

[47] Watkins, E. B.; Güner, O. F.; Kulkarni, A.; Lassègue, B.; Griendling, K. K.; Bowen, J. P. "Discovery and Therapeutic Relevance of Small-Molecule NOX4 Inhibitors," *Med. Chem. Rev.,* **2018***, 53*(8), 135-150.

[48] Güner, O. F., Lassegue, B.; Griendling, K.; Xu, Q.; Brown, D.; Bowen, J. P.; Kulkarni, A.; Watkins, E. B. "NADPH Oxidase Inhibitors and Uses Thereof," Uluslararsı Patent: WO/2019/023448; ABD Patent: US/2020/0270214 A1.

12 |

Gemi ile Dünya Turu

Burlingame, Kaliforniya, 2015-2016

Mercer Üniversitesi'ndeki dönemin sonunda Burlingame, Kaliforniya'daki küçük bir yazılım şirketi Nisan 2015'te başlamak üzere beni işe aldı. Pazarlama organizasyonlarını kurmamı ve faaliyete geçirmemi istiyorlardı. Tam zamanlı bir iş bulmak beni heyecanlandırmıştı. Fakat ne yazık ki fazla uzun sürmedi çünkü CEO ile fikir ayrılığına düştük. Gerekli otorite verilmeden sorumluluk yüklendiğini düşünmüştüm. Destek gördüğüm bir ortamda çalışınca performansım iyidir. Ama destekleyici bir ortamda değilsem iş verimliliğim düşer. Yani işler iyi gitmiyordu. Başladığımdan dört ay sonra, 59 buçuk yaşıma girerken istifa ettim.

Bu yaşta erken çekme cezası ödemeden emeklilik hesabımdan (Devredilebilen Bireysel Emeklilik Hesabı) para çekebilirdim. ABD'deki profesyonel yaşantıma finansal olarak mütevazı bir şekilde başlamış olsam da sade bir emekliliği garantilemeyi başarmıştım. Yarı emekliliğimle ne yapacağımı—yeniden—bulana kadar kendime bir maaş ödeyebilecek durumdaydım.

* * *

Burlingame, Bay Area'daki (San Francisco Körfez Bölgesi) nispeten daha pahalı şehirlerden birisiydi. Emeklilik ödeneklerimi hızlı bir şekilde tüketmek istemedim. İki yakamı bir araya getirmek için fazladan masrafları karşılayacak ekstra para kazanmalıydım. O sırada kimyacı olmam için bana ilham veren organik kimya öğretmenim Vitali Meşulam'ı hatırladım.

Emeklilik sonrası çalışma hayatı alternatiflerimi aklımdan geçirirken bilime yönlenmeleri için gelecek nesillere ilham verme sırasının bana gelmiş olabileceğini düşündüm. Kimya öğretmeye karar verdim. Ama hangi seviyede öğretmeliydim? İlkokul mu, ortaokul mu, yoksa lise mi? Ya da üniversite mi acaba? Bölgede birçok okul gezdim. Anaokulundan onikinci sınıf seviyesine kadar olan çocuklara öğretemeyeceğime karar vermem çok hızlı oldu. Çocuklara öğretmek için bazı özel becerileri geliştirmem gerekecekti. Bu zamana kadar bütün öğretim faaliyetlerim yetişkinlere yönelik olmuştu. Hal böyle olunca hızlıca üniversitelerdeki fırsatlara yönlendim. İlham verme tutkuma ve amacıma yönelik daha etkili olacağına inandığım genel kimya gibi giriş seviyesi dersleri verecektim, bir ihtimal community college'larda.

Bu arada işim olmadığından briç direktörü olarak daha uzun gemi turlarına çıkabilecek zamanım vardı. Böyle bir fırsat çıkınca üzerine atladım. 20 Ocak 2016'da başlayacak ve dünyanın etrafını dolaşacak bir gemi turu vardı. Uzun zamandır gemi ile bir dünya turu yapma hayalim vardı ama çalıştığımdan böyle bir şey için gerekli dört aylık zamanı ayıracak hiç vaktim olmamıştı. Farklı farklı dünya turlarının broşürlerini karıştırıp programlarına bakarak durulan her noktada yapabileceğim gezileri gözümde canladırdığımı hatırlıyorum. Ölmeden önce yapmak istediklerim listemdeki büyük bir maddeye daha tik atabilecektim bu fırsatla.

Bu uzun deniz yolculuğuna hazırlanmak ve aynı zamanda da yakınlardaki community college'lara yarı zamanlı öğretmenlik iş başvurularını yapmak için üç aydan biraz fazla bir zamanım vardı. Bu başvuruları yaparken eve tıkılı kalmak istemedim. Her gün ofisime gidiyormuşum gibi Burlingame Halk Kütüphanesi'ne gittim. Bu aynı zamanda bana gidiş dönüş bir buçuk kilometreden biraz fazla olan mesafeyi yürüyerek günlük rutinime yeniden bir egzersiz sokabilme fırsatı da verdi.

Her işe uygun ayrı ayrı başvuru evrağı hazırlamak için bayağı kafa patlatıp zaman harcamam gerekti. Gemi turu başlayana kadar her gün bir ile iki saat arası bir vaktimi kütüphanede bu işe adıyordum. Sonunda, yarı zamanlı öğretim pozisyonları için yakın çevredeki yedi ya da sekiz community college'a başvurmuş oldum. Pozisyonlardan birisi biraz uzak bir yerde, San Francisco'nun neredeyse doksan kilometre kuzeyindeki Santa Rosa'daydı. İlk başta listemden çıkarmıştım burayı çünkü Burlingame'dan çıkıp, o yoğun Golden Gate Köprüsü'nden geçip oraya varmam tek yön olarak iki saatime mal olacaktı. Son anda fikir değiştirip başvurdum. Evrakları zaten hazırlamıştım; ne kaybedecektim ki? Başvuruların değerlendirilip işleme konması aylar alacaktı. O zamana kadar ben de gemi turundan dönmüş olurdum. Anlayacağınız, zamanlama çok iyi denk geldi.

* * *

Kurt hâlâ Utah Üniversitesi'nde tarih doktorası üzerinde çalışıyordu. Ama aynı zamanda, community college'larda ders vermeyi de kapsayan birkaç işte de çalışıyordu. Utah Eyaleti'nde kendi tasarladığı ve belirli bir seviyeye getirip kabul ettirdiği hapishane sisteminin eğitim faaliyetlerini ve ders müfredatını yönettiği tam zamanlı işe girince PhD bitirme tezi çalışması arka plana itildi. Nişanlısı Emily ile Ekim 2016'da evlenmeye karar verdiler. Annem, ablam Mine ve eşi Demir, San Francisco civarını gezebilmek için düğünden bir ay önce geldiler. Mine ve Demir, 1960'ların hippi dünyasında meşhur olan Haight-Ashbury semtinde bir apartman dairesi kiraladı. Annem Burlingame'da benimle kaldı. Mine ve Demir San Francisco'dan heveslerini aldıktan sonra araba kiralayıp Salt Lake City'ye gittik. Düğün organizasyonu çok güzel bir şekilde, değişik değişik renk ve boydaki kuşun hem görsel hem de müzikal olarak arka planı doldurduğu Tracy Kuş Cenneti'nde yapılmıştı. Kurt'un arkadaşlarından birisi resmi töreni yerine getirdi; bir diğeri müzikle il-gilendi. Daha önceki öğrencilerinden birisi barın arkasında duruyordu. Emily'nin büyükannesi çiçek düzenlemelerini yapmış, annesi de elbis-esini dikmişti. Davetiyeler en iyi arkadaşının eseriydi. Sibel de masalara konan yer kartlarının tasarımını yaparak katkıda bulunmuştu. Birkaç kişi hatıralardan falan bahsedip gözyaşlarına sebep olarak konuşma yaptı.

Emily ve Kurt'un düğününde

Resmi evlilik töreninden sonra bahçeye kurulmuş olan büyük bir Akdeniz Mutfağı açık büfesi, özellikle Türk yemekleri içeren menüsü ile misafirleri cezbedici Türk mutfağı ile tanıştırdı. Çekirdek aile birey-lerimizin çoğunluğu ile bir arada ve neşe içinde kutlamalara katıldık. Annem, Mine ve Demir Türkiye'den; Sibel Güney Afrika'dan; ve ben de Kaliforniya'dan gelmiştik. Akşam yemeği esnasında, Amerika'nın dört bir tarafından gelmiş olan Emily'nin yakın akrabaları ve diğer eğlenceli misafirler ile haşır neşir olduk. Kurt'un birkaç profesörü ve bazı arkadaşlarını tanımaktan mutluluk duymuştum. Yemekten sonra iç mekanda hazırlanmış olan resepsiyona geçtik. Kurt'un ve Emily'nin arkadaşları ikisinin birlikte olduğu ortak anılarından bahsettiler. Güzel bir müzik, dans ve pasta vardı. Herkes mutluydu.

Annem yorulmuştu. Biraz erken ayrılmak istedi. Annem, Mine ve Demir arabalarına gidip Sibel'i ve beni beklediler. İnsanlara veda edip ayrılmamız yarım saatimizi aldı. Arabada onları beklettiğimiz için suçluluk duydum. Ayrıca resepsiyondan erken ayrılmak zorunda kaldığım için de suçluluk duydum. Seyahat arkadaşlarımız nazikce sabır gösterdiler ve en sonunda otelimize vardık. Ertesi gün Burlingame'a dönmek üzere yola koyulduk. Kısa bir süre sonra da annem, Mine ve Demir Türkiye'ye döndüler.

* * *

Burlingame'a döndükten sonra artık uzun gemi yolculuğuna hazırlanmamın zamanı gelmişti. Bu yolculukta briç katkılarıma sadece seyir günlerinde ihtiyaç olacaktı. Gemi limanda durduğu sürece istediğimi yapmakta serbesttim. İster şehirde gezer, ister gemi acentaları tarafından organize edilen turlara katılır, istersem de gemide kalıp sadece dinlenebilirdim. Yaklaşık dört ay sürecek gemi turu boyunca yetmiş gün seyir halinde geçecekti. Bu seyir günlerinde sabahları bir saat ders verecek, öğleden sonraları da oyuncuların Amerikan Kontrat Briç Ligi masterpoints'leri kazanabilecekleri tasdikli oyunlar organize edecektim. En az yetmiş briç dersi hazırlamam gerekiyordu. Sonuçta yetmiş bir ders hazırlamış oldum çünkü Suez Kanalı geçişi sırasında ders vermeye karar verdim. Aslında teknik olarak seyir günü sayılmıyordu ama briç hakkında ders vermek için çok uygun bir noktaydı!

Yolcuların çoğunluğunun turun tamamına katılacağını varsayarak derece derece artarak birbirini takip eden bir seri ders kümeleri hazırlayabilirdim. Bu sayede katılımcılar yavaş yavaş briç bilgilerini ve hakimiyetlerini artırabilirlerdi. Briç ders kümelerini üniversitelerdeki sistemi kullanarak Briç 101, Briç 102, Briç 202 ve böyle devam eden numaralarla adlandırdım. Böylece daha önce hiç briç oynamamış birisi Briç 101 ile oyunu öğrenmeye başlayıp birkaç ay sonra Briç 401'i bitirdiğinde programdan düzgün bir turnuva brici oyuncusu olarak "mezun" olabilirdi. Ve tüm bunları dünyanın etrafını dolaşırken uzun bir seyahat esnasında başaracaklardı. Eve döndüklerinde yerel kulüp-lerinde oynayabilecek kadar yeteneklerini geliştirmiş olacaklardı ve daha deneyimli oyuncular karşısında yerlerini koruyabileceklerdi. Üstüne üstlük, gemi turu boyunca öğleden sonraları tasdikli oyunlarda oyna-yarak masterpoints de topluyor olacaklardı.

Gemi turu direktörü (Cruise Director) bunu pek fark etmese de her zaman briç programı sorumluluklarımın gerektirdiğinden fazlasını yapardım. Onlara göre her zamanki briç direktörlerinden biriydim işte ve hepimiz hep aynı şeyi yapıyorduk.

Bir sonraki günün duplike briç [49] bordlarını hazırlarken

Örneğin; gemiye binmeden önce bir yazılım uygulaması kullanıp önceden dağıtılmış eller hazırlar; ellerin bilgisayar analizini çıkarır ve bunları kağıda basılı bir şekilde beraberimde getirirdim. Oyuncular her oyunun sonunda sonuçlarını kaydetmek için bir "traveler" (duplike borduna ekli, her takımın elini oynadıktan sonra sonuç skorunu kayde-bileceği bir skor bloknotu) kullanırlardı. Sonrasında getirmiş olduğum analizlere bakarak eğer en iyi oyunu oynamış olsalardı ne olabileceğini görürlerdi.

Oyuncular bunun değerini takdir ediyordu tabi ama benim için aslında bayağı bir ekstra çalışma demekti. Her gece, bir sonraki günün oyunundan önce, analizlerini hazırlamış olduğum önceden dağıtılmış ellere uyacak şekilde duplike bordları hazırlamak için bir saatten fazla zaman harcıyordum. Bildiğim kadarıyla gemi turlarındaki hiçbir briç direktörü bu kadar özen göstermiyordu. Basit bir şekilde ilk elde kartları oyunculara karıştırıp dağıttırıyor ve kalan turlarda herkesin aynı bordları oynamasını sağlıyorlardı. Gemi yöneticileri bu ekstra çabamın farkında olmasalar bile kendime koymuş olduğum bu yüksek standardı yerine getiriyor olmak bana iyi hissettiriyordu.

Duplike briç oyunlarında benzer elleri benzer destelerle karşılaştırmak rakibe karşı oynanan standart oyundur.[49] Ama bu kadar uzun bir turda o kadar çok oyun oynanacaktı ki bunların analizlerini kağıtlara basmaya kalksam hepsinin ağırlığı ve hacmi bütün valiz hakkımı doldururdu. Zaten limitli olan valiz hakkımı böyle bir şeye harcıyamazdım. Gemi turunun uzunluğu ne olursa olsun gemiye binilecek limana uçak ile gideceğimden valiz hakkım 23-kilogram olarak sabitti. Dolayısıyla bu tur için diğer briç direktörlerinin yaptığını yaptım; ilk elde oyunculara kartları karıştırıp bordlara dağıttırttım.

Bu karardan sonra bile valiz hakkı limitlerini aşmamak için bayağı bir yaratıcılık sergilemem gerekti. Los Angeles'dan yola çıktıktan sonraki ilk durağımız Honolulu, Hawaii olacaktı. Honolulu merkezde Walmart ve Ross gibi bir sürü büyük zincir marketlerin olduğunu biliyordum ve geminin yanaşacağı liman da oraya iki blokluk kısa bir yürüyüş mesafesindeydi. Pacific Princess gemisine bineceğim Los Angeles'a olan uçak yolculuğumda taşımak yerine, bazı giyim eşyalarını ve ufak tefek ihtiyaçları oradan satın almaya karar verdim.

Geminin ismi eskiden televizyonda oynayan Aşk Gemisi (The Love Boat) dizisini hatırlayanlara tanıdık gelebilir. (Geminin kapalı devre televizyon sistemindeki bir kanal sadece bu dizinin bölümlerine adanmıştı.)

Bu küçük geminin kapasitesi sadece 640 yolcuydu ve eski bir dizide yansıtılandan çok daha eğlenceli bir yaşam vardı. Uğranılan yerleri gösteren program için Ek V'e bakınız.

Pacific Princess

* * *

Uluslararası Tarih Değiştirme Çizgisi'ni geçmek üzere olduğumuzdan 1 Şubat 2016 geceyarısı bize heryerden daha geç geldi. Ertesi sabah erkenden geminin en üst güvertesinde egzersiz amaçlı yürüyüş yapıyordum. Doğan güneşin yükselişini yakaladım. Muhtemelen dünya üzerinde o gün için güneşin doğuşunu ilk gören birkaç ender kişiden biri bendim. Geminin kaptanı ve mürettabatı daha alt güvertedelerde olduğundan onlardan bile önce görmüştüm güneşi. Artık 3 Şubat olmuştu çünkü Uluslararası Tarih Değiştirme Çizgisi'ni geçerken 2 Şubat'ı es geçmiştik.

Gemi hep batıya doğru yol aldığından gemide geçen her gün yirmi dört saatten biraz daha uzundu. Tur bitiminde bu ekstra dakikalar birike birike toplamda tam olarak yirmi dört saate denk gelmişti. Biz gemide 111. günümüzün sonuna geldiğimizde Los Angeles'da 112 gün geçmişti. Aradaki kayıp gün 2 Şubat 2016'yı yaşamamıştık biz.

Bu Jules Verne'in klasik romanı 80 Günde Devriâlem'i daha da takdir etmeme sebep oldu. Romanın kahramanları (bizim tam tersimize) doğuya doğru yolculuk yapıyorlardı. Yolculuklarının sonunda farkında olmaksızın bir ekstra gün kazanmışlardı. 80 günde dünyanın etrafını dolaşabileceklerine dair girdikleri iddiayı kaybettiklerini düşünüyorlardı ama sonradan kazandıklarını öğreniyorlardı. Bu olağanüstü olay her zaman çok ilgimi çekmişti. Şimdi artık bizzat kendim deneylemiştim bunu tersinden de olsa.

Gemi ile Dünya Turu'ndaki briç grubu. Ben ikinci sırada sağdayım.

Briç programı katılımcılarının yaklaşık üçte ikisi gemiyle dünyanın etrafını dolaşma programının tamamına katılmıştı. Onlar derece derece artarak birbirini takip eden briç derslerimden tam olarak yararlanabileceklerdi. Geri kalan üçte bir turun altı segmentinden birine katılıyordu. Bir tur gemisinde sağlanan tipik servislerin tadını çıkardım. Günde iki kere kabinler temizleniyordu. Öğlen ve akşam yemeklerinde gurmelere layık yemekler servis ediliyordu. Yemek için oda servisi de yirmi dört saat açıktı. Her gece Broadway tarzı showlar sahneleniyordu. Dünyanın en egzotik yerlerinden bazılarını ziyaret ediyorduk. Üstelik bunların hepsini hiç otel değişikliği yapmadan konforlu bir şekilde yapıyorduk. Buna alışabilirdim. Emeklilik hayatıma başlamak için ne kadar da mükemmel bir yol! Seyir halindeyken gemi turu direktörü benim briç oyunlarım gibi bir sürü eğlenceli aktivite sunuyordu. Dünyanın etrafını dolaşan angaje olduğum briç grubu turun tamamını benim için zevkli kıldı.

Ne tür insanlar gemi turlarına katılır? Gemi turlarına düzenli olarak katılanları tanımlayan tipik bir özellik var mıdır? Kısa gemi turlarına katılanlar geniş bir spektrumdadır: genç, yaşlı, partiliyenler, çocuklu aileler, emekliler, bekarlar, engelliler. Uzmanlık alanları olan gemi turu şirketleri farklı grupları hedefleyip onlara göre programlar hazırlar. Örneğin; Disney çocuklu aileler için, Carnival genç ve orta yaşlılar için, Holland American yaşlılar için. Tematik gemi turları da vardır. Örneğin; Prairie Home Companion gemi turu gibi show temalı turlara o show'un fanları küçük bir ek bedel ödeyerek katılıp en sevdikleri sanatçıları değişik değişik oyunlarda izleyebilirler. Briç temalı gemi turlarında, seksiyonel ya da bölgesel seviyedeki—yani gümüş ve altın renkli masterpoints veren—turnuvalarda yarışmak için katılımcılar ekstra para öderler. Bu ücrete değişik seviyelerden seçebilecekleri briç dersleri de dahildir. Bunlar benim yönettiğim, sadece seyir günlerinde verilen, ücretsiz ve bütün misafirlere açık briç programlarından farklıdır. Oysa briç temalı gemi turlarında, limanda bağlıyken bile günlük olarak birçok briç aktivitesi yapılır.

Gemi turuna katıldığınızda gemideyken önerilen özel teşviklerin aklınızı çelmesi işten bile değildir. Bir de bakarsınız ki daha bu turunuz bitmeden bir sonraki gemi turunuzu satın almışsınız. Bir kere koltuğunuzun altına birkaç gemi turunu aldıktan sonra artık bir sonraki gemi turunuz için verilen indirimlerin ve diğer avantajların ardı arkası kesilmez. Aynı hava yollarının mil programları gibi...

Ama kimler üç dört haftalık ya da daha uzun gemi turlarına katılırdı? Ya da benim dünya turum gibi çok daha uzun olanlarına? Tabi ki sadece böyle bir vakti olanlar. Çalışan insanların çoğu bu kadar uzun bir süre ayıramaz bir seferde; kazanılmış tatil günlerini daha önceden planlanmış aile ziyaretleri ya da devre mülklerinde geçirilecek tatiller gibi aktiviteler için bölmek durumundadırlar. Bu da bize çok dar bir aday kadrosu sunar: emekli olmuş, zengin kişiler. Böyle bir turda çok sayıda zengin dul ile karşılaşırsınız. Ayrıca bu kadar uzun bir süre uzakta kalabilmek için işlerini yürütmek üzere birilerine delege edebilecek çok zenginler vardır. Bir de gemi turlarını huzurevi ya da bakımevi niyetine kullananlar olabilir. Eğer çok ciddi bir hastalığınız yoksa uzun gemi turları bir bakımevinin maliyetinden çok daha ucuza gelir. Turla birlikte sunulan avantajlar da cabası.

Şahsi deneyimimde, akşam yemek masası etrafında gördüğüm insanların çoğu zengin, beyaz ırktan, imtiyazlı ve çoğunlukla da muhafazakar emeklilerdi. En azından Amerikalı müşteriler arasında böyle olduğunu söyleyebilirim. Avrupalılar'ın genelde daha fazla tatil günü olduğundan onlarda daha genç ve daha aktif seyahatseverlerin daha uzun gemi turları aldığı gözlemlenebilir.

Tabi ki istisnalar vardı. Dünya turunda, örneğin yaşlıca bir Afro-Amerikalı kadın sadece bir segment için masamıza katıldı. Yeni emekli olmuş bir okul öğretmeniydi. Gemi turu çocukları tarafından emeklilik hediyesi olarak verilmişti. Zeki ve hoşsohbet birisiydi. Genellikle akşam yemeği masasından en son kalkan iki kişi oluyorduk. Afro-Amerikalı arkadaşları masamıza yanaşıp yeni erkek arkadaşını(!) tanıştırmayacak mısın diye soruyorlardı. Yürümek için yardıma ihtiyaç duyduğundan koluma girmesini sağlayarak tâ kabinine kadar ona eşlik eder ayrılırdım. O segmentin sonunda turu bıraktı ve bir daha da dönmedi.

Mütemadiyen iyi yemekler sunulduğu için insanların çoğu kısa gemi turlarında kilo alırlar. Ama uzun turlarda kilo almamanın yolları olduğuna inanıyorum. Üçüncü haftanın sonunda yapılmış yemeklerin çoğunu denemiş oluyorsunuz. Artık günlük rutininizi oluşturup yerleşmeye başlıyorsunuz. Kahvaltıda normalde yediğiniz yulaf ezmesine dönüş yapıp en üst güvertede yürüyüşler yapmaya başlıyorsunuz. Alkol almamak kesinlikle yardımcı oluyor. Eğer içki içmeyi seviyorsanız ki her tur gemisinde bolca ve kolayca bulunur, o zaman hiç şansınız yok. Tura başlarken getirmiş olduğunuz kıyafetlere tur bitiminde zor sığarsınız.

* * *

Bir sabah Atlantik Okyanusu üzerinde bir yerlerde güneşin doğuşunu izlerken, gözümün önündeki renklerin fizik açısından nasıl algılandığına kaydı gitti aklım. Güneşin etrafında göz alabildiğine uzanan turuncu ve kırmızı tondaki renklerin keyfini çıkarırken Tyndall etkisi geldi aklıma. Buna göre, aslında gördüğüm şey atmosfere yüksek enerji ışığını (mavi-mor) yayarak düşük enerji (kırmızı-turuncu) ışığının gözlerime ulaşmasını sağlayan havadaki partiküllerdi.

Birinin sahip olduğu mavi gözlerin de sebebi Tyndall etkisidir. Mavi göz rengi pigmentasyondan değil yüksek enerji ışığını karşıdan bakan kişiye doğru geri yayıp dağıtan partiküllerden kaynaklanır. Gökyüzünün mavi görünmesinin sebebi de aynı bunun gibidir.

Güneşin doğuşunu seyrederken kahvaltımı yaptığım Pacific Princess'deki teras

Dolunaya bakmaktan da zevk alırım, ama bazen düşüncelerim gördüğüm şeyin mekaniğine kayar. Bir fotonun yaşam döngüsünü düşünürüm. Bir foton güneşin çekirdeğindeki nükleer füzyon reaksiyonları esnasında olağanüstü yükseklikteki bir enerji gama ışını olarak oluşur. Güneşin yüzeyine olan uzun yolculuğu boyunca göğüs germek zorunda kaldığı bütün çarpışmalar yüzünden ilerledikçe artan bir şekilde enerjisini kaybeder. Gama radyasyonu önce X-ray'e, sonra UV'ye ve en sonunda da gözle görülür ışığa indirgenir. Bir fotonun güneşin yüzeyine çıkması ve akabinde ondan kurtulması için yarım milyon ile bir milyon yıl arasında bir süre geçmesi gerekir. O aşamadan sonra aya ulaşması sekiz dakika alır. Aydan yansıyan ışığın gözümüze ulaşması ise bir saniyede gerçekleşir. Bu bir fotonun yaşam döngüsünün sona erdiği andır. Bir milyon yıl, artı sekiz dakika, artı bir saniye: bize dolunay seyretme keyfini yaşatması için bir fotonun yaşam süresi. Yani bir dolunayın etkileyici manzarasına bakarken, aynı zamanda, bu keyifli aydınlığı bana sağlamak için varlığını benim retinamda sonlandıran milyonlarca fotonu düşünüyordum. Okyanustayken, bilimsel bilgilerim ve onların doğrultusunda etrafıma bakışım gördüğüm güzelliklerin değerini daha da artırdı.

Gerçek hayattaki günlük aktivitelerim esnasında da bazen etrafımda vuku bulan bir şeyin bilimsel açıdan nasıl açıklandığı konusuna takılıp kalırdım. Örneğin; bir seferinde duş alırken duş perdesinin içe doğru nasıl hareket ettiğini gözlemledim. Sebebinin açık olan pencereden gelen rüzgar mı yoksa duştan akan suyun püskürmesinin kuvvetiyle oluşan geçici vakum mu olduğunu merak ettim. Duştan çıktım, camı kapattım ve yeniden gözlemlemek için geri duşa girdim. Sebebi vakumdu.

Arabamın deposunu her zaman sabahın erken saatlerinde doldururum. O saatler daha serindir ve düşük sıcaklık benzinin yoğunluğunda küçük bir artışa sebep olur. E benzin de hacim ile ölçüldüğünden sabahın erken saatlerinde öğleden sonraya kıyasla küçük bir miktar fazla benzin almış olurum. Yeraltındaki depodaki sıcaklık farkı yüzeydekinden daha azdır. Çok mu para kurtarmış oluyorum? Hayır; belki bir iki kuruş. Ama yine de depoyu sabahları dolduruyorum.

Bir cezvede Türk kahvesi yaparken ısının artmasını takiben su moleküllerinin hızlanmasıyla suyun tabi olduğu stresten kaynaklanan ısınan suyun çıkardığı sesi dinlerim. Ama bir kere su kaynamaya başlayınca stres ve ses kaybolur ve ısı aynı derecede kalır (deniz seviyesinde 100 santigrat derece). Bu bana kahve taşmadan önce cezveyi ocaktan kaldırmam için on saniyem olduğunu hatırlatır. Bunu bildiğimden, herkesin yaptığı gibi ocağın önünde beklemek zorunda kalmam. Bir taraftan suyun sesini dinlerken başka işlerimle ilgilenirim.

Kahveme ya da çayıma şeker ya da süt eklediğimde kaşıkla karıştırırım. Sıvının yoğunluğu arttıkça karıştırma hareketinden dolayı fincana ya da bardağa çarpan kaşığın çıkardığı ses değişir. Bir süre sonra ses hep aynı kalır. O zaman bilirim ki şeker sıvı ile tamamıyla karışmıştır ve karıştırmayı bırakırım. Bilim verimli bir şekilde işlerimi yapmama da yardım eder!

* * *

Alkolden uzak durmama rağmen turdan biraz kilo almış olarak döndüğümde Santa Rosa Junior College'dan (SRJC) gelen bir mesaj karşıladı beni. Bir görüşmeye çağırıyorlardı. Görüşme iyi geçti. Endüstrideki profesyonel kariyerim boyunca limitli bir üniversite öğretmenliği deneyimim olsa da bana bir şans tanıyıp teklif getirmeyi düşünmüşlerdi. Haftada birkaç kere genel kimya laboratuvarı dersleri verecektim.

Bu arada Sibel Almanya, Güney Afrika ve Hindistan'daki Küresel Çalışmalar Programı'nın ilk üç sömestirini bitirdi ve San Francisco'daki kâr amacı gütmeyen bir şirkette yaz stajı buldu. Bir yıl içerisinde yaşadığı dördüncü kıta olacaktı bu. Ben de *kendimi* dünya çapında seyahat eden biri sanırdım!

Yaz boyunca benimle kaldı ve hafta içleri işe gidip geldi. Bu bize hafta sonlarında birlikte eğlenme fırsatı verdi. Bir hafta sonu eski binaların yüzeylerine yapılmış ilginç duvar sanatı resimlerinin haritasını takip ederek San Francisco sokaklarını dolaştık. Bir başka hafta sonu Sausalito'nun yüzen evlerini ziyaret edip Körfez'de yelkenli ile dolaştık. Ayrıca

Burlingame'da da vakit geçirdik. En sevdiğim manzaralı patikalarda doğa yürüyüşü yaparken bana katıldı.

Sibel'in çocukken göstermiş olduğu yaratıcılık sönmemişti. Freiburg'daki ilk sömestirinde altı öğrenci ile paylaştığı bir yatakhane dairesinde kalıyordu. Ortak oturma alanlarındaki duvarlardan birini boyamaya karar vermiş bir gün. İki duvarın birleştiği köşeye, tek bir ağaç gövdesi üzerinde, soldaki duvara çiçek açan bir yarım ilkbahar ağacı, sağdakine ise üzerinden yaprakların uçup gittiği çıplak dalların olduğu bir yarım ağaç resmi boyamış. Uçup giden yaprakların üzerine de kendisi dahil oda arkadaşlarının isimlerini yazmıştı.

Yarattığı duvar resminin önünde poz verirken Sibel. Uçan yapraklar yurtta kalan oda arkadaşlarının ayrılışını sembolize ediyor.

2016 yazının sonunda tezini yazmak ve master programını bitirmek üzere Freiburg'a döndü. Eski yatakhanesine uğradığında kendisinden sonra o dairede kalmış öğrencilerin de uçan yaprak eklemeleri yapıp üzerlerine isimlerini yazdığını görmüş. Farkında olmadan Sibel yeni bir gelenek başlatmıştı.

Sibel Freiburg'daki master'ını bitirdi. Sınıfında nispeten az sayıda mezun çıkmıştı. Freiburg'a gidemedim ama mezuniyet törenini çevrimiçi izledim. Sibel mezuniyet hitap konuşmasını yaptı. Mezuniyetten sonra Avrupa'yı dolaşıp iş başvuruları yapmak istedi ama bu gerçekleşmedi. San Francisco'da yaz stajını yapmış olduğu şirketten bir iş teklifi aldı ve Bay Area'ya döndü.

* * *

Santa Rosa'daki ilk sömestirimde iki laboratuvar sınıfına ders verecektim. Sonra, bir son dakika iptalinden dolayı bir ihtiyaç doğunca SRJC'nin Petaluma kampüsünde üçüncü bir laboratuvar dersi verir miyim diye sordular. Petaluma Kampüsü Santa Rosa'nın yaklaşık yirmi kilometre güneyinde idi. Evet dedim. Santa Rosa ve Petaluma arasında orta yer gibi olan Rohnert Park'ta bir apartman dairesi kiraladım. Sömestir oraya taşınmamdan iki hafta önce başladığından her gün sabah iki saat yol gidip, akşam da iki saatte dönerken maruz kaldığım yoğun trafikten dolayı cehennem gibi günler yaşadım.

Taşındığımda Sibel stajının sonlarına yaklaşıyordu ve hâlâ benimle kalıyordu. Kurt da gelip taşınmama yardım etti. Bir U-Haul kamyoneti kiraladık; herşeyi yükledik; boşalttığım daireyi temizledik ve San Francisco'nun yetmiş iki kilometre kuzeyindeki Rohnert Park'a doğru yola çıktık. Yeni yerde büyük bir veranda vardı. U-Haul kamyonetini geri vermeden önce verandaya uygun birkaç parça bahçe mobilyası satın aldık. Kurt ve Sibel'i birlikte yanımda görmek güzeldi. İşimiz bittiğinde Rohnert Park'taki restoranlardan bazılarına göz attık. Kurt ertesi gün Salt Lake City'ye, Sibel de bir hafta sonra Freiburg'a döndü.

Notlar:

[49] Duplike briç oyununun kendisi rekabete dayalı standart oyundan farklı değildir. Normal briç oyununuzu oynarsınız. Ancak tüm masalarda herkes birbirinin aynısı destelerle aynı elleri oynar ve oyun sonunda aynı eli oynamış olan tüm takımlar sonuçları karşılaştırır. Değerlendirme standard oyundaki gibi toplam puanlarla değil de Matchpoint

(MP) ya da International Matchpoint (IMP) diye adlandırılan farklı puan türleri ile ölçülür.

13

Santa Rosa Junior College'da

Santa Rosa, Kaliforniya, 2016-2021

Derslerimi hazırlamadan önce okulun standartlarına uyduğumdan emin olabilmek adına PowerPoint sunumları için üniversitenin kurumsal markasını yansıtan ve logosunun olduğu bir şablon olup olmadığını soruşturdum etraftan. Kimse neden bahsettiğimi anlamıyordu. Üniversite çalışanlarının sunumlarda kullandıkları ortak bir şablon yok muydu? Genel kuraldır; şirketler marka algılarını kuvvetlendirmek için çalışanlarının hepsinin kullandığı bazı şablonlar oluştururlar. SRJC'de böyle bir şey yok muydu? En sonunda bir öğretim görevlisi akademik özgürlüğü korumak adına herkesin kendi bildiğini yaptığını açıkladı. İş başa düşmüştü; üniversitenin logosunu en tepeye yerleştirip altına da üniversitenin renklerini yansıtan kalın bir çizgi attım. İşte kendi şablonum hazırdı! Artık derslerimi hazırlayabilirdim.

İlk sömestirde, bir sonraki sömestirin Profesyonel Gelişim Aktiviteleri Günü (PGA) için konu başlıkları gönderilmesini isteyen bir e-posta üniversite genelinde paylaşıldı. SRJC'de olmaktan heyecan duyuyordum. PGA'ya katılımda bulunmaya karar verdim. İki başlık önerdim: "Liderlik mi Yönetim mi? İkisinin Arasındaki Farkı Anlamanız Kariyerinizde İlerlemenize Yardımcı Olabilir!" ve "Sadece Semptomları Değil, Hastalığı Tedavi Etmek."

Accelrys'teki ürün müdürlerine workshop hazırlamak için kullandığım materyallerin bazıları ile birinci sunumu hazırlayabilirdim. İkincisi için de Mercer Üniversitesi'nde yakın zamanda yapmış olduğum araştırmamdan faydalanabilirdim. PGA organizatörleri birinciyi kabul etti ama ikinciyi etmedi çünkü profesyonel gelişim konusunu işlemiyordu. Her ne kadar yaklaşımlarını anlasam da tam olarak aynı fikirde değildim. Konu sağlık problemleri olan herkes için önem teşkil ediyordu. Bundan dolayı da bir kişinin profesyonel gelişimini etkileme kapasitesi vardı. Hayal kırıklığına uğramıştım ama kararlarını kabul ettim.

PGA'da "Liderlik mi Yönetim mi?" sunumumu sadece on altı kişilik bir dinleyici kitlesine yaptım. Bitiminde çok az soru soruldu. Aldığım geri bildirime bakarak dinleyicilerin anlattığım temel noktaları anlamamış olduğunu fark ettim. Dinleyici kitlem ile bağ kurma konusunda başarısız olmuştum. Dinleyicinin uzaklaştığını algılarsam sunumun herhangi bir noktasında odak noktasını değiştirip adapte etme konusundaki kendi anlayışımı unutmuştum. Bu deneyim tamamıyla hayal kırıklığı olmuştu.

Diğer farklı PGA sunumlarına katıldım. Üniversite öğrencilerinin araştırma programları hakkında olan özellikle ilgimi çekti. Biyoloji Bölümü'nün bazı aktivitelerini anlatan iyi bir sunumdu. Sunumu takiben tartışma oturumu sırasında kompütasyonel kimyanın üniversitedeki kimya öğrencilerinin birçok ilginç araştırma projesine uygun olacağı fikrimi paylaştım. Bir kompütasyonel kimya laboratuvarı kurmak için bazı donanım, yazılım ve bir odayı az bir maliyetle karşılamak üzere böyle bir inisiyatif düzenleyebilirdik. PGA toplantısı esnasında katılımcılar fikirden hoşlanmış görünüyorlardı ama hiçbir sonuç çıkmadı. Kadrolu öğretim görevlilerinden hiçbirisi önerilerime sponsor olmak istemedi. Benim de yarı zamanlı bir eğitmen olarak fazla bir ağırlığım yoktu.

Sömestirin ilerleyen zamanlarında Oakwood Pazar Konuşmaları Serisi için konuşmacılar arandığını duydum. Çoğunluğu emeklilerden oluşan bu topluluk için hazırlanan Pazar günü konuşmalarına politikacılar, bölgenin ünlü kişileri ve bilim adamları çağrılıyordu. Konuşmacılar ufak bir hizmet ücreti alıyorlardı. PGA tarafından reddedilen başlığı gönderdim: "Sadece Semptomları Değil, Hastalığı Tedavi Etmek" ve Oakwood organizatörleri kabul ettiler.

Konuşmanın yapılacağı salon oldukça büyüktü. Ses ve görsel ekipmanları moderndi. Yaklaşık yüz kişilik bir dinleyici kitlesine hitap ettim. Göreceli olarak uzun soru-cevap kısmı bazı ilginç tartışmalara sahne oldu. Bazı sorulardan dinleyiciler arasında bilgili ve aydın kişilerin olduğu ortaya çıkıyordu. İyi bir gündü.

* * *

Genel kimya derslerini göreli kırk sene geçtiğinden verimli bir şekilde öğretebilmem için yeniden öğrenmem gerekiyordu. Bundan keyif aldım. Kimyanın unutmuş olduğum bir sürü yanını yeniden keşfettim. Kampüste haftada dokuz ile on iki saat arası bir zaman geçiriyordum (laboratuvarlar, dersler, ofis saatleri). Üstüne, dersleri hazırlamak için bir de on saat civarı evde geçiriyordum. Haftada yaklaşık yirmi saatimi alan tatminkar işim dairemin kirasını ve elektrik, su gibi masraflarını karşılamaya yetiyordu. Gelirimi artırmak için emeklilik hesabımdan sadece küçük bir miktar çekmek de rahatlık sağlıyordu. En azından Haziran 2022'de sosyal güvenlik emeklilik hakkımı kazanana kadar bu şekilde devam edebilirdim. O noktada, altı yıl sonra, Türkiye'de emekliliğimi geçiririm diye düşünüyordum.

Ders vermek için genel olarak erken sabah saatlerini talep ederdim. Bu dersleri alan öğrenciler çoğu zaman sınıftan sonra çalışmaya giderlerdi ve göreceli olarak daha olgun oluyorlardı. Ama arada sırada, ileri seviye programlarına yerleştirme (advanced placement: başarılı öğrencilere daha lisedeyken üniversite seviyesindeki dersleri alma ve bu derslerden üniversitede muaf olma imkânını sağlayan program) derslerimi alan lise öğrencilerim de olurdu. Sınıfların birinde böyle bir lise öğrencisi sömestiri sınıfın en iyi öğrencisi olarak bitirmişti.

Her çeşit karakter vardı. Sorularıyla ve tartışmalarıyla devamlı vaktimi ve dikkatimi talep eden ama bütün sömestir boyunca zar zor ilerleyen agresif öğrencilerden tutun da hiç soru sormayan ama en iyi sınav notlarını alan ve kusursuz laboratuvar raporları veren sessiz sakin öğrencilere kadar.

Bir sömestir otistik bir öğrenci olan Ian Smith tam en önde oturuyordu. Sınıfın sosyal ortamına uyum sağlamış gibi görünüyordu. Benimle konuşurken göz kontağı kurardı. Sınıfta soru sormaktan çekinmezdi ki bana göre bir otistik çocuktan pek beklenmezdi böyle bir davranış. Arada bir nükseden bir kekemeliği vardı. Bütün öğrenciler ona karşı gayet sabırlıydı; sorularını bitirmesini beklerlerdi. Meraklıydı ve derslerle de ilgiliydi.

Bir seferinde Ian çalışma defterini bana gösterdi. Sanırım bir dizi koşullu matematik denklemi (örneğin; şu veya bu reaksiyonu göz önüne alarak, eğer on gram şeker yakarsanız, kaç gram karbon dioksit ortaya çıkar?) için bir boyutsal analiz (nâmıdiğer birim analizi) hazırlama pratiği yapmak istiyordu. Bir durum için hesaplamayı tamamlamıştı. Aynı hesaplamayı başka bir durum için tekrarlamış, sonra yine başka biri için bir kere daha yapmıştı. Minnacık yazısıyla birbirinden çok az farklı durumlar için aynı hesaplamayı yüzden fazla kez yapmıştı. İnanılmazdı. Bunu yapmak için saatler harcamış olmalıydı. Onun öğrenme süreci belki de böyleydi.

Bir seferinde ofisime bir tek tekerlekli bisiklet sürerek geldi. Tek tekerlekli bisiklet mi? Ian beni şaşırtmayı hiç bırakmadı. Sınavlardan birinde sınav süresi bitmek üzereydi ve yetiştiremiyordu. Ama elimde ona fazladan zaman tanımama izin veren, ona özgü bir kolaylık sağlama mektubu (Letter of Accommodations - LOA)[50] vardı. Bir sonraki dersin öğrencileri sınıfa girmeye başladığından onu geçici öğretim üyeleri için ayrılan ortak ofise götürdüm ve orada sınavı tamamlamasını sağladım. Cevap kağıdını uzattığında son altı soruya cevap yazmadığını gördüm. Bu çoktan seçmeli bir sınavdı. Kağıdı geri uzatıp cevaplanmamış soru bırakmamasını ve yapmamış olduğu sorular için cevapları rastgele işaretlemesini tavsiye ettim. Böylece bir iki tanesini tutturmak için şansı olacaktı. Dediğimi yaptı.

Otizm seminerleri veren babasına katılmak için Ian birkaç kere dersi kaçırdı. Babası Hank Smith, "İstediğin Kadar Konuş, Beni Yaralayamazsın! Bir Babanın Otizme Yolculuğu" ("Sticks and Stones, A Father's Journey into Autism.") adlı bir kitap yazmıştı. Kitabı satın alıp okudum. Ian'ı yetiştirirken yaşadığı deneyimler hakkındaydı. Son sınavdan sonra Ian'dan kitabı benim için imzalamasını rica ettim. İmzaladı ve imzasının yanına bir çiçek ya da başka bir şey çizmesini ister miyim diye sordu. Bir resim çizmek zorunda olmadığını söyledim. Gerçi sonradan keşke evet deseydim diye pişman oldum. Sömestiri B ile bitirdi. Bu otistik öğrenci toplumun üretici ve başarılı bir bireyi olma yolunda sağlam adımlarla ilerliyordu. Ian ile gurur duyuyordum. Onu hâlâ sevgiyle anıyorum.

İnteraktif öğrencileri severim. Hâlâ öğretiyor olduğumdan dolayı da özellikle artık çevrimiçi ortamlarda. Bu derslerde sanal olarak ortaya bir problem atar, öğrencilere değerlendirmeleri için zaman veririm. Bir sohbet penceresi üzerinden cevap verir ya da reaksiyon gösterirler. Geri-bildirimleri hızımı ayarlamama yardım eder. Öğrencilerin beni takip etme hızlarına göre hızlanır ya da yavaşlarım. Bütün çevrimiçi derslerim video olarak kayıt edildiğinden öğrenciler bir şeyi kaçırırlarsa her zaman kayıda geri dönüp sunumu baştan kendi hızlarında izleyebilirler.

* * *

Atlanta'dan ayrıldıktan sonra yeni araştırma yapmasam da daha önce orada yapmış olduğumuz araştırma hakkında oradaki meslektaşlarımla yayınlar yapmaya devam ettik. Ayrıldığımdan sonraki dört beş yıl, senede bir iki tane makalenin yazılımında ortak çalıştım. Araştırmam birçok bilim dalını kapsayan ve birçok üniversitenin dahli ile uzun senelere yayılmış olarak ilerleyen projelerin başlangıç aşamasını oluşturduğu için yayınlamamız bu kadar gecikmişti. İlaç Tasarımı Merkezi'nde bulduğumuz biyolojik olarak aktif yeni kimyasal birimler önce işbirliği yaptığımız üniversitelerden bir grup tarafından biyolojik olarak değerlendiriliyordu. Sonrasında bu sefer yine işbirliği yapılan üniversitelerden başka bir grup tarafından da klavuz bileşiklerin analogları sentezleniyordu. Başlangıçta yeni bileşikleri değerlendiren araştırmacılar şimdi artık bu analogları değerlendirmek durumundaydılar. Ve bu böyle devam ediyordu. Yayına hazır duruma gelmemiz benimle ilgili bölümü bitirmemden ancak üç ile beş yıl sonra gerçekleşebiliyordu. Özetle, araştırma yapmayı bırakmamdan yıllar sonra bile yayın yapmaya devam ediyordum.

Bu yayınlardan birinde makaleyi birlikte yazdığım kişilerden biri Atlanta'daki community college'lardan birinden gelen bir üniversite öğrencisiydi. "Neden SRJC'den bir öğrenci o üniversite öğrencisinin yerinde olmasın ki?" diye düşündüm kendi kendime. PGA'da önerdiğim gibi bir kompütasyonel kimya laboratuvarı kurarsam öğrencileri bu tarz araştırma programlarına sokabilirdik. Öğrencileri eğitmek için "Moleküler Modellemeye Giriş" diye adlandıracağımız bir yeni ders kuru yaratabilirdik. Ardından gelen sömestirde de öğrencilere bir araştırmanın nasıl yapılması gerektiğini öğretebilir ve SRJC'deki bazı profesörlerle devam etmekte olan projelerinde birlikte çalışmalarını sağlayabilirdik. Bunlar kısa dönemli, bir sömestirlik üniversite projeleri olacaktı. Böylece, daha SRJC'den mezun olmadan peer-reviewed (bir araştırmacının hazırlamış olduğu çalışmanın aynı alanda uzman diğer araştırmacılar tarafından değerlendirildiği) bilimsel makalelerin ortak yazarları olarak isimlerini yazdırabilirlerdi. Öğrencilere kattığı değeri bir tarafa bırakın dört yıllık üniversitelere yayını olan yazar ya da patent sahibi kaşifler olarak öğrenci transferi yapan bir SRJC'nin pazarlama değerini hayal edebiliyor musunuz?

PGA'da önerdiğim araştırma konseptinin yapılabilir olduğundan emindim. Gerçi çok fazla çalışmak gerekecekti: kompütasyonel kimya laboratuvarı kurulucak; "Moleküler Modelleme" ders kuru yaratılacak; daha önce işbirliği yaptığım iş arkadaşlarımla uzun dönemli araştırma projelerinden birer sömestirlik paketler saptanacaktı. Ama her şeyden önce SRJC yönetimini bu inisiyatifi desteklemek ve fon sağlamak için ikna etmem gerekecekti. Ne var ki bunu kampüste limitli bir zaman geçiren yarı zamanlı bir çalışan olarak yapma şansım yoktu.

* * *

Her yaz Türkiye'ye gidip orada en az bir ay geçirmeye çalışırdım. Yaz okullarında dersim olmadığından uzun süreli kalabiliyordum. Kurt ve Emily de yaklaşık her üç yılda bir geliyordu. Bir sefer geldiklerinde arabayla bir yolculuğa çıktık dördümüz; Emily, Kurt, annem ve ben. Marmaris'ten yola çıkıp kuzeye doğru gittik. İlk durağımız Ege Denizi manzarasının keyfine hakim tatil beldesi Kuşadası oldu. Ertesi gün bir UNESCO Dünya Mirası Sit Alanı olan ve dünyanın en iyi korunmuş antik şehirlerinden birisi olan Efes'e gittik. İnsan bu şehrin sınırları içindeki alanı gezerek kolayca bir tam gün harcayabilir. Biz oradayken işçiler yeni bulunmuş olan, vaktiyle zenginlerin yaşadığı Teras Evleri'ni kazıyorlardı. Ekstra giriş ücretini ödeyip girdik içeri. Evler bir yamacın üzerinde kurulmuştu. Her bir sıra ev diğer sıranın biraz üstünde konumlandırılmıştı. Evlerin tabanlarını kaplayan antik mozaikler kazıyı ve temizleme işlemini yavaşlatıyordu. İş tamamlanıp mozaikler tamamen açıldığında tekrar gelip o renkli ihtişamı görmeyi aklıma yazdım. 25,000 kişilik kapasitesi olan büyük amfitiyatro çok iyi korunmuştu. Akustiği o kadar inanılmazdı ki sahnedeki bir fısıltıyı tiyatronun taaa en arkalarından duyabilmiştik.

Kuşadası gemi turlarının popüler bir durak yeridir. Efes turu da en çok istenen çevre gezisidir. Ancak bu çevre turları genellikle o kadar alelacele ziyaretler gerçekleştirir ki ziyaretçiler o kısacık sürede neleri kaçırdıklarının farkına bile varamazlar.

Bu bölgedeki iki yer daha görülmeye değer: her ne kadar sadece bir kolonu ayakta kalmış olsa da Dünyanın Yedi Harikası'ndan biri olan Artemis Tapınağı ve İsa'nın annesi Meryem'in son kaldığı ev olarak bilinen Meryem Ana Evi.

Bir sonraki durağımız biraz daha kuzeyde olan Bergama idi. Büyük bir alana yayılmış altı ayrı sit alanını gezmek için buraya yeterince vakit ayırmak akıllıca olur. Her birine yarım gün ayırsanız temel sit alanlarının hepsini görmeniz üç gününüzü alır. Sadece bir günümüz olduğundan Asklepion'u ve Bergama Müzesi'ni ziyaret edebildik biz. Asklepion antik çağlarda önemli bir sağlık ve tedavi merkeziymiş. Alanda bir tiyatro, bir avlu, bir kütüphane ve bir tapınağın kalıntıları vardı. Ayrıca uyuma odaları, kutsal kaynak suyu banyoları ve zengin müşterileri bir yerden bir yere giderken kötü havalardan koruyan uzun bir yeraltı tüneli olduğu da biliniyor. Efes'in Teras Evleri ve Bergama'nın Asklepion'u antik çağlarda yaşayan zengin ve güç sahibi kimselerin imtiyazlı yaşam tarzlarını gözünüzde canlandırmanıza olanak veriyor.

Bir başka Antik Dünyanın Yedi Harikası'ndan birisinin, Halikarnas Mozelesi'nin olduğu Bodrum, bu gezinin son durağı oldu. Emily Bodrum Sualtı Arkeolojisi Müzesi'ni gezmek istedi. Ne yazık ki restorasyondan dolayı kapalıydı. Hülya ve Kemal'in Bodrum'un hemen dışındaki evleri harika bir geziye mükemmel bir kapanış imkânı verdi.

Hülya Osmanlı sultanlarına layık bir sofra hazırlamıştı. Üniversite maceralarımızı yad ettik yemek boyunca. Kurt ve Emily kırk yıllık en iyi arkadaşlarımla tanışıp benim bile çoktan unutmuş olduğum hikayeler dinlediler. O gecenin ilerleyen saatlerinde üç saatlik bir yolculuktan sonra tekrar Marmaris'e dönmüş olduk.

Hülya ve Kemal

* * *

Kaliforniya'da, SRJC'de hayat kaldığı yerden devam ediyordu ama genel kimya sorumluluklarım arasına bir yenisi eklenmişti. Bir son dakika iptalinden dolayı Kimya Bölümü can havliyle Organik Kimya Laboratuvar Bölümü derslerinden birini verecek birini arıyordu acilen. İki sömestir boyunca yapmak üzere başvurdum. Organik kimya akademik eğitimime dayalı temel bilgileri hatırlamak üzere zihnimi tazelemem keyifliydi.

Genel kimya öğrencilerinin haftada bir olan laboratuvar sınıfına karşılık organik kimya öğrencilerinin haftada iki laboratuvar sınıfı oluyordu çünkü birçok deneyin tamamlanması üçer saatlik iki laboratuvar dersi süresini gerektiriyordu. Ayrıca yeni sentezlenmiş bileşiklerinin spektroskopik analizlerini de yapmak zorunda olduklarından laboratuvar saatleri sonrasında ekstra zaman ayırıp ekipmanları çalıştırmak zorunda kalıyorlardı. Çünkü bize ayrılmış laboratuvar saatleri içerisinde spektroskopik analizleri hiçbir zaman tamamlayamıyorduk. Sentezledikleri bileşiklerin analizini yapmak için öğrencilerin sıkça kullandığı ileri teknoloji ekipmanları Fourier-Transform Infra-Red Spektroskopi (FTIR), Nükleer Manyetik Rezonans Spektroskopi (NMR) ve Gaz Kromatografi-Kitle Spekrometrisi (GCMS) idi. Organik kimya SRJC'deki en üst seviye kimya dersi idi. Bunun anlamı bu dersi bitiren öğrencilerin community college'dan dört yıllık programlara geçiş yapmaya hazır olduklarıydı. Üniversitelere geçiş yapan ya da yaz stajlarına başvuran bu öğrenciler için birçok tavsiye mektubu yazdım. Seneler sonra onların içinden lisans üstü programlara geçecek olanlar için tekrar birkaç tavsiye mektubu hazırladım. O tercihlerden bazılarının ilham kaynağı olduğumu düşünmek her zaman hoşuma gidiyor.

O organik kimya sınıfının ikinci sömestirinde öğrenciler arasında arkadaşça bir yarışma düzenledim. Her bir deneyin sonunda o deneyde en üstün performansı gösteren kişiyi (ya da eğer çift olarak çalışılıyorsa, iki kişiyi) açıklıyor ve ona (ya da onlara) komik, kafadan uydurma ünvanlar veriyordum. Bir Friedel Crafts reaksiyonu içeren deneyde kazanan "Crafty-Friedel" (Reaksiyonu bulanların isimlerinden oluşan kelimelerin İngilizce'deki anlamlarından dolayı bir kelime oyunu yaparak Cingöz Friedel anlamına gelen bir isim elde ettim.) takma adını aldı. Suzuki reaksiyonu içeren başka bir deneyde kazananın ünvanı "Adamım Suzuki" oldu. Buna benzer olarak diğer bazı ünvanlar da şöyleydi: "Borohidridlerin Efendisi," "Yoksa Brom ile mi Birleşiyorum?" "Benzoin İmalatçısı," "Spektroskopimi İyi Bilirim," "Nitril Hidrolizörü," ve "Doğal Asit Sentezcisi." Sömestir sonunda en fazla puanı toplayan ayrıca, "Organik Sentez Gurusu" ünvanını alıyordu.

Sömestirin son projesi olarak öğrenciler bilimsel bir makale yazma pratiği yapıyorlardı. Herkes kendine evcil hayvan misali bir "evcil molekül" seçiyor ve o molekülün önemini ve sentez detaylarını anlatan ve makale olarak bilimsel dergilerde yayınlamak için kullanılan Amerikan Kimya Cemiyeti (ACS) formatında hazırlanmış tam bir bibliyografi de içeren kısa bir yazı yazıyordu. Projenin son kısmında öğrenciler Evcil Molekülleri hakkında kısa bir sözlü sunum yapıyorlardı. ACS Teknik Programı ile ilişiğim varken organize etmiş olduğum bilimsel sempozyumlara benzer bir sempozyum organize ettim. Sözlü sunumlarını yapmadan önce laboratuvar dersleri sırasında almış oldukları komik ünvanları da kullanarak her öğrenci için küçük bir giriş konuşması yaptım. Öğrenciler projeye bayıldılar ve ciddiye aldılar. Hatta bazıları sunumlarını yapmak için profesyoneller gibi takım elbise giymişti.

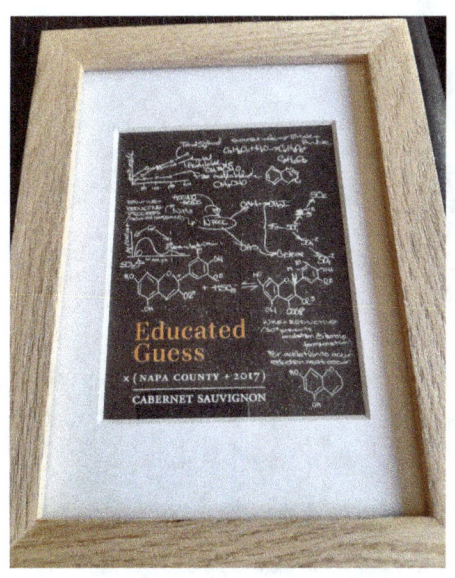

Şarabın organik kimyasını yansıtan şarap şişesi etiketi. Organik kimya öğrencilerim bana bir şişe bu şaraptan hediye etmişti. Kurt ile Emily de sonradan bu şarabın çerçevelenmiş etiketini vermişti.

Yaklaşık bir yıl sonra, birkaç eski organik kimya öğrencim etiketinde şarap yapımının organik kimyasını yansıtan bir şişe şarap hediye getirdi. Çok sevinmiştim. Şarabı içmeden sakladım. Seneler sonra Salt Lake City'ye Kurt'u ziyarete gitmek üzere Santa Rosa'dan çıkarken şarabı arabaya attım. Arabada iki sıcak gün geçirdikten sonra şarabın iyi çıkma ihtimali oldukça düşüktü. O yüzden hiçbir zaman tadına bakmadım. Bundan da bir yıl sonra yine Kurt ve Emily'yi ziyaret ettiğimde şarabın etiketinin çerçevelenmiş bir kopyasını hediye ettiler. Şarabı yapan şaraphaneden istemiş ve benim için çerçeveletmişlerdi.

SRJC'deki ilk iki sömestirden sonra bütün derslerim Santa Rosa kampüsündeydi. Yolda geçen zamanı azaltmak için oraya taşındım.

Kiraladığım daire kampüsten sadece on iki dakika uzaklıktaydı. Bir rutin içine girdim ve Kuzey Kaliforniya'nın doğal güzelliğinin tadını çıkardım.

* * *

2010'da ilk Türkiye'ye dönüşümde üstü açılabilir arabamı Kurt'a vermiştim. Kaliforniya'dayken o arabayı kullanmaktan ne kadar keyif aldığımı hatırlayıp bana geri vermeyi teklif etti. Salt Lake City'nin soğuk ve sert ikliminde kullanmıyordu zaten. Garajında bir kenarda rafa kaldırılmış gibi yatıyordu. Bir sonraki ziyaretimde Kaliforniya'ya dönerken arabamı aldım. Sibel de katıldı bana. Bir gece Tahoe Gölü'nde kaldığımız ve çoğunluğunu yolda geçirdiğimiz gezi çok hoş geçti.

Sibel ile Kaliforniya'ya dönerken; Tahoe Gölü'nde

Hemen her Çarşamba doğa yürüyüşü yapıyordum. Arabanın üstünü açıp Kuzey Kaliforniya'nın harika manzaraları eşliğinde, kızılçam ormanları içinden geçerek, yürüyüş yapacağım noktalara ulaşmak çok daha eğlenceliydi. Santa Rosa'dan ayrılana kadar arabanın keyfini sürdüm. Aldığımdan tam 16 yıl sonra, Türkiye'ye kesin dönüş uçuşumdan birkaç gün önce arabayı sattım.

Santa Rosa'dayken salon danslarına bir şans daha tanıdım. Hem yakınlarda bir yerde olan orta derece salon derslerine hem de kısa bir sürüş mesafesinde olan Petaluma'daki yeni başlayanlar için salsa derslerine yazıldım. Her ne kadar hâlâ bocalıyor olsam da birbirinden tamamıyla farklı stildeki iki dansı bir arada yürütmek iyi geldi. Eskisi kadar tutuk değildim artık. Hareketlerde ve kaçış rutinlerinde daha çok risk alıyordum.

Aldığım son ders daha ileri seviye, hızlı hareket etmeyi gerektiren bir dersti. Eğitmen her bir dans için bir düzine kadar hareketi içeren bir kareografisi olan bir rutin geliştirmeye odaklanmıştı. Her üç ya da dört haftada bir, vals, rumba, çaça, tango, salsa, fokstrot, swing ve adını hatırlayamadığım birkaç diğer çeşidi de içeren farklı danslar için bir kareografi çerçevesinde hareketler öğreniyorduk. Bir seferinde bir dans için öğrendiğimiz hareketler silsilesinin başka bir dansa uyarlanabilir olduğunu farkettim. Denemeye başladım ve uyduğu zamanlarda daha da keyif aldım.

Bu son dersin başka bir çekici yanı da sınıf arkadaşlarımdı. Her dersten sonra hep birlikte yakınlardaki bir restorana gider birlikte takılırdık. Bu sayede bölgedeki iyi restoranları öğrenmekle kalmayıp bir grupla da sosyalleşmiş oluyordum ki bu benim karakterime aykırı bir şeydi. Gruptaki bir çift, Allan ve Marilyn, özellikle çok iyi dansçı ve çok iyi insanlardı. Allan kördü ama bu onun dans etmesine engel olmuyordu. Hareketleri öğretirken eğitmen ona özel ilgi gösteriyordu. Bu ufacık ekstra davranış onun adapte olmasına ve herkesle beraber öğrenmesine yetiyordu.

Allan ve Marilyn bir konuşmaya katılmışsa entellektüel seviye bir tık yukarı çıkıyordu. Marilyn'in bir salsa kulübünde dans etmekle ilgili anlattığı bir hikayeyi hatırlıyorum. Müziğin içinde tamamen kaybolmuş bir şekilde dansın keyfini çıkararak eğleniyorlarmış. Müzik sustuğunda durduklarında herkes alkışlar içinde onlara tezahürat yapmış. Belli bir noktada dans pistindeki diğer çiftler Marilyn ve Allan'dan yayılan neşeyi farkedip kendiliklerinden sessizce onların etrafında bir halka oluşturup seyretmeye başlamışlar. Tahmin ediyorum çoğunluğu Allan'ın kör olduğunu bilmiyordu bile.

* * *

Haftada bir, Çarşamba günleri, Santa Rosa civarında çok sayıda bulunan yürüyüş yollarını keşfettiğim doğa yürüyüşlerine gidiyordum. En sevdiğim yerlerden birisi Hitchcock'un meşhur filmi Kuşlar'ın çekilmiş olduğu Bodega Körfezi idi. Bodega Körfezi'nin biraz ötesinde küçük bir yarımada olan Bodega Head yürüyüş yollarında (kitabın kapak fotoğrafına bakınız) yürür ve çoğunlukla öğle yemeğimi Spud Point Crab Company'de (özellikle yengeç ürünleri konusunda ihtisaslaşmış bir restoran) yerdim. En iyi deniz tarağı çorbası buradadır. Pek çok ödül kazanmıştır buranın bu meşhur çorbası. Ama ben en çok yengeç kokteyllerini severdim. Paket servis sipariş eder yanıma alırdım. Mustang'ımı denize karşı manzaralı bir noktaya park eder, öğle yemeğimi keyifle yerdim.

İkinci en sevdiğim Çarşamba gezisi noktası yüz kişiden biraz fazla bir nüfusa sahip küçük bir sahil kasabası olan Jenner idi. Kahvemi içip kahvaltımı yapmak için seçimim Russian River'ın (Rus Nehri) Pasifik Okyanusu'na ulaştığı yerde harika bir manzaraya sahip olan Café Aquatica idi. Arkasından ya Jenner Dağları'nda yürüyüşe çıkar ya da o güzelim manzaralı Route 1 sahil yolunu takip ederek Bodega Körfezi'ne doğru arabayla yol yapardım. Jenner'dan Bodega Körfezi'ne uzanan yol boyunca yaklaşık bir düzine farklı, manzaralı yürüyüş yolu vardır.

Ayrıca, evin yakınlarında da egzersiz amaçlı yürüyüşler yapmak için birçok parkur keşfettim. Apartmanların bulunduğu sitenin binaları yüzden fazla kızılçamın bulunduğu bir alana dağıtılarak iyi bir tasarım yapılmıştı. Kızılçam ağaçları (Redwood Trees) Sekoya ağaçlarının yakın bir akrabasıdır. Dünyanın en uzun ağaçları arasındadırlar ve binlerce yıl yaşayabilirler. Yürüyüşlerimden döndüğümde siteye arka geçitten girip daha yaşlı ve daha büyük olan bazı kızılçam ağaçlarının yanından geçerek eve dönerdim. Belli bir köşeyi dönerken daha genç ve küçük ama gururla ayakta duran bir kızılağacın alçak dallarına ulaşabiliyordum.

Kızılçamlar... En sevdiğim ağaçlar...

İğne gibi yapraklarına nazikçe dokunup sevgi sözcükleri fısıldardım. Sanki beni duyuyorlarmış ve bu nezaketimi takdir ediyorlarmış gibi davranırdım. Bu nispeten küçük kızılçam ağacı "George" ile süren ilişkim böyleydi.

Bodega Head'de büyük, diğerlerinden ayrık, tek başına belirgin duran bir selvi ağacı vardır. Komşularını adeta cüceleştirir. Pasifik'e uzanan o burundaki her hangi bir noktadan görebilirsiniz bu ağacı. Bir gün yanından geçerken içeride saklı kalmış dallarından birinde tünemiş bir şahin fark ettim. O günden sonra ne zaman oradan geçsem, eğer etrafta kimse yoksa, hep durup nazikçe şahin "George" ile konuşurdum. Kısa bir göz teması yapardık ama, belki de bir sonraki potansiyel avını farkedip, hemen başka tarafa bakardı. Aşkımız tek yönlü gibi görünüyordu. George pek bana yüz vermezdi. Çoğunlukla ben yokmuşum gibi davranırdı. Ama yine de, muhtemelen her istediği an uçup gidebileceğini bildiğinden, yakınına gelip fotoğraf çekmeme ya da konuşmama izin verirdi. Birkaç ay sonra artık aramızda bir çeşit arkadaşlık ilişkisi olduğunu hisseder olmuştum.

Bir gün, Bodega Head'e vardığımda, önceki günkü şiddetli fırtınanın harap ettiği büyük selvi ağacını görünce dehşete kapıldım. Ağacın koca dalları yerde etrafa saçılmıştı. Sadece çıplak gövdesi kalmıştı. George ortalıklarda görünmüyordu. Yıkılmıştım. Bir sonraki hafta George hâlâ kayıptı. Ama ondan sonraki hafta ağacın ayakta kalan çıplak gövdesinin en üst noktasında aşağıdaki insanlara bakarken çıktı ortaya. Ne yazık ki artık saklanamadığından bölgeyi ziyaret eden herkes onu kolayca görebiliyordu. Selvi ağacından kalanların fotoğraflarını çekip, bol bol selfie pozları vererek yarattıkları ilgi George'u rahatsız etti. Ve gitti. Üstelik bu sefer ebediyen.

Onu, üç hafta sonra, Bodega Körfezi'nin sekiz kilometre kuzeyinde, sahildeki bir yürüyüş yolunu takip ederken gördüm. Sanırım George'du, çünkü fotoğrafını çekmek için yaklaşmama izin verdi ve daha önceki fotoğraflarla benzeşiyordu. Bu George'u son görüşüm oldu. Ama doğru yönde ilerlediğini görmekten mutlu olmuştum. Kuzeye doğru on üç kilometre daha giderse Jenner Dağları'na ve oradaki hatırı sayılır sayıdaki şahin topluluğuna ulaşmış olacaktı. Diğer yırtıcı kuş arkadaşları ile birlikte evinde sayılırdı orada.

Daha sonra, Santa Rosa'daki son haftalarımda Sibel benimle kalıp Türkiye'ye dönmeden önce kurtulmam gereken şeyleri dağıtmam için yardım etti. Çarşamba gezilerimden birisinde benimle geldiğinde önce Café Aquatica'da kahve içip birşeyler atıştırdık. Sonra da Jenner Dağları'na, kuzeye doğru yola çıktık. "Denizden Gökyüzüne" ve "Yırtıcı Kuşlar Vadisi" adlı iki yürüyüş yolu sekiz kilometreden biraz fazla süren güzel bir çember oluşturuyordu. En yüksek noktaya vardığınızda aşağıdaki manzara yüz seksen derece açıyla önünüze açılıyordu. Daha önceki yürüyüşlerimden birinde o manzara noktasında bir doğa kulübünün üyeleri olan bir grup insanla karşılaşmıştım. Ellerinde teleskopik kameralar ve diğer ekipmanlarla şahin popülasyonlarını izliyor ve kaydediyorlardı. Üçlü dörtlü gruplar halinde bir sürü şahin uçuşuvermişti birden.

Böyle bir sahneyi yakalamayı umut ederek Sibel'e çemberi tamamlamayı önermiştim. Tepedeki manzara noktasına varınca George'u aralarında görme umudu ile şahinleri aradık bir süre. Sibel'in arkadaşım George ile tanışmasını istiyordum ama hiç şahin göremedik. Hayal kırıklığına uğramış bir şekilde yürümeye devam ettik. Büyük bir Angus sığır sürüsünün arasından geçmek zorunda kaldık ve patikayı takip ederek inişe geçtik. Bir de uzaktan bir dağ arslanı gördük. Sibel videosunu çekti. Vadiye inerken en sonunda birlikte uçan üç şahin gördük. Birisinin George olmasını umuyorduk ama hiçbiri bize yaklaşmadığından emin olamadık.

* * *

Ziya ile ilk yılbaşımız (iki aylıkken)

Torunum Ziya 17 Kasım 2019'da doğdu. Büyükbaba olmuştum! Hem boy hem de ağırlık olarak küçük bir bebekti ama sağlıklıydı. O günden beri de tüm fiziksel gelişim dönüm noktalarını başarıyla atlattı. Ziya bana Kurt'u bir baba olarak görme şansı verdi. Onun için seferber olmuştu; altını değiştiriyor, mamasını veriyor, onu yıkıyor ve giydiriyordu. Kurt bebekken ben de arada bir böyle şeyler yapmıştım ama onun kadar değil. Çünkü evi çekip çeviren kişi Zeynep idi. Ben işte uzun saatler çalışıyordum. İki yakamızı bir araya getirmek ve hayat tarzımızı karşılayabilmek için çok çalışıyor olmam çekirdek ailemizde rollerin ayrışmasına sebep olmuşdu. Seneler geçtiğinde çocuklarım büyürken onlardan uzakta geçirmiş olduğum zamanlardan pişmanlık duydum. Şimdi ise empati yapabilen ve yumuşak başlı kişiliği sayesinde doğal olarak babalık yeteneklerini keşfedip geliştiren Kurt için mutluluk duyuyordum.

Baba oluşundan kısa bir süre sonra Kurt tarih doktorası ile mezun oldu. Son sözlü savunmasının arkasından bitirme tezi komitesi annesinin kollarında kapının hemen dışında beklemekte olan Ziya ile tanıştı.

* * *

2020 ilkbahar sömestirinin ortalarına doğru daha sonraları Covid-19 diye adlandırılacak bir viral enfeksiyon dünyaya yayılmaya başladı. Endişe vericiydi. SRJC yönetimi ilkbahar sömestir tatilinde tatil sonrası sınıfları nasıl devam ettireceğine karar vermek zorundaydı. O arada Covid-19 dünya çapında bir pandemi olarak ilan edildi. Üniversite yönetimi bütün kampüsleri kapatma kararı aldı. Sömestiri tamamlamak için derslere çevrimiçi olarak devam edecektik. Çoğumuz çevrimiçi öğretim konusunda hızlandırılmış bir kurs aldık. Sömestir bittiğinde Covid-19 pandemisi ABD'de ciddi boyutlara ulaşmıştı. Birçok şirket kapanıyordu. Hizmet sektörü ve restoran gibi endüstriler kepenk kapalı olarak bekliyorlardı. Yönetim gelecekte öğrencilerimize nasıl eğitim vermeye devam edebileceğimizi bulmaya çalışırken yaz okulu dersleri iptal edilmişti. Birçok ders çevrimiçi öğretilecekti ama laboratuvar dersleri bir muamma idi. Deneyerek öğrenme tarafı kimya eğitiminin önemli bir parçasıydı. Dolayısıyla üniversite hibrid bir yöntemde karar kıldı; laboratuvar derslerinin üçte biri laboratuvarda yüzyüze olacaktı.

Yanlız yaşadığımdan evdeki durum benim için biraz daha can sıkıcıydı. Bir yılın sonunda sosyal izolasyon bıkkınlık vermeye başlamıştı. Böylesine zorlu zamanlarda hem Utah'daki hem de Türkiye'deki ailemden uzakta olmam işleri daha da zorlaştırdı. En azından Sibel göreceli olarak yakında, Berkeley'de idi ama kapanmalarda görüşemiyorduk. Skype, Zoom ve WhatsApp kullanarak birbirimizle sık sık görüşüyorduk. Sıramız gelir gelmez hepimiz aşılarımızı olduk. Yüzyüze laboratuvar dersleri ve market alışverişi hariç (çoğunluğu kapıya kadar getiriliyordu ama arada bir şahsen gidiyordum markete) evden hiç çıkmıyordum. Bütün çevrimiçi derslerimi de evdeki ofisimden veriyordum. Dışarı sadece Çarşamba gezilerim için çıkıyordum. Bu geziler sayesinde insanı depresyona sokan bir sosyal izolasyon döneminden aklım başımda kalarak çıkabildim.

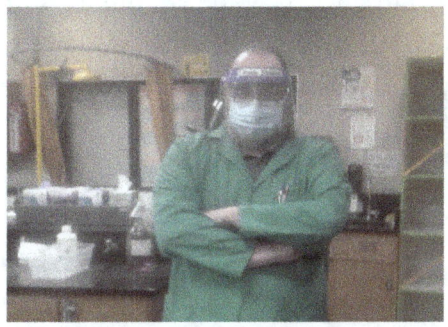

Pandemi döneminde yüzyüze
laboratuvar donanımı

Bu yüzyüze laboratuvar dersleri için okul katı güvenlik protokolleri getirdi. Hem öğrenciler hem de öğretim görevlileri laboratuvara girmeden bir güvenlik kontrolünden geçecekti. Herkes harfi harfine kurallara uyuyordu. Pandeminin ilk sömestirindeki yüzyüze laboratuvar dersleri kayıtlı sıfır Covid-19 vakası ile bitti. Pandeminin üzerimize yıktığı sınırlandırmalara rağmen yeni duruma adapte olabilmiş ve öğretime devam edebilmiştik.

Daha kötü diyemesek de Türkiye'deki durum da en az bu kadar kötüydü. Annem doksanına dayanmıştı ve sosyal izolasyonun yanı sıra bir sürü sağlık problemi ile uğraşıyordu. Taşikardi denen bir kalp ritmi bozukluğu vardı. Birçok farklı ilaç denendikten sonra doktoru Isoptin'de karar kılmıştı. İşe yarıyor görünüyordu ama alışması aylar sürdü. Ara ara seyreden bir episod şeklinde çok yüksek bir kalp atış hızı oluyordu. Doktor da en iyi ilaç kullanım şeklini bulmak için sürekli dozajı yeniden ayarlamak durumunda kalıyordu. Zamanla durumu stabil oldu. Ama kullandığı ilaç artık Türkiye'de üretilmiyordu. Ablam Mine sistematik olarak Ankara'daki bütün eczaneleri arıyor ve stoklarında bu ilaç varsa hemen alıyordu. Annem ve Mine aynı binada altlı üstlü iki dairede oturuyorlardı. Ablamın anneme bu kadar yakın oturuyor olması kapanmalar esnasında çok yardımcı oldu. Market alışverişi ve doktor ziyaretlerinin yanı sıra Mine her öğleden sonra ziyaretine gidiyor ve onunla kart oyunları oynuyor ve dedikodu yapıyordu. Bu tehlikeli pandemi sırasında kaleyi koruduğu için Mine'ye minnettardım. Böyle bir kriz esnasında annemden uzakta olmak bardağı taşıran son damla oldu. Orijinal planımı çöpe atıp Sosyal Güvenlik çeklerimin gelmesini beklemek yerine Türkiye'ye dönüşümü hızlandırmaya karar verdim.

Bir an önce gitmeye karar verdikten sonra yeni planımı devreye sokmak dolambaçsızdı. Evdeki herşeyi hayır kurumlarına bağışladım. SRJC'den istifa etmeye çalıştım. Santa Rosa'daki daireyi boşalttım. Kurt'u ve ailesini görmek çin Salt Lake City'ye gittim. Ve en sonunda da tek yön bir bilet ile Türkiye'ye uçtum. Santa Rosa'daki son iki haftamda Sibel benimle kaldı. Bu yer değiştirmede inanılmaz yardımı oldu bana.

Pandemi esnasında tabi ki dans derslerim iptal olmuştu. Bir yıllık bir izolasyondan sonra, Türkiye'ye gitmemden önce son bir öğle yemeği yemek üzere grubumuz tekrar bir araya geldi. Fotoğraf bu öğle yemeğinden.

Dans grubu. Allan ve Marilyn solda en
öndeler. Ben sağda en öndeyim.
Fotoğrafı Sibel çekti.

SRJC'deki bölüm başkanı istifa etmek yerine dönem izni kullanmamı önerdi. Böylece işlerin nasıl geliştiğini gözlemleyecek vaktimiz olacaktı. Eğer eninde sonunda geri gelmeye karar verirsem SRJC'de çalışmaya devam edebilirdim ve bütün iş başvuru formalitelerinden kurtulmuş olurdum. Beni bağlantıda tutmak için uğraş vermesine memnun olmuştum. Gururum okşanmıştı. Sonradan tavsiyesini biraz revize ederek dönem izni kullanmak yerine bir simulasyonlu laboratuvar içeriği kullanarak dersleri çevrimiçi olarak öğretmek üzere başvurabileceğimi söyledi.

Türkiye'de istikrarlı bir internet ağı olduğunu göz önüne alınca bu planın çalışabileceğini düşündüm. Derslerimin Salı ve Perşembe günleri, sabahları 7:30 - 9:00 arasında; simulasyonlu laboratuvar bölümünün de Salı günleri 9:00 - 12:00 arasında olması şartı ile genel kimya dersleri vermeyi talep ettim. Türkiye Kaliforniya'dan on saat ileride olduğundan zaman farkı sabah erken saatte olacak dersler için problem yaratmıyordu. Kaliforniya'da saat sabah 7:30 iken Türkiye'de akşam 5:30 oluyordu. Bu da benim için iyi bir zamandı.

Berkeley'de geçen üç yıldan sonra Sibel yerinde duramıyordu. O ana kadar bir yetişkin olarak tek bir yerde bir yıldan fazla yaşamamıştı. Bir master daha yapmaya karar verdi. Bu sefer çevre bilimleri ile ilgilenecekti. Daha önce ilk master'ı sırasında bir sömestir geçirdiği; eğitime sömürgecilikten çıkmış bir bakış açısıyla yaklaşılan; bir de üstelik göreceli olarak düşük bir öğretim ücreti ve de çok kuvvetli bir çevre bilimleri programı olan Güney Afrika'daki Cape Town Üniversitesi'ni seçti. Pandemiden dolayı kampüs kapalı olduğundan ilk sömestiri Berkeley'den ayrılmadan çevrimiçi olarak bitirdi. Onu master yerine bir doktora yapmaya ikna etmeye çalıştım ama bir yerde dört sene kalabileceğine inanmıyordu. Sanırım üç yıl onun bir yerde kalma limiti.

* * *

Bu seferki Türkiye dönüşümün kalıcı olacağını farz ediyordum. Ancak onbir yıl önceki dönüşüm de kalıcı olmak üzere planlanmıştı ama iki yıl sonra ABD'ye geri dönmüştüm. Covid-19'un sebep olduğu aksaklıklardan sonra her şey olabilir gibi geliyordu. Çocuklarım ve aileleri ABD'de idiler. Öte yandan annem, Mine ve onların aileleri Türkiye'deydiler. Belki de hibrid bir çözüm—diyelim ki her bir lokasyonda altı ay— mümkün olabilirdi.

50'den sonraki hayatımın müteakip bölümüne başlamak üzere Türkiye'ye doğru yola çıkıyordum. Hayatımın bir dönüm noktasıyla daha karşı karşıyaydım. ABD'ye ilk defa 1982'de gelmiştim. Ve şimdi, otuz dokuz yıl sonra, 2021'de Türkiye'ye dönüyordum.

Notlar:

[50] Üniversite bünyesinde bulunan Engelli Hizmetleri Ofisi (Office of Disability Services) tarafından öğretim görevlilerine verilen ve söz konusu öğrenciye makul ölçüler çerçevesinde sağlanabilecek özel kolaylıkları listeleyen belge.

14

Yeniden Türkiye'de

Marmaris, Türkiye, 2021'den günümüze

Haziran 2021'de Türkiye'ye geri döndüm. Bazı işleri halletmek ve yerleşmek için bir hafta Ankara'da kaldım. Yeni bir cep telefonu numarası aldım. Online bankacılığı kullanabilmeye devam etmek için yeni aldığım cep telefonu numarasına bağlı bir banka hesabı oluşturdum. Türkiye'deki prizlere uyacak doğru fişleri olan kişisel elektronik ürünleri (sakal düzeltici, diş fırçası, vb.) satın aldım. Annemin arabasına yeni lastikler taktırdım. Sonra o arabayla Marmaris'e gittim. Annemle birlikte senenin geri kalanını orada geçirmek istiyorduk. Annem, Mine ve eşi zaten yaz için oradaydılar. Kısa bir süre sonra ablamın oğlu, ailesi ve yeni yavru köpekleri ile birlikte ziyarete geldi. Hemen yandaki otelde kaldılar ama sık sık bizdelerdi. Annemle yani büyükanne ile ve amcaları ile vakit geçirmek istiyorlardı. Birdenbire kaos ve sosyal aktivitenin ortasında bulmuştum kendimi. Bu değişikliğin benim gibi son on beş senedir yanlız yaşayan birisi için ne kadar büyük olduğunu takdir edersiniz belki.

Bu arada Sibel Cape Town'a vardı. Kısa bir alışma devresinden sonra ikinci sömestirine başladı. ABD'deki patronu yanlızca Cape Town'da olacağı zaman zarfında üç ay daha online olarak çalışmasına izin vermekle kalmadı. Bu nazik kadın aynı zamanda artık kullanmadığı ABD yan haklarının maliyetini bu süre için maaşına devretti. Özetle ona bir maaş zammı yapmış oldu. Onun gibi patronlar hâlâ var ama nesli tükenmekte olan türlerden biri gibiler. Sibel, Cape Town'da yayılan Covid-19 varyantı Omicron ile uğraşmak durumunda kaldı. Bir şekilde ailemdeki herkes şu ana kadar pandemiyi hastalığı hiç kapmadan geçirdi. Sibel ikinci güney yarımküre yaz Yeni Yıl'ını Cape Town'da geçirdi. 2022'nin sonunda tezini bitirmeyi hedefliyor.

* * *

Ekseriyetle tek başıma kalmayı tercih ettiğim halde bu zamanlarda hiçbir zaman yanlızlık hissine kapılmadım. Tam tersine bazen bir kalabalığın ortasındayken yanlız hissettiğim olmuştur. İlaç sanayindeki şirketlerdeki on beş senelik çalışma hayatımdan sonra, Atlanta'da kaldığım sürede, üniversite yaşantısını dört gözle bekliyordum. Belki de daha dışa dönük ve sosyal olacağımın ve bazı yeni arkadaşlıklar kuracağımın beklentisi içindeydim. Fakat briç kulübünde ve tavla turnuvaları esnasında üniversite kampüsünde insanlarla etkileşim içinde olmama rağmen daha yakın arkadaşlıklar kurmak istemediğimin farkına vardım. Çok çaba gerektiriyordu. Tek başıma olmaktan memnundum. Bu, o zamanlar kendim hakkımda keşfettiğim yeni bir şeydi. Şartlardan dolayı değil bilinçli olarak tek başımaydım.

Briç oynarken gayet sosyal olabiliyordum. Tur gemilerinde öğretmenlik yaparken insanlarla rahatlıkla etkileşime giriyor ve restoranlarda garsonlarla ayak üstü sohbet kurabiliyordum. Bazen dışarıda yürüyüşe çıktığımda yanımdan geçen rastgele insanlarla öylesine bir iletişime geçiyordum ki kimse yanlız kalmayı tercih eden biri olduğuma inanmazdı. Ama öyle; yanlızlığı tercih ediyorum.

* * *

Türkiye'den öğreterek katılacağım Santa Rosa Junior College'daki (SRJC) sömestirin başlamasından önce Marmaris'te sadece bu öğretim işlerime özel kullanacağım ikinci bir telefon hattı ve internet bağlantısı kurmam gerekiyordu. Planlanmış online derslerimi aksaksız yürütmek için güvenilebilir ve hızlı bir internet bağlantısına ihtiyacım vardı.

Annem beklediğimden çok daha iyiydi. Kalp ritmi bozukluğu dengelendi. Marmaris'te olduğumuz son altı ay içerisinde sadece iki kere—o da hafif geçen—hızlı kalp ritmi episodu yaşadı. Ancak, oraya varışımı takip eden on gün içerisinde iki kere düştü. Şansımıza sadece bir omuz ezikliği ile atlattı. Diğer omuzunda bir yıl önceki bir düşüşünden kaynaklanan bir kas yırtılması vardı. Güçlü bir kan inceltici kullandığından doktorlar yırtığı tedavi edemiyorlardı. Rahatsızlık hissetmesine rağmen hayatını öyle idame ettirmeyi öğrenmişti. Sürekli düşüyor olması endişe vericiydi. Özellikle de bir hafta içinde iki kere olduğunu göz önüne alırsak. Annemi dışarıya çıktığında bir arkadaşının hediye etmiş olduğu bastonu kullanmaya ikna ettik. Bir süre sonra kendi iki ayağı üzerinde rahat dengede durabilecek gibi hissettiği için bastonu bıraktı. O günden beri bir daha düşmedi.

Annem kendi ayakları üzerinde durmaya başladığı sıralarda benim de SRJC'deki derslerim başladı. Her şey yolundaydı. Öğrenciler hevesliydi ve aktif olarak derslere katılıyorlardı. Sorulara cevap veriyor, tartışmalara katılıyorlardı. Hiç teknolojik bağlantı problemi yaşamamıştık. İlk derste genellikle öğrencilere kendilerini tanıtmaları için zaman ayırırım. Onlara isimlerini, branşlarını ve o branş ile neyi başarmak istediklerini, hayattan beklentilerini ve amaçlarını ve son olarak da tamamen kendilerine özgü bir özelliklerinin ne olduğunu sorarım. Yüz yüze olan derslerde öğrencileri eşleştirerek çiftler oluşturur, çiftlerin her birinin partneri ile röportaj yapmasını ve sınıfa tanıtmasını sağlardım. Online derslerde ise sadece her öğrencinin kendini tanıtmasını isterdim. Branşları hakkındaki soruyu yaklaşık dörtte biri çevre bilimleri olarak yanıtlamıştı. ABD'de iklim değişikliği konusunda yaygın bir inkârın yaşandığı bir dönemde genç öğrencilerin çevre bilimine duyduğu bu ilgi ümit vericiydi. Belki de gelecek nesiller için umut hâlâ vardır.

Kendime bir Marmaris rutini oluşturdum. Sabahları sahil yolunda otuz dakika kadar yürüyor, sonra yine bir o kadar yüzüyor, duşumu alıyor ve ardından da kahvaltımı yapıyordum. 9:00 – 9:30 arası iş günüm başlıyordu. Her gün o haftanın derslerini hazırlamak için birkaç saat çalışıyor, Salı ve Perşembe akşamları da derslerimi veriyordum. Türkiye'ye erken dönme sebeplerimden birisi annemle kaliteli vakit geçirmekti. Cuma akşamlarını buluşma gecemiz olarak kararlaştırdık. Sahil yolu üzerindeki turistik restoranlardan birine akşam yemeğine gidip gurme yemekler yiyorduk. Yediğimiz yemeklerin neredeyse yarısı deniz ürünü oluyordu. Annem taze balığa bayılırdı.

Marmaris'teki gençlik günlerimizden bazı arkadaşlarımla da yeniden buluşabildim. Yazlarımızı orada geçirmek üzere bu daireye taşınalı elli yıl olmuştu. O günlerden çok arkadaşım vardı ve bazıları hâlâ oralardaydı.

Selçuk ve ailesi yan kapı komşumuzdu. Selçuk benim yaşlarımdaydı. Marmaris'teki yazlarımızda beraber takılırdık. Elektroniklere meraklıydı. Benim de ilgim vardı elektroniklere. Çocukluğumdaki bir dönemde sıfırdan radyolar ve amplifikatörler yapıyordum. Benim alakamın boyutu bundan ibaretti. Selçuk ise çok daha derin olarak ilgileniyordu. Bir yaz kendi yaptığı bir radyo vericisi ile çıkageldi. Yaklaşık beş yüz metre kapsama alanı olan küçük bir şey olduğunu söylemişti. Önce kurulumunu yaptık. Sonra da bir pop müzik kaseti alıp yayın yapmaya başladık. Elimize taşınabilir bir transistörlü radyo alıp Marmaris'e doğru yürüyerek kendi yayınımızı dinledik. Amacımız yayının kapsama alanını test etmekti. O zamanlar radyo yayıncılığı yasaktı Türkiye'de. Ben Orta Doğu Teknik Üniversitesi'nde (ODTÜ) birinci sınıf öğrencisiydim. Siyasi çalkantıların yaygın olduğu bir dönemdi. Bir süre sonra kendimizi Marmaris çarşısının ortasında buluverdik. Evden bir buçuk kilometreden fazla bir mesafedeydik ve yayın hâlâ akıyordu. Belli ki kapsama alanı çok daha genişti. O sırada aksi istikamette hızla giden bir polis arabası gördük. Yayınımızı takip ettiklerini ve peşimizde olduklarını düşünüp panikledik. Yayını bir an önce durdurmak için telaş içinde eve döndük. Daireye yaklaşırken komşulardan birinin de bizim çaldığımız müziği dinlediğini gördük. En sonunda sağ salim eve varıp yayını durdurduk. Müziğimiz durunca dinlemekte olan kaç kişi acaba hayal kırıklığına uğradı?

Bu yaklaşık elli yıl önceydi. Selçuk'un oralarda olduğunu duyunca hemen aradım. Çarşamba akşamlarını birlikte buluşma ve yemek yeme gecemiz olarak belirledik. Gençlik günlerimizden kiminle karşılaşsak onları da Çarşamba yemek buluşmalarımıza katıp eski günleri yad ediyorduk.

Sevtap ve Hür de oradan tanıdığımız diğer arkadaşlarımızdı. Marmaris'te bir evleri vardı ama onu satıp İstanbul'da bir ev almışlardı. Ancak yazlarının bir kısmını Marmaris'te geçirmek istediklerinden bir başka sitede bir aylığına bir daire kiralamışlardı. Sevtap'ın ailesi bizim sitede yaşardı ve uzun seneler komşumuz olmuşlardı. Hür ODTÜ'deki satranç kulübünden bir arkadaşımdı. ODTÜ'nün en iyi oyuncularından biriydi. Onları ben tanıştırmıştım. Kırk yıldan fazla bir süredir mutlu bir evlilikleri var. Hepimiz ya emekli olmuş ya da olmak üzereydik. Yemeklerdeki sohbetlerimiz karşılıklı olarak ufuk açıcıydı.

Solda duran Selçuk'un çektiği bir selfi. Yanında Sevtap, ben ve Hür varız.

Eski arkadaşları görmek harikaydı. Her hafta farklı bir restoranda yemek yiyiyorduk başlarda. Fakat sonunda bazılarını daha çok beğenip hep onlara gitmeye başladık. Akşam yemeklerimiz dört beş saat sürüyordu. Bazen de arkasından başka bir yere çay kahve içmeye gidiyorduk. Yemeğin tamamını bir kereden sipariş vermezdik. Önce salataları ve mezeleri söyler bir süre onlarla oyalanırdık. Sonra garsonu çağırıp ana yemekleri söylerdik. Bazen ayrı ayrı yemekler söyler bazen de ortaya bir şeyler söyler paylaşırdık. Genelde bir ya da iki şişe iyi kalite şarap içerdik. Ardından sofra temizlenince (eğer başka bir yere gitmemişsek) tatlılarımızı söylerdik. En sonunda da çay ya da kahve içerdik. Hesap vakti geldiğinde restorandaki son müşteriler olurduk. Eğer daha önce geldiğimiz bir restoranda isek garsonlar sürecimizi bildiğinden bizi hoş karşılardı. Bir seferinde şef masamızı ziyarete gelmişti. Hemen arkasından da bir meyve tabağı ikramı geldi. Hür ve Sevtap döndükten sonra Selçuk ile Çarşamba gecesi yemeklerimize devam ettik. Ama yemekte çektiğimiz fotoğrafları WhatsApp grubumuzda paylaşıyorduk. Sonra tanıdığımız başka biri Marmaris'e gelince bu sefer onunla Çarşamba yemeklerimize devam ettik.

SRJC'deki sömestirimin bitişinin ertesi günü annemle Ankara'ya döndük. Kurt ve ailesi ile birlikte Noel ve Yeni Yıl tatilini geçirmek üzere Salt Lake City'ye yapacağım seyahate hazırlanmak için sadece iki günüm vardı. Covid-19 protokolleri tüm hızıyla uygulanıyordu. Hava alanında aşı kartımı göstermek zorundaydım. Ayrıca yolculuğumun başlangıcından önceki 24 saat içinde yapılmış PCR test sonuçları da lazımdı. İki Moderna aşısı olmuştum ve ek aşı zamanım da gelmişti. Varışımın ertesi günü olan Pazartesi sabahı için Emily randevumu yapmıştı bile.

Salt Lake City'de artık iki yaşında olan torunum Ziya'yı sürekli konuşurken buldum. Mutfakta kahve yaparken örneğin, salondaki anne babasına dönüp "Dede kahve yapar," diyordu. Dede kelimesini Türkçe söylüyordu. Salt Lake City'de geçirdiğim üç hafta harikuladeydi. En sevdiğim zamanlar akşamları Ziya'yı yatağına götürüp uyuttuğum anlardı. Önce en sevdiği üç dört resimli kitabı okurdum. Sonra da ben ıslıkla ninniler çalarken Dede-Ziya ritüelini yerine getirirdik. Ben ninnimin melodisine uygun olarak ayakta sallanırken o gözlerini dikerek bana bakar, bir taraftan da sakalımla oynardı. En sonunda da yatağında uyuyakalırdı.

İki yaşındaki Ziya kütüphanede

Kurt ve Ziya ayda bir kere gibi Pazar günleri Zeynep'i ziyarete gidiyordu. Bu sefer benim de orada olduğumu öğrenince Zeynep beni de davet etti. Emily de bizimle gelince tam bir aile gezisi oldu. Zeynep Kurt'tan bir saatlik bir mesafede Utah'ta bir ev satın almıştı. Ziya'nın bir oda dolusu oyuncağı vardı orada (bazıları babasından kalma). Öğle yemeği nefisti. Zeynep'in ne kadar iyi bir aşçı olduğunu unutmuşum. Son on iki yıldır Northrop Grumman için çalıştığını öğrendim. Kurt'un düğününden sonra birbirimizi ilk defa görüyorduk. Problem çıkmadı. Durumunun iyi olduğunu görmek beni mutlu etti. Utah'daki üç haftam çabucak geçiverdi ve Ankara'ya döndüm.

* * *

Ankara'da iken derslerim için Marmaris'teki yatak odamın iki katı büyüklüğündeki ev ofisimi kullandım; ayrı bir odadan çalışıyor olmam bakımından çok rahatlamıştım. İlkbahar sömestir programım sonbahardakinin aynısıydı: sabah 7:30 – 9:00 (Pasifik saati). Artık Ankara'da olduğumdan öğleden sonraları annemin Mine ile oynadığı kart oyunlarına katılabiliyordum.

O sıralarda son yıllarını yoksulluk içinde geçirmiş olduğunu söyledikleri İstanbul'da yaşayan çok iyi tanımadığım uzak bir amcam vefat etti. Bazı akrabalar banka hesaplarını kontrol ettiklerinde son iki senedir Mine'nin ona para yardımı yaptığını görmüşler. Her ay onun hesabına otomatik olarak para yatıracak şekilde bir hesap açmıştı ablam. Mine kimseye bir şey söylememişti ve eğer vefat etmiş olmasaydı hiç haberimiz de olmayacaktı. Ablam Mine işte böyle birisi. Kendisinden çok şey bekleyen bir evliliği olmasına rağmen şanssız insanlar söz konusu olduğunda hep bir zaafı vardı.

* * *

1982'de gidip 2021'de ayrıldığım Amerika'da, 2010-2012 arasında Türkiye'de kaldığım iki yılı saymazsak, otuz dokuz yıl kaldım. Bu süre zarfında bilgisayar teknolojilerinin evrimine bizati şahit olduğum ve ayrıca profesyonel iş yaşamında da haşır neşir olduğum için kendimi şanslı sayıyorum. İnternet tarayıcıları ve halka açık internetin henüz daha yeni yeni başlamakta olduğu bir zamanda Molecular Design Limited'de bir internet komisyonunda görev aldım. Şayet internet popülerleşirse diye ticarî fırsatları değerlendirmek istemiştik. İlk şahsi bilgisayarların çıkışına tanık oldum. Süper bilgisayar kullanımı artışa geçtiğinde de oradaydım. Cep telefonları, video konferans, Siri ve uydu navigasyonuna da tanık oldum. O zamanlar çoğumuzun yaptığı gibi ben de haritadan bakarak yol bulmayı bilirdim. Bugün kaçımız GPS yardımı olmadan bir adresi bulabilir?

Teknolojiyi nasıl uygulamaya koyduğumuzla ilgili bir nesilden diğerine olan değişiklikler insanı hayrete düşürüyor. Ben bilgisayarları ilk kullanmaya başladığımda birisi onbir bin kilometre ötedeki bir sınıfa ses ve video kullanarak üniversite dersleri vereceğimi söylese inanmazdım. Birçok paradigma-değiştirici teknolojik ilerlemenin tam ortasında yapmış olduğum dikkate değer yolculuğumdan dolayı kendimi şanslı addediyorum.

* * *

ABD'de kaldığım süre boyunca önemli sonuçlar doğuran iki kritik kariyer kararı almıştım. Birincisi 1989'da Alabama'da doktora sonrası araştırma bursumu bitirirken aldığım karardı. Bu karar bilimsel gidişatımı derinlemesine değiştirip, malzeme biliminden yaşam bilimine yönlenmem ve kariyer yolumun beni işletmeciliğe—ve de dolayısıyla pazarlamaya—götürmesi ile sonuçlandı. İkincisi ise 2006'da danışmanlık işimi başlatmamın hemen arkasından aldığım karardı. O zaman eğer BioSolveIT'den yapılan iş teklifini kabul etmiş olsaydım kariyerimin doğal uzantısı şeklinde olan bir fırsatı kullanma şansım olacaktı. Eğer bunu yapmış olsaydım muhtemelen ondan sonraki on beş yıl iş dünyasında, şirketler bünyesinde kalmış olacaktım. Hatta Accelrys'de ulaşmış olduğum cam tavanımı başka bir şirkette kırmış olabilirdim. Muhtemelen zengin olarak emekli de olurdum. **Ama mutlu olur muydum?**

İş yaşamım boyunca şirketlerde geçirdiğim süre içinde değişmiştim. Bu değişimi Accelyrs'in beni nezaketten uzak bir şekilde işten çıkarması katalize etmişti. Yapmam beklenen şeyleri ve ille de kalifiye olduğum işleri yerine getirmektense yapmaktan hoşlandığım şeyleri yapmak istediğimin farkına vardım. Böylece 2006'da, o dönüm noktasında, daha zor, daha belirsiz ve daha riskli yolu seçtim. Kendi danışmanlık şirketimi kurdum. Bunun sonucunda daha mütevazı bir yaşam tarzı sunabilecek daha mütevazı bir gelir ile emekli oldum. Ama aynı soru burada da geçerli. **Mutlu muyum?**

* * *

Umuyorum ki 50'den sonraki hayatımı paylaşarak size hayatta neyin önemli olduğunu belirlemeye çalışmanız için ve belki de en nihai oyun finalinizi düşünmeye başlamanız için ilham kaynağı olmuşumdur. Hepimiz bu dünyaya tek başımıza ve hiçbir şeye sahip olmadan geliyoruz. Ve öyle de gideceğiz. Arada ne yaptığımızın önemi derin. En sonunda, başarımız biriktirdiğimiz servetimizle değil bıraktığımız etki ile ve bu dünyadan ayrılışımızdan seneler geçtikten sonra nasıl hatırlanacağımız ile ölçülecek.

15

Epilog

Oğlum Kurt'un ABD'ye yerleşmiş olduğunu; ailesi ile birlikte orada kök salıyor olacağını ve daha şimdiden benden çok daha iyi bir baba olduğunu görmek *beni mutlu ediyor*.

Kurt Salt Lake City'de bahçesi ile
ilgilenirken

Kızım Sibel'in sadece bir ziyaretçi değil aktivist kimliği ile de gittiği her yerin toplumu ile entegre olup orada fark yaratan, bir etki bırakan birisi olarak dünyanın dört bir tarafına seyahat etmeye devam edeceğini bilmek *beni mutlu ediyor*.

Frankfurt'taki bir miting sırasında Sibel

Bana gelince... Otuz üç yıl önce hayalî kız torunumun bana hayatımı nasıl değerlendirdiğimi sorduğu ve aslında kariyer gidişatımı yansıtan cevabı bulmak için bocaladığım rüyamı hâlâ hatırlıyorum. O rüya, ama özellikle de, "İnsanlara daha iyi patlayıcılar geliştirebilmeleri için yardım ettim." cümlesi, beni karşımda duran iş alternatiflerini yeniden değer-lendirmeye zorlamıştı. Sonucunda bilimsel çalışma alanımı değiştirip her şeye yeniden başlamıştım. Şu anda henüz bir kız torunum yok ama ileriki bir zamanda böyle bir soruyla karşılaştığımda artık, "İnsanlara daha iyi ilaçlar geliştirebilmeleri için yardım ettim ve hayatımı ve içindeki insanları çok sevdim." diyebilirim.

Artık çok daha iyi bir cevabım olduğunu bilmek *beni mutlu ediyor*.

Sibel ve Kurt ile Marmaris'te. Halası
Sibel'in kamerası ile oynayan iki buçuk
yaşındaki Ziya çekmişti fotoğrafı.
Deklanşöre bastığında objektif
kapağından çıkan sesi sevmişti.

Son

KMO İNHİBİTÖRLERİ İÇİN FARMAKOFOR MODELİ ÜRETİMİNİN AŞAMALARI

Bağlı ligandı olan bir hedef enzimin üç boyutlu (3D) yapısı elimizde varsa bir farmakofor modeli üretmek basitleşir. Farmakoforu üretmek için faydalı olan ligandın bağlı konformasyonunun geometrisi değerli bilgiler sunar.

Yeni aktif bileşikler elde etmek için bu teknolojiyi kullanmaya yönelik aşamalı bir yaklaşımla oluşturulmuş yöntemi aşağıda öğrenebilirsiniz.

* * *

1. Adım: Bağlı ligandı olan hedef enzimin üç boyutlu (3D) yapısını belirle.

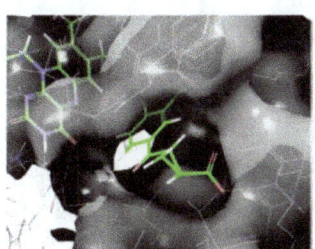

Maya-KMO'ya bağlı UPF 648'in kristal
yapı kompleksi X-ray'i.
*Dipnot [43]'de belirtilen ilgililerden izin ile
kullanılmıştır. Copyright © 2017 Elsevier Inc.*

* * *

2. Adım: Bağlı konformasyonundaki aktif ligandı seçip çıkart.

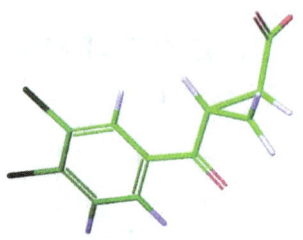

Enzimin bağlı konformasyonundan çekip
çıkarılan UPF 648

* * *

3. Adım: Reseptörün aktif bölgesi ile etkileşime geçebilecek özellikleri isimlendir ve etiketle.

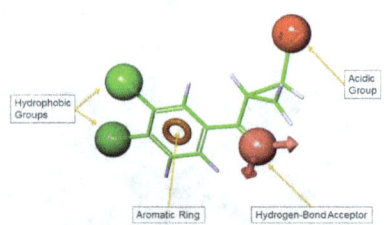

KMO aktif bölgesi ile etkileşime
geçebilecek potansiyele sahip beş
özellik belirlenmişti.
*Dipnot [44]'te belirtilen ilgililerden izin ile
kullanılmıştır. Copyright © 2022 MDPI*

* * *

4. Adım: Farmakoforik özelliklere dokunmadan ligandı çıkar.

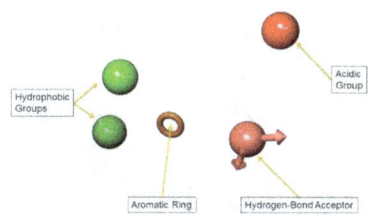

UPF 648'in özelliklerinin üç boyutlu düzenlemesi. Veri tabanlarını taramak için bu farmakofor modeli kullanılmıştı.

* * *

5. Adım: Yeni potansiyel KMO inhibitörleri elde etmek için elinde mevcut olan ticari kimyasalların 3D veri tabanlarını tara.

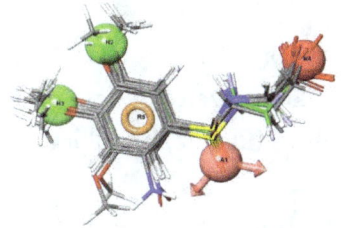

Sigma/Aldrich Kimyasalları Kataloğu'ndan elde edilen listenin en üstündeki 20 bileşik.
Dipnot [44]'te belirtilen ilgililerden izin ile kullanılmıştır. Copyright © 2022 MDPI

* * *

6. Adım: *İsabet listesindeki bileşikleri daha kapsamlı bir inceleme için önceliklendir.*

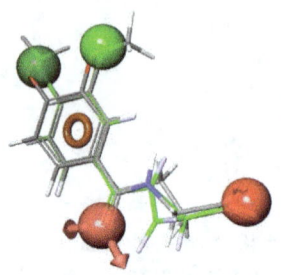

UPF 648 (yeşil) ile örtüşen en öncelikli (klavuz) iki bileşik. Her ikisi de düşük mikromolar seviyelerde KMO inhibisyonu gösterdiler.
Dipnot [43]'te belirtilen ilgililerden izin ile kullanılmıştır. Copyright © 2017 Elsevier Inc.

* * *

7. Adım ve sonrası:

Arzulanan özellikleri (örneğin potansı) artırmak ve arzulanmayan özellikleri (örneğin toksikliği) azaltmak için yepyeni sentetik analoglar yaratarak önceliklendirilmiş (klavuz) bileşikleri optimize et.

Bu çalışmada klavuz optimizasyonunu Georgia Üniversitesi'nden işbirliği yaptığımız meslekdaşlarımız yürüttü.

NOX4 İNHİBİTÖRLERİ VE YENİ AKTİF BİLEŞENLERİN KAZANIMI İÇİN FARMAKOFOR MODELİNİN ÜRETİMİ

İzlediğimiz farklı farklı araştırma yöntemlerinden birinin stratejisini başkaları tarafından yayınlanmış bir patentte tanımlanmış en aktif bileşikleri kullanmaya dayandırmıştık.

Compound 1

Compound 9

Compound 12

Patent literatüründen seçilerek alınmış Nox4'ü inhibe eden en aktif üç bileşik

* * *

Sonra üç bileşiği esnek olarak sıralayarak ve ortak farmakoforik özelliklerini bularak bir farmakofor modeli oluşturduk.

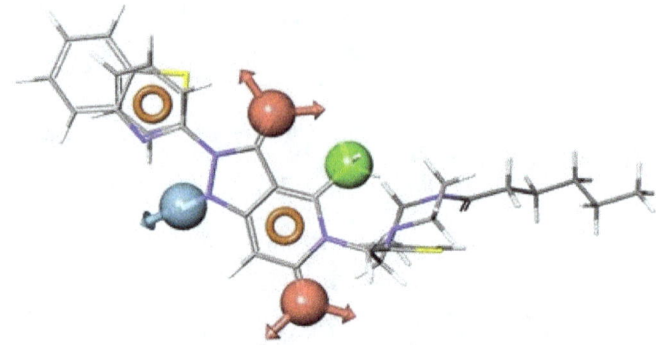

Farmakofor modelinin altı özelliği vardı: İki hidrojen-bağlı aksöptörü (pembe), bir hidrojen-bağlı donörü (mavi), bir lipofilik grup (yeşil) ve iki aromatik halka yapısı (kavuniçi).

Dipnot [46]da belirtilen ilgililerden izin ile kullanılmıştır. Copyright © 2017 Elsevier Inc.

* * *

Farmakofor modeli ile elimizde mevcut olan ticari kimyasallar veri tabanlarını taradığımızda birçok bileşik çıktı. Ancak bu bileşiklerin çoğunun iskele yapısı patentte belirlenmiş orijinal bileşikler ile aynıydı. Bu da patent koruması altındalar demekti.

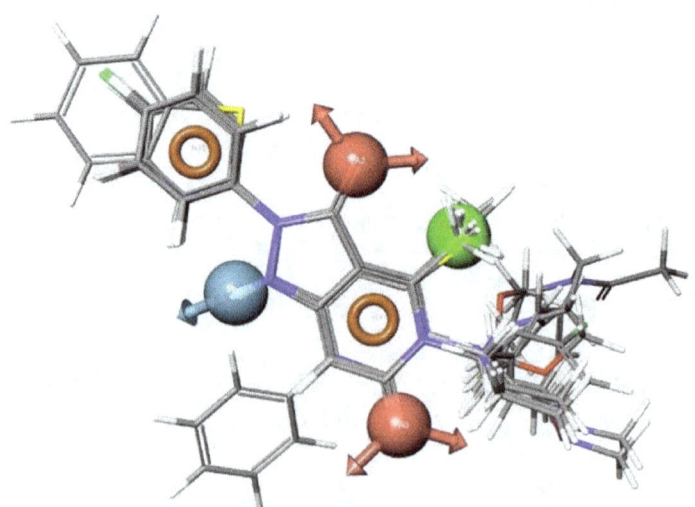

Farmakofor modeli ile elde edilmiş listenin en üstündeki 20 bileşik; tamamı bir rakip firmanın patent koruması altındaydı.

Dipnot [46]'da belirtilen ilgililerden izin ile kullanılmıştır. Copyright © 2017 Elsevier Inc.

* * *

Oysa isabet listesinin daha altlarındaki iki bileşik patent koruması kapsamında değildi. Biz de daha fazla incelemek üzere bu iki bileşiği seçtik.

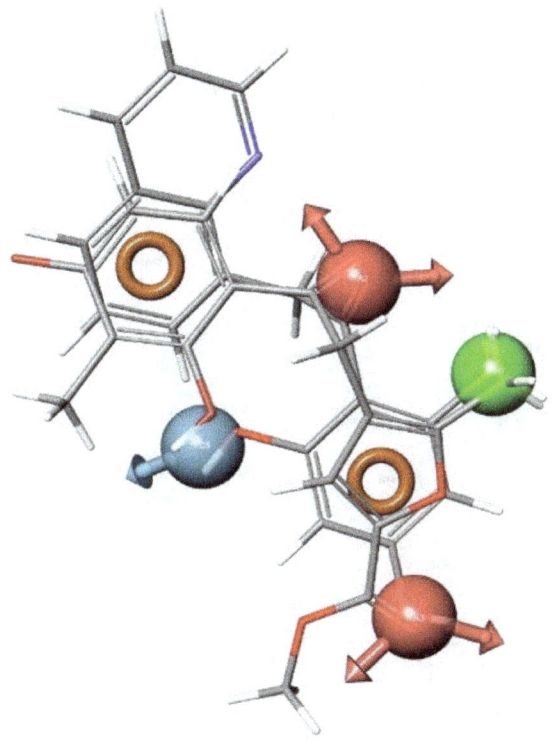

Veri tabanı taraması sonunda biyolojik etkenliğini tespit ettiğimiz iki önceliklendirilmiş (klavuz) bileşik.
Dipnot [46]'da belirtilen ilgililerden izin ile kullanılmıştır. Copyright © 2017 Elsevier Inc.

GÜNER-HENRY SKORU'NUN TÜRETİLİŞ
AŞAMALARI

Birçok aktif bileşik içeren bir benzer bileşikler veri tabanında arama yapmak bir farmakofor modelini değerlendirmenin iyi bir yoludur. Diyelim ki elinizde on tanesi bilinen aktif bileşikler (A = 10) olan ve toplam yüz bileşikten (D = 100) oluşan bir veri tabanınız var. Farz edelim ki bir arama yaptınız ve içinde dört aktif bileşik (Ha = 4) olan yirmi bileşik (Ht = 20) elde ettiniz. Şimdi de farz edin ki başka bir model kullanıp farklı bir arama yaptınız ve beş aktif bileşik (Ha = 5) içeren toplam otuz bileşik (Ht = 30) elde ettiniz. Hangi isabet listesi daha iyidir? Yirmi bileşik içeren isabet listesinde dört aktif bileşik bulunan liste mi? Yoksa otuz bileşik içeren isabet listesinde beş aktif bileşik bulunan liste mi?

Yüz bileşiklik bir veri tabanından dördü aktif olan yirmi isabet bulup çıkaran ilk arama sonuçlarını değerlendirelim. Modele uyan ama bilinen aktif bileşiklerden olmayan on altı bileşik (yani Ht – Ha = 16) daha önce bilmediğimiz fakat potansiyel olarak aktif olabilecek bileşikler olabilir. Bu yaklaşımın önergesi budur. En iyi modeller daha önce bilinmeyen aktif bileşikler içeren isabet listeleri ile sonuçlananlardır.

Hangi modelin daha iyi olduğu sorusunu irdeleyelim. Birinci mi, ikinci mi? Yüzde getirisini bir ölçüt olarak alarak (percent yield - %Y) aktif bileşiklerin isabet listesine olan oranını göz önüne alınız:

$$\%Y = \frac{Ha}{Ht} \times 100\%$$

Yüzde onunun aktif olduğu bilinen yüz bileşikli bir veri tabanı ile başladınız (yani %Yveritabanı = 10). İlk aramanız dört tanesi aktif olan toplam yirmi bileşik bulup çıkardı (yani %Ybirinci = 4/20×100 = 20). Böylece, bulunan aktif bileşikler açısından bakıldığında, isabet listeniz orijinal veri tabanına göre iki kat daha zenginleşti. İkinci aramanız beş tanesi aktif olan toplam otuz bileşik bulup çıkardı (yani %Yikinci = 5/30×100 = 16.7). Yüzde getirisini ölçüt olarak kullandığınızda 20 skorlu ilk arama 16.7 skorlu ikinci aramaya göre daha iyidir. Buna göre bilinmeyen bileşikler veri tabanını taramak için birinci modeli kullanırsanız yeni bir aktif bileşik bulma şansınız ikinci modele göre daha olasıdır.

Birinci arama sadece dört aktif bileşik, ikinci ise beş aktif bileşik bulduğundan bu analize karşı çıkabilirsiniz. Konuyu irdelemek için başka bir ölçüt, örneğin bulunan aktif bileşiklerin oranı (percent actives - %A) kullanılabilir:

$$\%A = \frac{Ha}{A} \times 100$$

Veri tabanında on aktif bileşik olduğu göz önünde tutulduğunda, ikinci arama beş aktif bileşik (%Aikinci = 5/10×100 = 50) bulmuş iken ilk arama dört aktif bileşik bulmuştur (%Abirinci = 4/10×100 = 40). Bu durumda daha yüksek bir aktif bileşik yüzdesine ulaştığından ikinci model daha iyi görünmektedir. Varılan bu sonuç birinci modelin daha iyi göründüğü bir önceki %Y analizinin tam tersini göstermektedir.

Varılan sonuçlar hangi ölçütün kullanılacağına bağlı olarak değişiklik göstermektedir. Böyle bir durum kabul edilemez. Üstelik her iki ölçüt de uç örneklerde başarısız olmaktadır. Örneğin; eğer zaten aktif olduğunu bildiğiniz tek bir bileşiğe sahip bir isabet listeniz var ise %Y = 100'dür. Sonuç her ne kadar hiçbir işe yaramaz (hiçbir potansiyel aktif bileşik bulunmamış) olsa da ilk ölçüt şaşılacak bir yüzde yüz skoru verir. Diğer bir uç örnek de veri tabanındaki tüm bileşikleri getiren modeldir: %A =100. Başka bir deyiş ile bu modelde veri tabanındaki tüm aktif bileşikler isabet listesindedir. Bu örnek durumunda %A yine şaşılacak bir yüzde yüz skoru verir. Oysa ki isabet listesi orijinal veri tabanından daha iyi değildir.

Daha iyi bir ölçüte ihtiyacımız vardı. Acaba bu iki ölçütü birleştirsek ve bu yeni ölçüte de "İsabet Listesinin Ne Kadar İyi Olduğunu Gösteren Skor Ölçütü" (Goodness of Hitlist Score Metric) yani sonradan Güner-Henry Skoru olarak adlandırılacak olan GH-Skoru desek nasıl olurdu? Bu iki ölçütün ortalamasını alarak iki parametrenin bir lineer kombinasyonunu kolayca elde ettik:

$$GH = \frac{\%Y + \%A}{2}$$

or

$$GH = \frac{\left(\frac{Ha}{Ht}\right) + \left(\frac{Ha}{A}\right)}{2}$$

Bu durum eğer iki parametre, yani %Y ve %A, önem açısından birbirine eşit ise geçerli idi. Ancak ampirik olarak kanıtladık ki %Y, %A'dan yaklaşık üç kat daha önemliydi. Bu durumda:

$$GH = \frac{3 \times \left(\frac{Ha}{Ht}\right) + \left(\frac{Ha}{A}\right)}{2}$$

Cebir hesabını devreye sokarak şu sonucu elde ederiz:

$$GH = \left(\frac{Ha \times (3A + Ht)}{4Ht \times A}\right)$$

GH-Skoru'nun ilk formu buydu. Doug Henry ile her sene Gordon Araştırma Konferansları'nın kompütasyonel kimya ya da bilgisayar destekli ilaç tasarımı konu başlıklı bölümlerine oda arkadaşı olarak katılırdık. Bu konferanslar esnasında Doug ile yüz yüze yaptığımız görüşmeler GH-Skoru ile ilgili kafamda uçuşan fikirlerimi netleştirmeme yardım ederdi. Bu konferanslardan birinin sonunda Doug ile GH-Skoru'nun yukarıdaki yorumunu oluşturduk.

Son derece büyük ya da fazlasıyla küçük bir veri tabanında arama yapılmasına bağlı olarak her ne kadar sonuçların kalitesi hakkında bazı sorular olsa da bu formda iyi çalışıyor görünüyordu. Büyük değil de küçük bir veri tabanından elde edilen isabet listelerinden elde edilen skoru hafifçe düşürme fırsatını yakalamak için sonuçları 1'e yakın bir parametre ile çarparak (ve böylece skoru da fazla değiştirmeden) bir düzeltme yapabilirdik. Sizin için mükemmel olan üç daireyi de içeren Manhattan'da yüksek potansiyele sahip beş apartman dairesi listesi küçük bir kasabadaki satılık evler listesinden nasıl daha değerli ise daha büyük bir veri tabanından hedef zengini, kısa bir isabet listesi elde etmek de küçük bir veri tabanından elde etmekten çok daha önemlidir. Eğer sonuçlar küçük bir veri tabanından elde edilseydi denklemin sağ tarafındaki çarpan 1 yerine 0.95 gibi bir şey olurdu. Yani GH-Skoru hafifçe azalırdı. Ama büyük bir veri tabanından elde edilirse GH-Skoru yüksek kalırdı.

1'den hafifçe daha az bir çarpan seçerek azaltılmış bir değere sahip bir GH-Skoru verecekti. Ht/D oranını 1'den çıkarırsak (yani 1 – Ht/D) yapacağımız düzeltmeyi veri tabanının büyüklüğü ya da küçüklüğü ile bağdaştırabilirdik.

Bu aşağıdaki gibi bir düzeltme verir:

$$GH = \left(\frac{Ha \times (3A + Ht)}{4Ht \times A}\right) \times \left(1 - \frac{Ht}{D}\right)$$

GH-Skoru'nun bu yorumu iyi çalışıyordu. Ölçütü en iyi, en kötü, iyi, kötü ve ortalama isabet listeleri üzerinden değerlendirmeye başladık. Ancak en iyi isabet listesi ihtiyacımız olan GH = 1 sonucunu değil, 0.999998 gibi 1'e yakın bir değer verdi. Aynı bunun gibi, en kötü isabet listesi skoru da GH = 0 yerine 0.000001 gibi bir değer verdi. Bu birçokları için yeterli olmasına rağmen benim için kabul edilemezdi çünkü GH skorunun muhakkak 0 ile 1 arasında bir değerde olmasını istiyordum. O zamanlar benimle birlikte Accelrys'de olan Dr. Marvin Waldman'a danışdım. Yaklaşık bir dakika kadar denklemimi inceleyip, "Neden skorunu aktif bileşikleri sayarak cezalandırıyorsun?" diye sordu. Cevaben isabet listesindeki aktif bileşikleri çıkartma işlemine tabi tutarak (Ht – Ha) ve veri tabanından da aktif bileşikleri çıkartarak (D – A) veri tabanı büyüklüğüne tekabül edecek son düzeltmeyi de yaptık. Böylece GH Skoru'nun son versiyonuna da ulaşmış olduk:

$$GH = \left(\frac{Ha \times (3A + Ht)}{4Ht \times A}\right) \times \left(1 - \frac{Ht - Ha}{D - A}\right)$$

GH-Skoru (Güner-Henry Skoru)

Ha isabet listesindeki aktif bileşiklerin sayısı; Ht isabet listesindeki toplam bileşik sayısı; D veri tabanındaki bileşiklerin sayısı ve A da veri tabanındaki aktif bileşiklerin sayısıdır.

Artık en iyi isabet listesi (bütün aktif bileşikleri elde eden ama sadece ve sadece aktif bileşikleri gösteren liste) tamı tamına GH = 1 skorunu; en kötü isabet listesi de (aktif olanlar dışındaki bütün bileşikler) GH = 0 skorunu alıyordu. Görev başarıyla tamamlanmıştı!

1995-2006 ARASINDA, ACS ULUSAL TOPLANTILARI'NDA ORGANİZE ETTİĞİM SEMPOZYUMLARIN BAŞLIKLARI

- Molecular Modeling for the Non-computational Chemist. 209th ACS, April 3, 1995
- Recent Applications of 3D Searching. 216th ACS, August 27, 1998
- Modeling and Analysis Through the Internet. 217th ACS, March 23, 1999
- Techniques in Pharmacophore Development. 217th ACS, March 23, 1999
- Web-based Deployment of Information Management Tools. 218th ACS, August 24, 1999
- Modeling and Informatics for Non-experts. 219th ACS, March 26, 2000
- Experimental, Computational, and Informatics Challenges in ADME/Tox in Early Drug Discovery. (*Eng. News* Cover Story – June 5, 2000), 219th ACS, March 26, 2000
- Virtual High-Throughput Screening. 220th ACS, August 20, 2000
- Recent Advances in Pharmacophores and 3D Searching. 221st ACS, April 2, 2001
- Pharmainformatics: Integration of Bioinformatics and Cheminformatics. 221st ACS, April 2, 2001
- Information Challenges in CombiChem/HTS Era. 222nd ACS, August 28, 2001

- ADME/Tox Informatics (*Eng. News* Cover Story – April 29, 2002), 223rd ACS, April 7-11, 2002
- Virtual High-Throughput Screening. 224th ACS, August 18-22, 2002
- Informatics Challenges in Pharmacogenomics. 225th ACS, March 23-27, 2003
- Advances in Pharmacophores and 3D-Searching. 227th ACS, March 28-31, 2004
- Advances in Virtual High-Throughput Screening. 228th ACS, August 22-26, 2004
- ADME/Tox Informatics. 229th ACS, March 14-20, 2005
- Advances in Data Mining and Analysis: Informatics Perspective. 230th ACS, August 28-30, 2005
- Advances in Data Mining and Analysis: Computational Perspective. 230th ACS, August 28-30, 2005
- Advances in Pharmacophores and 3D Screening. 231st ACS, March 26-30, 2006

GEMİ İLE DÜNYA TURU, 2016

Pacific Princess Gemisinde Dünya Turu
Yüz on bir gün: 20 Ocak 2016 – 11 Mayıs 2016
Los Angeles, Kaliforniya'da başlayıp bitti.

Gün 1   Ocak 20   Los Angeles, Kaliforniya
Gün 2-6*   Ocak 21-25   Pasifik Okyanusu'nda Seyir
Gün 7   Ocak 26   Honolulu, Hawaii
Gün 8-12   Ocak 27-31   Pasifik Okyanusu'nda Seyir
(Ekvator Geçişi)
Gün 13   Şubat 1   Pago Pago, Amerikan Samoası
Gün 14   Şubat 2-3   Pasifik Okyanusu'nda Seyir
(Uluslararası Tarih Değiştirme Çizgisi Geçişi)
Gün 15   Şubat 4   Nuku'alofa, Tonga
Gün 16-17 Şubat 5-6   Pasifik Okyanusu'nda Seyir
Gün 18   Şubat 7   Bay of Islands, Yeni Zelanda
Gün 19   Şubat 8   Auckland, Yeni Zelanda
Gün 20-22 Şubat 9-11 Pasifik Okyanusu'nda Seyir
Gün 23   Şubat 12   Sidney, Avustralya
Gün 24-26 Şubat 13-15 Pasifik Okyanusu'nda Seyir
Gün 27   Şubat 16   Cairns, Avustralya (Great Barrier Reef için)
Gün 28-30 Şubat 17-19 Pasifik Okyanusu'nda Seyir
Gün 31   Şubat 20   Darwin, Avustralya
Gün 32-35 Şubat 21-24 Pasifik Okyanusu'nda Seyir
Gün 36   Şubat 25   Bandar Seri Begavan (Muara), Brunei

Gün 37	Şubat 26	Kota Kinabalu, Malezya
Gün 38-39	Şubat 27-28	Pasifik Okyanusu'nda Seyir
Gün 40	Şubat 29	Hong Kong
Gün 41	Mart 1	Hong Kong
Gün 42-43	Mart 2-3	Tayland Körfezi'nde Seyir
Gün 44	Mart 4	Ho Chi Minh City, Viet Nam (Phu My)
Gün 45-46	Mart 5-6	Tayland Körfezi'nde Seyir
Gün 47	Mart 7	Singapur
Gün 48-51	Mart 8-11	Bengal Körfezi'nde Seyir
Gün 52	Mart 12	Colombo, Sri Lanka
Gün 53	Mart 13	Hint Okyanusu'nda Seyir
Gün 54	Mart 14	Mangalore, Hindistan
Gün 57	Mart 17	Muskat, Umman (Mina Qaboos)
Gün 58	Mart 18	Dubai, Birleşik Arap Emirlikleri
Gün 59	Mart 19	Dubai, Birleşik Arap Emirlikleri
Gün 60-66	Mart 20-26	Arap Denizin'nde Seyir
Gün 67	Mart 27	Aqaba, Jordan (for Petra)
Gün 68	Mart 28	Kızıldeniz'de Seyir
Gün 69	Mart 29	Suez Kanalı Geçişi
Gün 70	Mart 30	Akdeniz'de Seyir
Gün 71	Mart 31	Rodos, Yunanistan
Gün 72	Nisan 1	Chania, Girit, Yunanistan
Gün 73	Nisan 2	Akdeniz'de Seyir
Gün 74	Nisan 3	Bari, İtalya
Gün 75	Nisan 4	Venedik, İtalya
Gün 76	Nisan 5	Venedik, İtalya
Gün 77	Nisan 6	Korčula, Hırvatistan
Gün 78	Nisan 7	Akdeniz'de Seyir
Gün 79	Nisan 8	Valetta, Malta
Gün 80	Nisan 9	Akdeniz'de Seyir
Gün 81	Nisan 10	Palma de Mallorca, İspanya
Gün 82	Nisan 11	Kartajena, İspanya
Gün 83	Nisan 12	Ceuta, İspanyol Fası

Gün 84	Nisan 13	Akdeniz'de Seyir
Gün 85	Nisan 14	Madeira (Funchal), Portekiz
Gün 86-91	Nisan 15-20	Atlantik Okyanusu'nda Seyir
Gün 92	Nisan 21	Bermuda (Hamilton)
Gün 93-94	Nisan 22-23	Atlantik Okyanusu'nda Seyir
Gün 95	Nisan 24	Ft. Lauderdale, Florida
Gün 96-97	Nisan 25-26	Karayip Denizi'nde Seyir
Gün 98	Nisan 27	Willemstad, Curaçao
Gün 99	Nisan 28	Karayip Denizi'nde Seyir
Gün 100	Nisan 29	Cartagena, Kolombiya
Gün 101	Nisan30	Panama Kanalı Geçişi
Gün 102	Mayıs 1	Pasifik Okyanusu'nda Seyir
Gün 103	Mayıs 2	Puerto Quepos, Kosta Rika
Gün 104-106	Mayıs 3-5	Pasifik Okyanusu'nda Seyir
Gün 107	Mayıs 6	Puerto Vallarta, Meksika
Gün 108	Mayıs 7	Pasifik Okyanusu'nda Seyir
Day – 109	Mayıs 8	La Paz, Meksika
Gün 110-11	Mayıs 9-10	Pasifik Okyanusu'nda Seyir
Gün 112	Mayıs 11	Los Angeles, Kaliforniya

Kalın harflerle belirtilmiş günler briç programlarının olduğu günleri gösterir.

Profound and well written! I wish I had read this at age 10! For decades I felt so much angst considering the "theft of what might have been" in my family. But then look at how well worded your book is! I see how I stole from the Lord what might have been if I had obeyed throughout life and followed Him with abandon! Your book's contrast of Sin and its creeping, with the Lord inviting intimacy, was so great Paul. It doesn't matter that someone doesn't meet my soul's needs for fellowship; He does.

Lundy Carpenter, attorney and nurse, Germantown TN

Overall, super! Intellectually and spiritually hitting nails on heads!

Katie R. Dale, Rammstein Germany; author of
But Deliver Me From Crazy: A Memoir

I never thought of bottlenecks in a church—but any hindrance in the flow of production is a bottleneck. People can have wrong motives and ideas. It's important that the leadership keeps God first. I have learned to be more supportive of who is in charge, to encourage them. It is difficult when something doesn't feel right, but now, I ask God why—rather than finding fault in a leader or member of the church.

Larry Brewer, retired machinist, Salem IN

Paul's writing is easy to comprehend and follow. I enjoyed learning the strategies darkness has tried to defeat the human race. Yet each try has failed, because God always outwits Satan and his evil planning. So the devil must constantly adjust his strategy over time. We cannot manipulate God into obligation to bless us by following the law. He wants us to trust Him to help us and be anxious for nothing.

Rebecca Porter, educator and military wife, El Paso TX

This book by Paul Renfroe is eye opening, sobering and convicting! I also read Dr. Michael Heiser's book *Reversing Hermon*, and this Book Four in Paul's *Unseen* Series provided new information and answered questions I still had. As I take all this in, I see the fog clearing. It is challenging and exciting. Nobody I know wants to hear it, but anyone who wants to understand God's Word as He intended it will benefit from this book.

The paradigm shifts that have occurred in my thinking have been huge. Paul's book has added more substance to my foundation and is so appreciated! The uneasiness of spirit that frustrated me for so long did exactly what God intended! He is so amazing and worthy of all praises!

Janice Fortune, nurse, Vale SD

Thank you for letting me be a beta reader for your latest book. I really enjoyed it and learned a lot. The very first line impressed me: "the unseen realm revolves entirely around God."

The news proves that evil, unseen enemies are influencing nations, people, and current events. But I felt remorse personally at the many times that I was in agreement with God's enemies!

I understand spiritual warfare a lot better by seeing how it affects all of humanity and the world—not only myself and my small circle of loved ones.

How amazing that God, our Father, has such love and patience with us! We put Him through so much, despite His Words that He gave to us, His many promises, and His Son He sent as our Redeemer. I feel repentance for my repetitive lack of trust, BUT I also feel God's love for us even more. It spurs us to greater faith and trust.

Once again, you have shifted my focus. I am amazed at how God created you with ability to see these truths and to share them with us! Your books gently nudge me further into the unseen realm and closer to our Lord Jesus. Bible verses have become richer. I feel like I can almost see into another dimension.

Lisa Fulkerson, educator, Columbia Station OH